高等职业院校"双高"建设新形态融媒体教材
高等职业技术教育材料学与机械工程产教融合示范系列

金属材料及热处理

（新形态活页式）

主　编　石存秀　金兴伟　汪国庆

副主编　危　淼　赵习玮　王海平

　　　　韩大勇　董雅婕

西南交通大学出版社

·成　都·

图书在版编目（CIP）数据

金属材料及热处理 / 石存秀，金兴伟，汪国庆主编. 成都：西南交通大学出版社，2024.8. -- （高等职业院校"双高"建设新形态融媒体教材）（高等职业技术教育材料学与机械工程产教融合示范系列）. -- ISBN 978-7-5774-0026-6

Ⅰ. TG14；TG15

中国国家版本馆 CIP 数据核字第 2024UY9673 号

高等职业院校"双高"建设新形态融媒体教材
高等职业技术教育材料学与机械工程产教融合示范系列

Jinshu Cailiao Ji Rechuli
金属材料及热处理

石存秀　金兴伟　汪国庆 / 主　编	责任编辑 / 罗在伟
	封面设计 / 曹天擎

西南交通大学出版社出版发行
（四川省成都市金牛区二环路北一段 111 号西南交通大学创新大厦 21 楼　610031）
营销部电话：028-87600564　　028-87600533
网址：http://www.xnjdcbs.com
印刷：四川森林印务有限责任公司

成品尺寸　185 mm × 260 mm
印张　19.25　　字数　428 千
版次　2024 年 8 月第 1 版　　印次　2024 年 8 月第 1 次

书号　ISBN 978-7-5774-0026-6
定价　55.00 元

课件咨询电话：028-81435775
图书如有印装质量问题　本社负责退换
版权所有　盗版必究　举报电话：028-87600562

前言

PREFACE

党的二十大报告指出，坚持把发展经济的着力点放在实体经济上，推进新型工业化，加快建设制造强国、质量强国、航天强国、交通强国、网络强国、数字中国。实施产业基础再造工程和重大技术装备攻关工程，支持专精特新企业发展，推动制造业高端化、智能化、绿色化发展。

"金属材料及热处理"这门课程涉及金属的微观结构、性能、加工工艺以及如何通过热处理来调控和优化材料的性能。在当前工业生产及科研工作中，金属材料仍然是较为关键的一类材料，尤其在汽车、航空、航天、机械、能源、电子信息等行业中，发挥着不可替代的作用。因此，对于学习材料科学、机械工程、冶金工程等专业的学生而言，深入掌握金属材料及热处理的知识与技术，对其专业素养与职业发展都具有深远意义。

本教材围绕金属材料及热处理的核心知识点，系统地介绍了金属材料的性能、分类、组织结构，以及热处理的基本原理、工艺方法和技术应用。内容涵盖了金属材料的力学性能、物理性能、化学性能、工艺性能以及金属材料的凝固、相变、合金化等基础理论，详细介绍了退火、正火、淬火、回火等各种热处理方法，以及部分典型零件的选材知识。

本教材旨在帮助学生建立起金属材料及热处理的基本理论框架，掌握金属材料的结构与性能之间的关系，熟悉热处理工艺对金属材料性能的影响规律，并具备初步的金属材料选用、工艺设计以及热处理操作的能力。学生通过本教材配套课程的学习，能够独立完成基本的金属材料性能检测、热处理工艺选择及优化等实践任务，掌握一些常见零件的选材方法。

在教学过程中，建议采用理论讲授与实验实践相结合的教学方法，通过案例分析、课堂讨论、实验操作等多种教学手段，激发学生的学习兴趣和主动性。同时，鼓励教师结合科研及工程实践，引入最新的金属材料及热处理技术，使教学内容与时俱进。

本教材在内容编排上注重理论与实践的结合，既注重基础知识的系统性，又强调应用技能的实用性。同时，教材还引入了当前金属材料及热处理领域的最新研究成果和发展趋势，旨在为读者提供一个全面、前沿的知识平台。在形式创新上，本教材配备了丰富的图表、视频、案例和实验指导，使读者能够更直观、更深入地理解和掌握相关知识。

本书由湖北工业职业技术学院石存秀策划统筹。湖北工业职业技术学院石存秀、金兴伟和湖北新产业技师学院汪国庆担任主编；湖北工业职业技术学院危淼、赵习玮，咸宁职业技术学院王海平，武汉城市职业学院韩大勇、董雅婕担任副主编。

由于编者的知识和水平有限，书中难免存在疏漏不足之处，敬请广大读者批评指正。

编 者

2024 年 3 月

目录 CONTENTS

- 模块一　金属材料的性能认识 …………………………………………………… 001
  - 任务一　金属材料物理性能和化学性能 ……………………………… 001
  - 任务二　金属材料力学性能的测定 …………………………………… 014
  - 任务三　金属材料工艺性能 …………………………………………… 046
- 模块二　金属材料晶体结构 ………………………………………………………… 061
  - 任务四　金属材料的晶体结构 ………………………………………… 061
- 模块三　金属结晶 …………………………………………………………………… 087
  - 任务五　金属结晶 ……………………………………………………… 087
- 模块四　金属的塑性变形 …………………………………………………………… 113
  - 任务六　金属的塑性变形及应用 ……………………………………… 113
- 模块五　铁碳合金相图 ……………………………………………………………… 141
  - 任务七　二元合金相图与铁碳合金相图 ……………………………… 141
- 模块六　钢的热处理 ………………………………………………………………… 171
  - 任务八　钢在加热和冷却时的组织转变 ……………………………… 171
- 模块七　铸铁及其应用 ……………………………………………………………… 221
  - 任务九　铸铁及其应用 ………………………………………………… 221
- 模块八　常用工程材料 ……………………………………………………………… 247
  - 任务十　常用工程材料 ………………………………………………… 247
- 模块九　机械零件选材 ……………………………………………………………… 277
  - 任务十一　机械零件选材 ……………………………………………… 277
- 参考文献 ……………………………………………………………………………… 302

模块一　金属材料的性能认识

任务一　金属材料物理性能和化学性能

一、教学大纲

（一）所属学习模块

学习模块	金属材料的物理性能和化学性能
学习任务	金属材料物理性能和化学性能认知
客户委托	金属材料物理性能和化学性能的应用
学习时间	

（二）思维导图

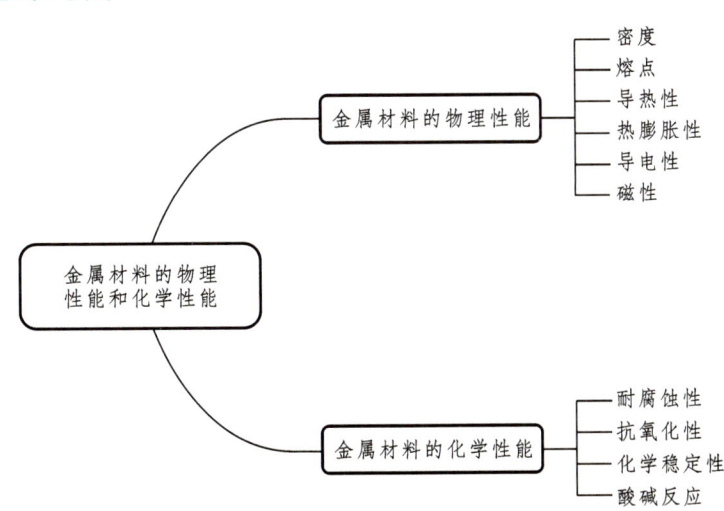

（三）资格培训矩阵

信息	描述		
行动目标	金属材料物理性能和化学性能的认知		
学习内容	金属材料物理性能和化学性能		
能力	专业能力： 了解金属材料的物理性能和化学性能； 会合理使用金属材料的物理性能和化学性能的能力； 能利用所学知识科学解决生产、生活中遇到的实际问题	方法能力： 能够查阅资料、国家标准； 能够分析、解决问题； 自我学习； 能自我评估	社会能力： 沟通能力； 团队合作能力； 责任心； 追求成就； 质量成本意识

二、问题或情景说明

我国是一个历史悠久的国家，全国各地有很多历史博物馆。在历史博物馆除了能见到铁器文物，还能见到大量古代青铜器文物，如青铜鼎、青铜盘、杯、镜等，通常它们都是锈迹斑斑，呈现绿色，其中一些铭刻的图案和文字都模糊不清，而出土的金器却依旧光亮如新。请同学们思考，为什么会这样？

在航空航天领域中，涡轮发动机和燃烧室等高温部件需要什么样的金属材料才能长期稳定工作，保证航空器的安全和可靠性呢？

三、应具备条件

（一）已具备的知识与技能

序号	说明学习所需基本知识点、技能点等
1	金属材料的认知
2	中学化学基础
3	基本数学计算能力

（二）专业参考资料

序号	资料来源	说明
1	金属材料及热处理	查询金属材料性能的相关知识
2	百度	查询一些新的概念
3	材料学网（微信公众号）	获取材料领域最新的专业知识
4	材料PLUS（微信公众号）	材料学新发展

四、知识信息

(一) 金属材料的物理性能

金属材料的物理性能是指材料固有的性能,主要包括密度、熔点、热膨胀性、导热性、导电性和磁性等。

1. 密　度

密度是对特定体积内的质量的度量,密度等于物体的质量除以体积,可以用符号 ρ 表示,即 $\rho = \dfrac{m}{v}$

式中　ρ——物质的密度,kg/m^3;

　　　m——物体的质量,kg;

　　　v——物体的体积,m^3。

根据密度的大小,材料可以分为轻金属和重金属两大类。密度小于 4 500 kg/m^3 的金属为轻金属,如铝、镁、钙、钛等;密度大于 4 500 kg/m^3 的金属为重金属,如金、银、铜、铁、钴、镍、铅等。根据机器零件的不同用途,对其物理性能要求也有所不同,例如,飞机零件常选用密度小的铝、镁、钛合金来制造。设计电机、电器零件时,通常还要考虑金属材料的导电性等。

2. 熔　点

熔点是指金属从固态向液态转变时的温度,是金属和合金冶炼、铸造、焊接过程中的重要工艺参数。纯金属都有固定的熔点。根据熔点的不同,金属一般可分为难熔金属和易熔金属。熔点高的金属(如钨、钼、钒等)称为难熔金属,多用来制造耐高温零件,在火箭、导弹、燃气轮机和喷气飞机等方面应用广泛;熔点低的金属(如锡和铅等)称为易熔金属,多用于制造保险丝和防火安全阀等零件。

3. 导热性

导热性是指材料传导热量的能力,通常用热导率 λ 来衡量。热导率越大,导热性越好。大多数金属材料都具有良好的导热性,其中,银、铜、铝的导热性最好。纯金属的导热性比合金好,合金的导热性比非金属好。

金属的导热性会影响焊接、锻造和热处理等工艺。导热性好的金属散热也好。在热加工和热处理时,必须考虑金属材料的导热性,防止材料在加热或冷却过程中形成较大的内应力,导致工件变形或开裂。例如,高速钢的导热性较差,锻造时应采用低速来加热升温,否则容易产生裂纹,而材料的导热性对切削刀具的温升有重大影响。又如,锡基轴承合金、铸铁和铸钢的熔点不同,故所选的熔炼设备、铸型材料等均有很大的不同。

4. 热膨胀性

热膨胀性是指金属材料随温度变化而膨胀、收缩的特性。一般来说,金属受热时膨胀，体积增大；冷却时收缩，体积缩小。

热膨胀性的大小可用线膨胀系数 $α_l$ 和体膨胀系数 $α_v$ 表示，体膨胀系数 $α_v$ 近似为线膨胀系数 $α_l$ 的三倍。

材料的热膨胀系数是材料的一个非常重要的物理特性。几乎任何工业设计都必须考虑材料的温度特性，而膨胀系数是温度特性的重要方面，其他方面包括电阻温度系数、强度、硬度、刚度随温度变化的特性以及一些半导体的温度特性等。其意义举几个例子：

（1）根据材料的热膨胀，可以测量温度，例如：液体温度计；或根据两种不同材料的热膨胀系数可以制造双金属温度计；

（2）当零件的工作温度与制作加工温度不同时，设计时必须考虑其热膨胀系数，比如工作在高温环境下的机器零件，加工时一般是在常温下，设计时必须考虑留出热膨胀余量；

（3）有些零件要求工作时紧密配合，可以根据其热膨胀系数，安装时加以冷冻，使之缩小，安装完毕，恢复常温，就会得到非常巨大的紧力；

（4）即使是工作在常温下的设备，也必须考虑其热膨胀系数的影响，总之，类似利用温度或防止温度变化影响零件工作的都必须考虑材料的热膨胀影响。

膨胀系数越大，金属热胀冷缩的程度就越大。金属材料的热胀冷缩性质在机械制造的选材、铸造、加工和装配中非常重要。例如，在温差较大的环境工作的长零件、精密量具等多采用线膨胀系数小的材料；轴和轴瓦之间根据膨胀系数来控制其间隙尺寸；紧固件，热膨胀时装上，冷却后则能紧紧地固定住；铁轨对接、桥梁对接要留有伸缩缝；工程上常利用材料的热膨胀性来装配或拆卸过盈量较大的零件。

5. 导电性

导电性是指金属材料传导电流的能力，通常用电导率来衡量。电导率越大，金属材料的导电性越好。所有金属材料都具有导电性，其中以银最好，铜、铝次之。纯金属的导电性比合金好。工业上，常用导电性好的金属（纯铜和纯铝）制造导电零件和电线，用导电性差的金属或合金（如钨、钼、铁、铬等）制造加热炉的电阻丝和仪表零件等。

6. 磁　性

磁性是指金属材料能导磁的性能。金属材料可分为铁磁性材料、顺磁性材料和抗磁性材料三类。

其中，铁磁性材料在外磁场中能强烈地被磁化，如铁、钴等；顺磁性材料在外磁场中只能微弱地被磁化，如锰、铬等；抗磁性材料能抗拒或削弱外磁场对材料本身的磁化作用，如铜、锌等。

铁磁性材料可用于制造变压器、电动机和测量仪表等；抗磁性材料可用于制造要求避免电磁场干扰的零件，如航海罗盘等。温度升高到一定数值时，铁磁性材料的磁畴会被破坏，变为顺磁性材料，这个转变温度称为居里点（770 ℃）。

（二）化学性能

金属材料的化学性能是指金属材料在化学环境中与化学物质相互作用的性质。这些性质对于金属材料的应用非常重要，因为它们决定了金属材料在不同环境中的稳定性和耐久性。以下是金属材料常见的几种化学性能。

1. 耐腐蚀性

金属材料在腐蚀环境中抵抗腐蚀的能力称作耐腐蚀性。常见的腐蚀环境包括酸性、碱性和盐性环境等。例如，不锈钢是一种具有优异耐腐蚀性的金属材料，被广泛应用于化工设备和食品加工设备等领域。

改变金属材料成分和表面处理的方法（如油漆、电镀等）提高金属的耐腐蚀性。

腐蚀对金属材料的危害很大，不仅使金属材料本身受到损失，严重还会使汽车零部件遭到破坏。提高金属材料的耐腐蚀性能，对现实具有很大的经济意义。

2. 抗氧化性

金属材料在高温环境下抵抗氧化的能力称作抗氧化性。抗氧化性对于高温部件如燃气涡轮发动机和火箭发动机等至关重要。例如，镍基合金和钴基合金等具有优异抗氧化性，被广泛应用于航空航天和能源等领域。

金属材料的氧化随温度升高而加速，如在铸造、锻造、热处理、焊接等热加工作业时，会造成材料损耗和形成各种缺陷。因此，在高温下工作的零部件，如发动机的气门、活塞等零件，必须采用抗氧化性好的材料制造。

3. 化学稳定性

化学稳定性是金属材料的耐腐蚀性和抗氧化性的总称。材料在高温下的化学稳定性称作热稳定性。在高温条件下的零件，如发动机的活塞、活塞环工作在高温高压的环境中，需要选择热稳定性好的材料制造。

对于腐蚀介质中或在高温下工作的机器零件，由于比在空气中或室温时的腐蚀更为强烈，故在设计这类零件时应特别注意金属材料的化学性能，并采用化学稳定性良好的合金。如化工设备、医疗用具等常采用不锈钢来制造，而内燃机排气门和电站设备的一些零件则常选用耐热钢来制造。

4. 酸碱反应

金属材料与酸或碱等化学物质发生化学反应的能力称作酸碱反应。这种反应可能导致金属材料的腐蚀或破坏。例如，铝是一种活性金属，容易与酸发生反应产生氢气，因此在酸性的环境中容易发生腐蚀。

5. 热稳定性

金属材料在温度变化时保持其组织和性能稳定的能力称作热稳定性。这种性能在汽车、航空航天、电力和冶金等领域中非常重要。例如，钛合金具有较好的热稳定性，被广泛应用于制造高温和低温环境下的航空器和化工设备等。

6. 电化学性

金属材料的电化学性与其在电化学环境中的行为有关。例如，金属的电导率、电极电位和腐蚀速率等都是电化学性质的表现。这些性质对于电池、电镀和电解等领域中的金属材料非常重要。例如，铜具有较好的导电性，被广泛应用于制造电线和电缆等。

7. 催化活性

某些金属材料具有催化活性，可以加速化学反应的速率。例如，铂和钯等贵金属具有催化活性，被广泛应用于汽车尾气净化和化工生产等领域。

主题	学习金属材料的物理性能和化学性能	任务书编号：1-1-1
说明	在您的技术信息系统中使用现有的专业文献和信息； 在工作组内准备学习作业； 在工作页中完成相关信息。	时间：

工作页 金属材料的物理性能

1. 识读力学性能的符号、名称和含义。

性能符号	名称	含义
σ		
	线膨胀系数	
α_v		

2. 请举例说明物理性能的应用，填入下表。

序号	物理性能	应用举例
1	密度	
2	熔点	
3	导热性	
4	热膨胀性	
5	导电性	
6	磁性	

3. 金属材料的化学性能有哪些？请举例说明。

4. 在石油化工行业中，许多设备都需要在腐蚀性环境中工作，如管道、储罐和反应器等。为了抵抗酸、碱、盐等化学物质的腐蚀，人们通常选择什么样的金属材料来延长设备的使用寿命？

五、工作过程

(一) 计 划

制定一个详细的学习计划,将学习时间分配到每个主题或章节中。这有助于确保你在学习过程中保持专注,并且可以帮助你更好地掌握每个主题。请各小组讨论,根据表 1-1-1 学习计划表的格式,制定合理的工作计划,并填入表中。

表 1-1-1 学习计划表

序号	学习步骤	学习内容	学习方法	计划工时	实际工时
1					
2					
3					
4					
5					
6					
完成本次任务的重点、难点、风险点识别	本次任务的重点:金属材料的物理性能和化学性能; 难点:金属材料物理性能和化学性能的应用; 风险点:在学习导电性时注意用电安全。				
思政	金属材料的物理属性反映了物质的基本性质和内在规律,通过学习这些属性,可以深化对物质世界的认识,树立正确的认识和世界观。在学习过程中需要团队一起制定实现本次课的目标学习计划,强调团队协作和互助精神,培养学生团队合作的意识。 金属材料在腐蚀环境中保持稳定的能力是耐腐蚀性的体现。通过研究金属材料的耐腐蚀性,学习事物坚韧不拔的精神,在面对困难和挑战时我们也应该保持坚定的信念和毅力。同时,耐腐蚀性也提醒我们要有自我保护意识,学会在复杂的社会环境中保持自己的原则和立场。				
时间:		教师:		学生:	

(二) 决 策

在工作计划中,明确了学习目标,收集必要的信息,筛选出对决策具有重要影响的关键信息。在评估和分析完信息后,下一步是生成一系列的可选方案。这些方案应该能够满足决策的目标,并且基于对信息的评估和分析所得出的结论。在生成可选方案时,可以采用多种方法,如头脑风暴、SWOT 分析等,以确保获得多样化和创新的方案。

(三) 实 施

按照学习计划表制定的要求进行学习并完成学习目标。

(四)检 查

完成金属材料物理性能和化学性能学习后,请根据金属材料的物理性能和化学性能应用的准确性对本次课程的学习进行相应的检查,将检查结果填入表 1-1-2 中。

表 1-1-2　金属材料物理性能和化学性能检查表

编号	任务	分数	比重	评分
1				
2				
3				
4				
5				
6				
总分:				

注:工作页根据学生完成情况打分:全面完成得 91~100 分,基本完成得 81~90 分,部分完成得 60~80 分,未完成 60 分以下。

(五)评 估

1. 信息评估

表 1-1-3　信息评估记录表

编号	任务	分数	比重	评分
1				
2				
3				
4				
5				
6				
总分:				

注:工作页根据学生完成情况打分:全面完成得 91~100 分,基本完成得 81~90 分,部分完成得 60~80 分,未完成 60 分以下。

2. 学习过程评估

表 1-1-4　学习过程评估记录表

姓名		学号		班级		日期	
练习（试题）名称							

一、学习过程检查　　　　　　　　　　　　　　　　评分等级为 10—9—7—5—3—0

序号	检查内容	评分项目	学生自检评分	教师检查评分	对学生自评的评分
1	课前				
2	课中				
3	课后				
结果					

注：对学生自评的评分标准为：同教师的评分相差一级得9分、二级得5分、三级得0分。不夸张，客观评价自己，只有客观评价自己才能达到更好的效果。

例如，学生自检评分为10，教师检查评分为9，两者评分相差一级，对学生自评的评分得9分；学生自检评分为10，教师检查评分为7，两者评分相差二级，对学生自评的评分得5分；学生自检评分为10，教师检查评分为5，两者评分相差三级，对学生自评的评分得0分；学生自检评分为5，教师检查评分为5，两者评分相同，对学生自评的评分得10分。后文学习过程检查评分相同。

二、笔试检查　　　　　　　　　　　　　　　　　　　　　　　评分等级为 10—0

序号	笔试的检查	学生自评	教师检查评分	对学生自评的评分
1	完整性			
2	书写规范性			
3	答案准确性			
4	错误改正			
结果				

总评分						
序号	评分组	结果	因子	得分（中间值）	系数	得分
1	计划、实施（对学生自评的评分）					
2	计划、实施（教师检查评分）					
3	笔试检查（对学生自评的评分）					
4	笔试检查（教师检查评分）					
					总分	

实训师签名：_____　　　　　学生签名：_____

六、行动结果

(一) 学习成果

熟悉金属材料的物理性能和化学性能,掌握金属材料的物理性能和化学性能在实际中的应用,学会规划学习步骤。

完成笔试测试题。

(二) 成绩评测

总成绩的评估基于以下权重:

序号	评估项目	分数	比重	评分
1	信息			
2	工作过程			
总分				

学习模块	金属材料的物理性能和化学性能				
学习任务	金属材料的物理性能				
客户委托	金属材料的物理性能				
学习时间					
姓名		班级		日期	
成绩		教师签名			

任务测试

一、填空题

1. 金属材料的物理性能有_____、_____、_____、_____、_____和_____等。

2. 密度是指单位体积物质的_____。

3. 按照密度的大小，金属材料可分为_____和_____。

4. _____是指金属从固态向液态转变时的温度。

5. _____是指材料传导热量的能力，通常用_____来衡量。热导率的符号为_____。

6. 导电性是指金属材料传导_____的能力，通常用_____来衡量。所有金属材料中，_____的导电性最好。

7. _____是指金属材料随温度变化而膨胀、收缩的特性。一般来说，金属受热时膨胀，体积_____，冷却时_____，体积_____。

8. 按照导磁性能来分，金属材料可分为_____、_____和_____三类。

9. 金属材料的化学性能有_____、_____、_____、_____、_____和_____等。

10. 金属材料在腐蚀环境中抵抗腐蚀的能力称为_____。常见的腐蚀环境包括_____和_____等。

11. 金属材料在高温环境下抵抗氧化的能力称为_____。抗氧化性对于高温部件如燃气涡轮发动机和火箭发动机等至关重要。

12. 金属材料与_____或_____等化学物质发生化学反应的能力称为酸碱反应。这种反应可能导致金属材料的_____或_____。

13. 金属材料在温度变化时保持其组织和性能稳定的能力称为_____。

14. 某些金属材料具有催化活性，可以加速_____。

二、问答题

1. 在航空航天器上，大多都使用什么样的金属材料？

2. 难熔金属大多都用在什么地方？易熔金属呢？

3. 在热加工和热处理时，为什么必须考虑金属的导热性？除此之外为什么也要考虑金属材料的热膨胀性？

4. 用什么方法可以提高金属材料的耐腐蚀性？

5. 在高温下工作的零部件，选用什么样的材料来制造？

6. 什么是金属材料的电化学性？这些性质对于哪个领域非常重要？

任务二　金属材料力学性能的测定

一、教学大纲

(一) 所属学习模块

学习模块	金属材料性能的检测
学习任务	金属材料力学性能的检测
客户委托	检测金属材料的力学性能
学习时间	

(二) 思维导图

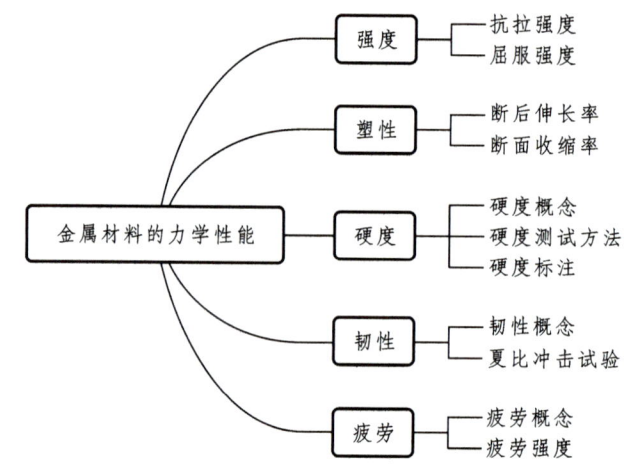

(三) 资格培训矩阵

信息	描述
行动目标	按照国家标准进行金属材料力学检测
学习内容	金属材料的力学性能； 强度的概念和指标的计算； 塑性的概念和指标的计算； 拉伸试验操作； 硬度的概念和常用的测试方法； 布氏硬度计的使用； 冲击韧度的概念； 夏比冲击试验操作； 疲劳的概念； 小能量冲击试验的操作

续表

信息	描述		
能力	专业能力： 掌握金属材料的力学性能； 会合理使用材料的能力； 能利用所学知识科学解决生产、生活中遇到的实际问题	方法能力： 能够查阅资料、国家标准； 遵循国家相关标准根据工作要求制定检测工艺； 能够分析、解决问题； 自我学习； 能自我评估	社会能力： 善解人意； 沟通能力； 团队合作能力； 责任心； 追求成就； 自我反省的能力； 质量成本意识

二、问题或情景说明

某模具厂仓库有一批放置很久的原材料，由于放置时间过久，仓库管理员也忘记了这批材料的型号，不知道这批材料适合加工模具的哪一个零部件，所以需要对这批材料进行性能检测。

请你根据模具零部件性能要求对这批原材料进行强度、塑性、硬度、冲击韧度和疲劳的测定，工作过程应遵循相关的国家标准。

三、应具备条件

（一）已具备的知识与技能

序号	说明学习所需基本知识点、技能点等
1	金属材料的物理、化学性能
2	实验室的安全规则
3	基本数学计算能力

（二）专业参考资料

序号	资料来源	说明
1	金属材料及热处理	查询力学性能的相关知识
2	金属材料实验室规范	遵守实验室的使用规范和操作规范
3	《金属材料拉伸试验方法》国家标准 GB/T 228.1—2010	金属材料拉伸试验的试验方法和试样标准
4	夏比冲击试验标准 GB/T 229—2020	夏比冲击试验的试验方法和试样标准
5	金属材料布氏硬度 国家标准（GB 231—1984）	布氏硬度试验的相关标准
6	疲劳测试国家标准 GB/T 3077—2015《金属材料低周疲劳试验方法》	该标准规定了材料低周疲劳试验方法和程序、试验样品形状及尺寸、材料力学性能测试方法和计算、试验数据处理及表达方法等

（三）金属材料力学性能测定所需要的检测设备

（1）万能材料拉伸试验机，如图1-2-1（a）所示。
（2）HB-3000型布氏硬度计和JC-10读数显微镜，如图1-2-1（b）所示。
（3）JB-300型摆锤式冲击试验机，如图1-2-1（c）所示。

 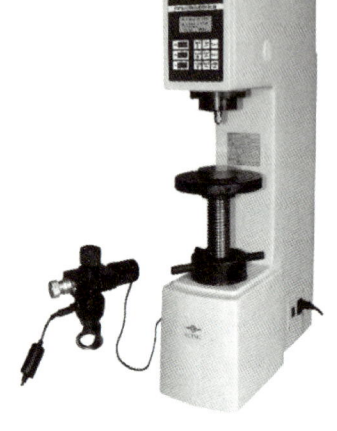 

（a）万能材料拉伸试验机　　（b）布氏硬度计和显微镜　　（c）摆锤式冲击试验机

图1-2-1　金属材料力学性能所需设备

四、知识信息

（一）金属材料的力学性能

金属材料的力学性能是指金属材料在承受外加载荷时表现出来的性能，包括强度、塑性、硬度、韧性及疲劳强度等。

1. 强　度

强度是指材料抵抗塑性变形或断裂的能力。根据载荷性质的不同，强度可分为抗拉强度、抗压强度、抗弯强度、抗剪强度和抗扭强度等。机械制造中常用抗拉强度作为材料力学性能的主要指标。

1）拉伸试验和力-伸长曲线

抗拉强度可以通过拉伸试验进行测定。国家标准GB/T 228.1—2010中规定了拉伸试验的方法和拉伸试样的制作标准。

试验前，将金属材料制成一定形状和尺寸的标准拉伸试样，如图1-2-2所示。图中，L_0为原始标距，d_0为圆形横截面试样平行长度的直径，S_0为原始横截面积，L_u为断后标距，d_u为圆形横截面试样断裂后缩颈处最小直径，S_u为断后最小横截面积。

试验时，将标准试样装夹在拉伸试验机上，缓慢进行拉伸。随着拉伸力的不断增加，试样将发生弹性变形、塑性变形直至断裂。试验机会自动记录拉伸过程中载荷与伸长量之间的关系，绘制出力-伸长曲线。

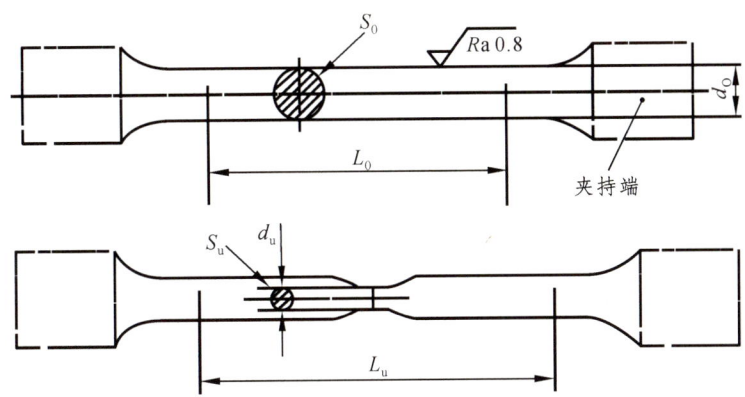

图 1-2-2 试样在拉伸试验前后的对比

图 1-2-3 所示为低碳钢的力-伸长曲线图。由图可以看出,低碳钢试样的拉伸过程可以分为以下几个阶段。

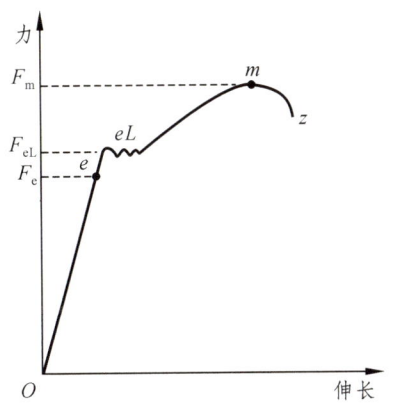

图 1-2-3 低碳钢的力-伸长曲线图

（1）Oe 段为弹性变形阶段。在这个阶段中,试样变形完全是弹性的,变形量与外加载荷成正比,去掉载荷后,变形完全消失,试样恢复到原来的形状和尺寸,这种变形称作弹性变形。

（2）ee_L 段为屈服阶段。在这个阶段中,试样不仅发生弹性变形,还发生塑性变形,即去掉载荷后,一部分变形恢复,还有一部分变形不能恢复,这种不能随载荷的去除而消失的变形称作塑性变形。载荷增大到 F_{eL} 时,载荷保持不变而试样的变形继续增加,这种现象称作屈服。此时,在拉伸曲线上出现水平或锯齿形线段。

（3）e_Lm 段为强化阶段。在这个阶段中,为使试样继续发生塑性变形,载荷必须不断增加,直到 F_m。

（4）mz 段为缩颈阶段。当载荷达到 F_m 后,试样开始发生局部收缩,称作缩颈。此时,变形所需的载荷逐渐降低。当变形达到 z 点时,试样在缩颈处断裂。

2) 屈服强度

屈服强度是指当金属材料呈现屈服现象时,在试验期间达到塑性变形而力不增加的应力点。屈服强度分为上屈服强度 R_{eH} 和下屈服强度 R_{eL},一般用下屈服强度作为衡

量指标，其计算公式为

$$R_{eL} = \frac{F_{eL}}{S_0} \tag{1-1}$$

有些材料（如铸铁、高碳钢等）没有明显的屈服现象，很难测出屈服强度数值，可用规定塑性延伸强度 R_P 来表示。使用 R_P 时，应附下脚注以说明所规定的百分率。例如，$R_{P0.2}$ 表示规定非比例延伸率为 0.2%时的应力。

屈服强度和规定塑性延伸强度是大多数机械零件设计计算时的主要依据之一，同时也是评定材料质量的重要指标。

3）抗拉强度

抗拉强度 R_m 是指相应最大力 F_m 的应力，其计算公式为

$$R_m = \frac{F_m}{S_0} \tag{1-2}$$

抗拉强度表明了材料在拉伸条件下单位截面积上所能承受的最大应力。机器零件工作时，所承受的拉应力不允许超过 R_m，否则就会断裂，所以，抗拉强度也是机械设计计算和选材的重要指标之一，特别是对于脆性材料，拉伸过程中几乎不发生塑性变形，$R_{P0.2}$ 也常常难以测定，故脆性材料没有屈服强度指标，只有抗拉强度指标。

工程上，把 R_{eL} 与 R_m 的比值称作屈强比。其值越高，材料强度的有效利用率越高，但会降低零件的安全可靠性。

2. 塑 性

塑性是指材料在断裂前发生不可逆永久变形的能力。常用的塑性性能指标包括断后伸长率和断面收缩率。

1）断后伸长率

断后伸长率 A 是指断后标距长度的残余伸长量 L_u-L_0 与原始标距 L_0 之比的百分率，其计算公式为

$$A = \frac{L_u - L_0}{L_0} \times 100\% \tag{1-3}$$

式中　L_0——试样原始长度；

L_u——试样断后长度；

L_u-L_0——试样断后标距长度的残余伸长量。

2）断面收缩率

断面收缩率 Z 是指断裂后试样横截面积的最大缩减量 S_0-S_u 与原始横截面积 S_0 之比的百分率，即

$$Z = \frac{S_0 - S_u}{S_0} \times 100\% \tag{1-4}$$

式中　S_0——试样原始截面积；

S_u——试样断后截面积；

S_0-S_u——断后试样横截面积的最大缩减量。

金属材料的断后伸长率 A 和断面收缩率 Z 数值越大,表示材料的塑性越好。塑性好的材料,不仅可用轧制、锻造、冲压等方法加工成形,而且在工作时若超载,可因其发生塑性变形而避免突然断裂,提高了工作安全性。

3. 拉伸试验操作标准

根据中华人民共和国国家标准 GB/T 228.1—2010 的规定,拉伸操作应符合下列规定:

(1)拉伸试样由夹持端、过渡段和平行段构成,如图 1-2-4 所示。

夹持端:即试样两端较粗部分,其形状和尺寸必须与试验机夹头的钳口相匹配,常用的是圆形单肩式和矩形夹具。

过渡段:常采用圆弧形状,使夹持段与平行段光滑连接,以消除应力集中。

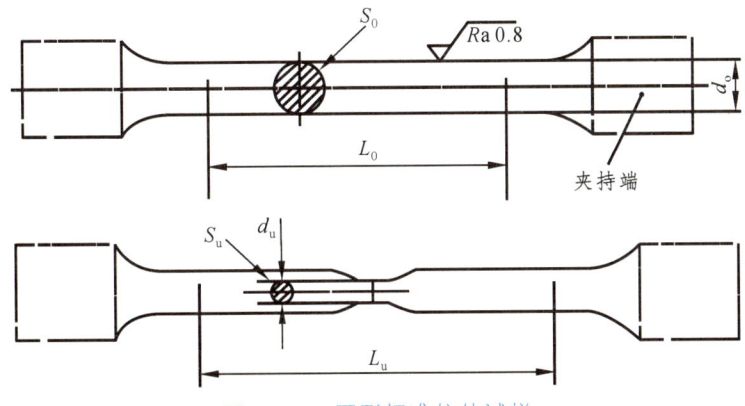

图 1-2-4　圆形标准拉伸试样

平行段:必须保持光滑均匀以确保表面的单向应力状态,其有效工作部分 L_0 称作原始标距,d_0、S_0 分别代表标距部分的直径和面积。

(2)圆形横截面拉伸试样的形状和尺寸符号。

比例试样尺寸:

原始直径 d_0:3 mm、5 mm、6 mm、8 mm、10 mm、15 mm、20 mm、25 mm,优先采用 5 mm、10 mm、20 mm;

原始标距 $L_0 \geqslant 15$ mm,短试样(优先)$L_0=5d_0$,长试样 $L_0=10d_0$;

平行长度 $L_c \geqslant L_0+d_0/2$;

试样总长度 L_t 取决于夹持方法,原则上 $L_t > L_c+4d_0$;

过渡圆半径 $r \geqslant 0.75d_0$。

4. 万能材料拉伸试验机使用规范

拉伸试验机(Tensile Testing Machine),是一种用于测试材料拉伸性能的设备。它可以用来测量材料的拉伸强度、断裂延伸率、断裂伸长、弹性模量等性能参数。拉伸试验机操作步骤和注意事项如下:

1)准备工作

(1)确保拉伸试验机已经连接好电源,并处于稳定的工作状态。检查仪器的仪表和指示灯,确保正常运行。

（2）根据要测试的材料和标准选择合适的夹具和夹具板，将夹具和夹具板安装到拉伸试验机上，确保夹具固定可靠。

（3）校正和调整拉伸试验机的仪器和传感器，确保仪器的准确性和稳定性。

2）设定测试参数

（1）根据测试对象的性质和标准，设定合适的测试参数。这些参数包括试验类型、加载速率、试验温度等。

（2）将试样放置在夹具中，并调整夹具使其与试样适配。确保试样的几何尺寸和夹具的几何尺寸一致。

3）开始测试

（1）将试样夹持在夹具上，调整夹具使其与试样接触。确保试样的中心轴与夹具轴线对齐。

（2）开始进行预加载，将试样逐渐加载到设定的预加载力或应变水平。预加载的目的是去除试样的初始弹性变形。

（3）在预加载后，根据设定的测试参数开始加载试样。加载速率应根据材料的性质和标准来确定，一般可以在试验机上进行调节。

（4）观察试验过程中试样的变形情况，并记录数据。可通过试验机的仪表和电脑软件来获取实时数据。

（5）持续加载试样直至其断裂。断裂点通常是在试样受弯曲力或拉伸力下达到极限的时候。

（6）终止测试后，将试样取下并进行性能分析。使用试验机软件可以对试验数据进行处理和计算。

主题	学习金属材料的强度和塑性； 使用万能材料拉伸试验机的测试方法，规划工作步骤	任务书编号：1-2-1
说明	在技术信息系统中使用现有的专业文献和信息； 在工作组内准备学习作业； 在工作页中完成相关信息。	时间：

工作页 — 金属材料的强度和塑性、工作步骤

1. 识读力学性能的符号、名称和含义。

力学性能符号	名称	含义
R_{eL}		
R_{eH}		
R_m		
A		
Z		

2. 根据情况说明强度、塑性的测试试验步骤，填入下表。

序号	试验步骤
1	
2	
3	
4	
5	
6	
7	
8	
9	
10	

五、拉伸试验工作过程

（一）计　划

制定一个详细的学习计划，将学习时间分配到每个主题或章节中。这有助于在学习过程中保持专注，并且可以帮助更好地掌握每个主题。请各小组讨论，根据表 1-2-1 学习计划表的格式，制定合理的工作计划，并填入表中。

表 1-2-1　学习计划表

序号	工作步骤	工具/材料	组织形式	计划工时	实际工时
1					
2					
3					
4					
完成本次任务的重点、难点、风险点识别	本次任务的重点：完成试验要遵守标准； 难点：试验数据的整理； 风险点：在工作过程中实验设备的安全使用。				
思政要点	工作过程产生的垃圾及废料要及时处理，能回收的要分类回收； 在进行力学性能试验时，需要遵循一定的职业道德规范。首先，要确保试验过程的安全性和可靠性，避免对人员和设备造成损害。其次，要保证试验结果的准确性和可靠性，不得随意篡改或伪造数据。最后，要尊重知识产权和保密要求，不得泄露他人的商业机密或个人隐私。这些职业道德规范对于提高个人的职业素养和社会责任感具有重要意义。				
时间：		教师：		学生：	

（二）决　策

在工作计划中，明确了学习目标，收集必要的信息，筛选出对决策具有重要影响的关键信息。在评估和分析完信息后，下一步是生成一系列的可选方案。这些方案应该能够满足决策的目标，并且基于对信息的评估和分析所得出的结论。在生成可选方案时，可以采用多种方法，如头脑风暴、SWOT 分析等，以确保获得多样化和创新的方案。

（三）实　施

按照学习计划表制定的要求进行学习并完成学习目标。

主题	整理试验数据，完成试验报告	任务书编号：1-2-2
说明	在技术信息系统中使用现有的专业文献和信息完成相关工作； 在工作组内准备学习作业； 在工作页中输入信息。	时间：

工作页 三 试验数据整理

1. 整理试验数据

① 弹性模量 E：材料在弹性变形阶段，其应力和应变成正比例关系（即符合胡克定律），其比例系数称为弹性模量。

② 屈服强度 R_e：屈服强度是金属材料发生屈服现象时的屈服极限，也就是抵抗微量塑性变形的应力。对于无明显屈服现象出现的金属材料，规定以产生 0.2%残余变形的应力值作为其屈服极限，称为条件屈服极限或屈服强度。

③ 抗拉强 R_m：是金属在静拉伸条件下的最大承载能力。抗拉强度即表征材料最大均匀塑性变形的抗力。

④ 延伸率 A：延伸率指试样拉伸断裂后标距段的总变形与原标距长度之比的百分数。

⑤ 断面收缩率 Z：料受拉力断裂时断面缩小，断面缩小的面积与原面积之比值叫断面收缩率。

2. 完成试验报告

金属材料的拉伸试验报告

[实验目的]

1. 测定低碳钢的下屈服强度 R_e、抗拉强度 R、断后伸长率 A 和断面收缩率 Z。
2. 测定铸铁的抗拉强度 R 和断后伸长率 A。
3. 观察并分析两种材料在拉伸过程中的各种现象（包括屈服、强化、冷作硬化和颈缩等现象）。
4. 比较低碳钢（塑性材料）与铸铁（脆性材料）拉伸机械性能的特点。

[实验设备]

万能试验机、游标卡尺、低碳钢和原材料的标准试样等

[实验原理]

按我国目前执行的国家 GB/T 228—2002 标准——《金属材料室温拉伸试验方法》的规定，在室温 10~35 °C 的范围内进行试验。

将试样安装在试验机的夹头中，然后开动试验机，使试样受到缓慢增加的拉力，直到拉断为止，并利用试验机的自动绘图装置绘出材料的拉伸图。

试验机自动绘图装置绘出的拉伸变形 ΔL 主要是整个试样的伸长，还包括机器的弹性变形和试样在夹头中的滑动等因素。由于试样开始受力时，头部在夹头内的滑动较大，故绘出的拉伸图最初一段是曲线。

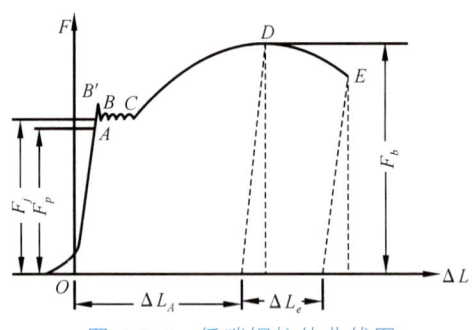

图 1-2-5 低碳钢拉伸曲线图

[实验步骤]

1. 试样准备

用游标卡尺测量标距两端和中间三个横截面处的直径,在每一横截面处沿相互垂直的两个方向各测一次取其平均值,用三个平均值中最小者计算试样的原始横截面积 S_0。

2. 试验机准备

根据低碳钢的抗拉强度 R_m 和试样的原始横截面积 S_0 估计试验所需的最大荷载,并据此选择合适的量程,配上相应的砝码砣,做好试验机的调零等准备工作。

3. 装夹试样

先将试样安装在试验机的上夹头内,再移动试验机的下夹头使其达到适当位置,并把试样下端夹紧,应尽量将试样的夹持段全部夹在夹头内,并且上下要对称。完成此步操作时切忌在装夹试样时对试样加上了荷载。

4. 检查试车:

启动试验机,预加少许荷载后,卸载回至零点,以检查试验机工作是否正常。同时消除试样在夹头中的滑移对绘制拉伸图曲线的影响。

5. 进行试验:

开动试验机使之缓慢匀速加载,并注意观察示力指针的转动、自动绘图的情况和相应的试验现象,继续加载,观察试样的颈缩现象,直至试样断裂停车。记录所加的最大荷载 F。

6. 试样断后尺寸测定:

取出试样断体,观察断口情况和位置。将试样在断裂处紧密对接在一起,测量断后试样长度,计算断后最小横截面积 S。

7. 归整实验设备:

卸回油缸中的液压油,清理试验现场和所用仪器设备,并将所用的仪器设备全部恢复原状。

[实验数据记录]

	标距	直径	屈服载荷	最大载荷	屈服强度	抗拉强度	断后长度	断后直径	断面伸长率	断后收缩率
	L_0	d	F_{eL}	F_m	R_e	R_m	L_u	d_u	A	Z
	mm	mm	kN	kN	MPa	MPa	mm	mm	%	%
低碳钢	100.5	10	58.73	79.1	400	540	130	6.32	30	79
原材料	100.5	10								

（四）检　查

完成金属材料拉伸试验后，请根据模具零件的选材需要对本批次的材料进行相应的检查，并将检查结果填入表中。

表 1-2-2　金属材料拉伸试验检查表

编号	任务	分数	比重	评分
1	屈服强度			
2	抗拉强度			
3	断后伸长率			
4	断面收缩率			
5				
6				
总分：				

注：工作页根据学生完成情况打分：全面完成得 91~100 分，基本完成得 81~90 分，部分完成得 60~80 分，未完成 60 分以下。

六、硬　度

硬度是衡量金属材料软硬程度的一种性能指标，也是指金属材料抵抗局部变形，特别是塑性变形、压痕或划痕的能力。

硬度测定方法有压入法、划痕法、回弹高度法等。在压入法中根据载荷、压头和表示方法的不同，常用的硬度测试方法有布氏硬度（HBW），洛氏硬度（HRA、HRB、HRC 等）和维氏硬度（HV）。

（一）布氏硬度

布氏硬度的试验原理如图 1-2-6 所示，是用一定直径的硬质合金球，以相应的试验力压入试样表面，经规定的保持时间后，卸除试验力，测量试样表面的压痕直径 d，然后根据压痕直径 d 计算其硬度值的方法。在实际使用中不需要计算。

布氏硬度值是用球面压痕单位表面积上所承受的平均压力表示的，压头为硬质合金球时用符号 HBW 表示，测量范围为 450~650 HBW。压头为淬火钢球时用符号 HBS 表示，测量范围为 450 HBS 以下。

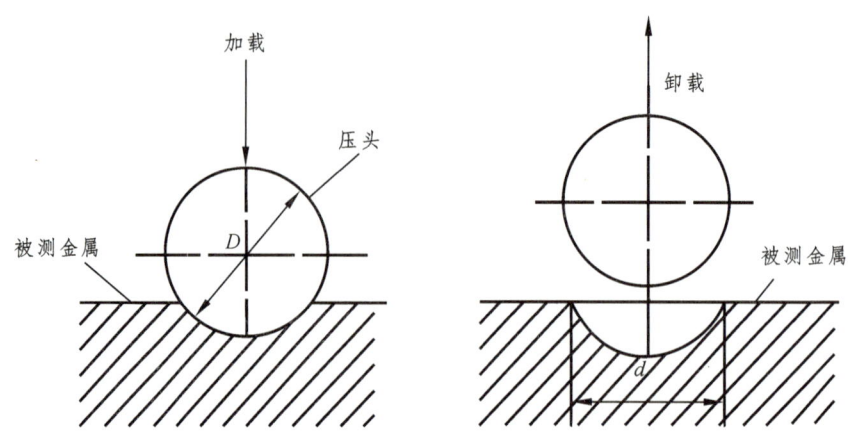

图 1-2-6　布氏硬度测试原理

布氏硬度的标注：符号 HBS 或 HBW 之前的数字表示硬度值，符号后面的数字按顺序分别表示球体直径、载荷及载荷保持时间。120 HBS10/1 000/30 表示直径为 10 mm 的淬火钢球在 1 000 kgf（9.807kN）载荷作用下保持 30 s（10～15 s 不标注）测得的布氏硬度值为 120。

布氏硬度的优点是测量误差小，数据稳定；缺点是压痕大，不能用于太薄件、成品件及比压头硬的材料。

（二）洛氏硬度

洛氏硬度试验原理如图 1-2-7 所示，是以锥角为 120° 的金刚石圆锥体或直径为 1.587 mm 的球（淬火钢球或硬质合金球），压入试样表面，试验时先加初试验力，然后加主试验力，压入试样表面后，去除主试验力，在保留初试验力时，根据试样残余压痕深度增量来衡量试样的硬度大小。

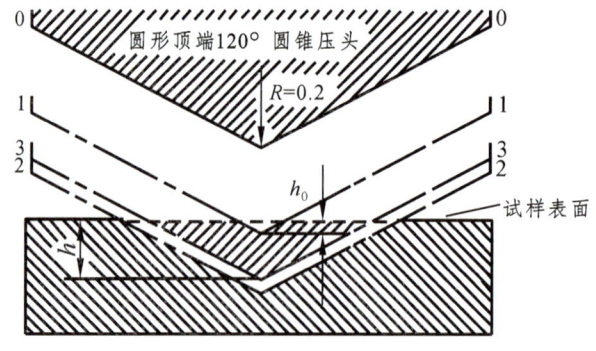

图 1-2-7　洛氏硬度的测试原理

洛氏硬度值可直接从试验机的表盘上读出，不需计算，也不用标出单位。

洛氏硬度的标注：数字+HRC（HRA/HRB），如 60HRC 表示 C 标尺测定的洛氏硬度值为 60。洛氏硬度操作简便，压痕小，适用范围广，但测量结果不够精确。洛氏硬度的实验规范和应用见表 1-2-3。

表 1-2-3　3 种常用洛氏硬度的试验规范

洛氏硬度标尺	硬度符号	压头类型	初试验力 F_0/N	主试验力 F_1/N	总试验力 F/N	适用范围	应用举例
A	HRA	金刚石圆锥	98.07	490.3	588.4	20～88	硬质合金、表面淬火层、渗碳层等
B	HRB	直径 1.5875 mm 球	98.07	882.6	980.7	20～100	有色金属，退火、正火钢等
C	HRC	金刚石圆锥	98.07	1 373	1 471	20～70	淬火钢、调质钢等

（三）维氏硬度

维氏硬度的测定原理与布氏硬度基本相似，是以面夹角为 136°的正四棱锥体金刚石为压头，试验时，在规定的试验力 F（49.03～980.7N）作用下，压入试样表面，经规定保持时间后，卸除试验力，则试样表面上压出一个正四棱锥形的压痕，测量压痕两对角线 d 的平均长度，可计算出其硬度值。维氏硬度用符号 HV 表示。

维氏硬度数值写在符号 HV 的前面，试验条件写在符号 HV 的后面。例如，640HV30 表示用 30 kgf（294.2 N）的试验力，保持 10～15 s 测定的维氏硬度值是 640；640 HV30/20 表示用 30 kgf（294.2 N）的试验力，保持 20 s 测定的维氏硬度值是 640。

（四）布氏硬度计操作标准

根据中华人民共和国国家标准 GB/T 231.1—2009《金属材料 布氏硬度操作 第 1 部分：操作方法》的规定，布氏硬度的测量应符合下列规定：

1. 范　围

（1）本标准规定了布氏硬度计的校准规程。
（2）本标准适用于内活塞用的布氏硬度计定期校准。

2. 实验条件

（1）无振动，无灰尘。
（2）室内温度为 10～35 ℃。
（3）周围无腐蚀气体。

3. 校准方法

（1）外观检查：整体无锈蚀，刻度盘玻璃清晰，无霉点。
（2）压头检查：定期更换钢球压头，保证其压痕直径轮廓清晰，球突出球套部分应不小于直径的 1/3，球表面不应有麻点、划伤、裂纹、锈蚀等缺陷。
（3）硬度计示值误差检定：在标准块上均匀分布地测定五点，两相邻压痕中心的距离不应小于压痕直径的 4 倍，压痕中心至标准块边缘的距离不应小于压痕直径的 2.5 倍，按上述方法测五点硬度值，取其平均值，其示值误差应在±1 个硬度值单位内。

(4)本仪器校准周期为一年。
(5)本仪器使用的标准硬度块为 HBS2.5/62.5 104。

4. 记 录

(1)每次校准必须填写《布氏硬度计校准记录》的各项有关内容,见附录。
(2)记录由校准人保管备查,保存期为两年。

5. 注意事项

(1)安装压头。

各种规格的压头均由固定杆、固定螺帽和球三部分组成,在安装前必须将固定杆球形槽与球用无酸汽油冲洗、擦净。在固定杆球形槽内涂以少许无酸凡士林油,装上选用的钢球或硬质合金球,再把固定螺帽拧紧。试验时要经常检查球是否松动,若发现球松动,则试验无效。

(2)施加试验力。

整个试验力施加过程分为施加、保持和卸除三个阶段。启动按钮开关后,从加试验力指示灯燃亮到熄灭为试验力施加阶段;指示灯燃亮到熄灭为试验力保持阶段。

(3)开机、关机不能过于频繁,关机后过 3~5 s 才能开机。
(4)实验温度。

实验时试样温度应保持常温,在特殊情况下,黑色金属的温度不得超过 100 ℃;有色金属应严格在常温下进行。

(5)使用完毕后及维修仪器时应切断电源。

(五)HB-3000 型布氏硬度计和 JC-10 数显微镜的使用规范

HB-3000 型布氏硬度计如图 1-2-8 所示,是一种高精度测量仪器。主要适用于各机械厂的热处理车间和工厂检验部门。

1. 功能特点

构造坚固、刚性好、精确、可靠、耐用,测试效率高;机械式换向开关;高精度读数显微镜测量系统。

2. 应用范围

(1)广泛适用于生产现场中的品质监控,工作环境适应性强;
(2)测定黑色金属、有色金属及轴承合金材料的布氏硬度;
(3)应用范围广,尤其适用于平行平面的精密测量,且曲面测量稳定可靠。

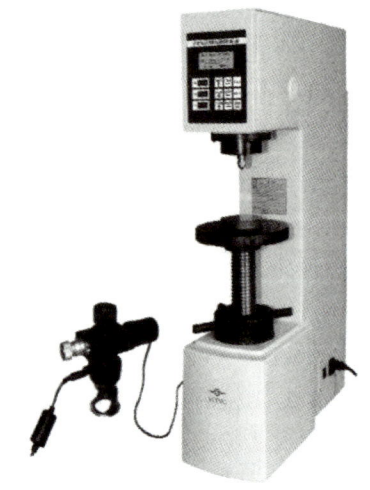

图 1-2-8　HB-3000 型布氏硬度计

3. 实验步骤

（1）安装压头与试台。

选择压头，并用无酸汽油清洗其球上附粘的防锈油，用棉花或质地较软的纱布擦拭干净，装入主轴衬套内，旋转紧定螺钉使其轻轻压于压头固定杆之扁平处，然后将试台安装在丝杠上。再将试样平稳、密合地安放在试台上。此时转动手轮，使试台缓慢上升，试样与压头接触直至手轮与螺母产生相对滑动。最后将压头紧定螺钉压紧于固定杆之扁平处。

（2）选择试验力。

选用的试验力为 1.839 kN（187.5 kgf）时，将砝码吊架挂在大杠杆尾部刀刃上即可；若加上 62.5 kg 的砝码就形成 2.452 kN（250 kgf）的试验力；再加上 500 kg 的砝码则形成 7.355 kN（750 kgf）试验力，以此类推。

（3）选择试验力保持时间。

试验力保持时间长短先选择好，然后将固定螺钉松开，把圆盘内的弹簧定位器旋转到所需的时间位置上（圆盘红标志与名牌的时间标志 12 s、30 s 或 60 s 相对应），固定螺钉松开的程度应能保证圆盘作自由回转即可。

（4）布氏硬度计试验过程。

以上准备工作就绪后，首先打开电源开关，接通电源，此时电源指示灯燃亮。然后启动按钮开关，立即做好拧紧固定螺钉的准备，在保荷指示灯燃亮的同时迅速拧紧，使圆盘随曲柄一起回转直至自动反向和停止转动为止。从保荷指示灯燃亮到熄灭为试验力保持时间。

（5）检验并确定试验结果。

试验结束后，转动手轮，取下试样，用随机所带的读数显微镜测量试样表面的压痕直径，将测得结果查表得出试样硬度值。

（6）读数显微镜。

有关读数显微镜的使用，请阅读读数显微镜使用说明书。用此显微镜测定压痕读数时必须注意光源，通常以中午的自然光线为宜，若在灯光下读数，应注意光线对压痕直径大小的影响。

（7）记录故障。

（8）每次试验后，做好清洁和润滑工作及运行记录。

主题	测定材料的硬度值； 规划工作步骤	任务书编号：1-2-3
说明	在技术信息系统中使用现有的专业文献、信息以及网络完成相关工作； 在工作组内准备学习作业； 在工作页中输入信息。	时间：

工作页三　金属材料硬度测试、工作步骤

1. 识读力学性能的符号、名称和含义。

力学性能符号	名称	含义
HBS		
HBW		
HRA		
HRB		
HRC		
HV		

2. 根据情境说明，将硬度性能检测步骤填入表中。

序号	工作步骤
1	
2	
3	
4	
5	
6	

七、硬度测试工作过程

(一) 计　划

制定一个详细的学习计划,将学习时间分配到每个主题或章节中。这有助于在学习过程中保持专注,并且可以更好地掌握每个主题。请各小组讨论,根据表 1-2-4 学习计划表的格式,制定合理的工作计划,并填入表中。

表 1-2-4　学习计划表

序号	工作步骤	工具/材料	组织形式	计划工时	实际工时
1					
2					
3					
4					
完成本次任务的重点、难点、风险点识别	本次任务的重点是完成试验时要遵守标准;难点是试验数据的整理;风险点是工作过程中实验设备的安全使用。				
思政要点	进行硬度试验时,应遵守安全操作规程,确保人员和设备的安全。操作人员应熟悉安全操作规程和应急处理措施。在试验过程中,应佩戴个人防护用品,如防护眼镜、手套等,以保障人身安全。同时,要确保试验场地整洁有序,避免杂乱环境导致的意外事故。				
时间:		教师:		学生:	

(二) 决　策

在工作计划中,明确了学习目标,收集必要的信息,筛选出对决策具有重要影响的关键信息。在评估和分析完信息后,下一步是生成一系列的可选方案。这些方案应该能够满足决策的目标,并且基于对信息的评估和分析所得出的结论。在生成可选方案时,可以采用多种方法,如头脑风暴、SWOT 分析等,以确保获得多样化和创新的方案。

(三) 实　施

按照学习计划表制定的要求进行学习并完成学习目标。

主题	整理试验数据，完成试验报告	任务书编号：1-2-4
说明	在技术信息系统中使用现有的专业文献和信息完成相关工作； 在工作组内准备学习作业； 在工作页中输入信息。	时间：

工作页 三 试验数据整理

1. 整理试验数据

表　布氏硬度试验数据记录表

试验编号	材料名称	处理方法	试验规范				试验结果			
			压头 D/mm	试验力 F/N	$0.102F/D^2$	试验力保持时间/s	压痕直径 d/mm			硬度值
							d_1	d_2	d_3	HBW

八、韧　性

韧性是指材料抵抗冲击载荷作用而不被破坏的能力。韧性的常用指标是冲击吸收能量 K（J）。冲击吸收能量采用夏比摆锤冲击试验测定。

1. 冲击韧度

冲击韧度是指金属材料在冲击载荷作用下抵抗破坏的能力。夏比摆锤冲击试验的原理如图 1-2-9 所示。摆锤一次冲断试样所消耗的能量用 A_K 表示，它可从试验机刻度盘上直接读出。材料冲击韧度的计算公式为

$$a_K = \frac{A_K}{S_0}$$

式中　S_0——试样缺口横截面积，mm^2。

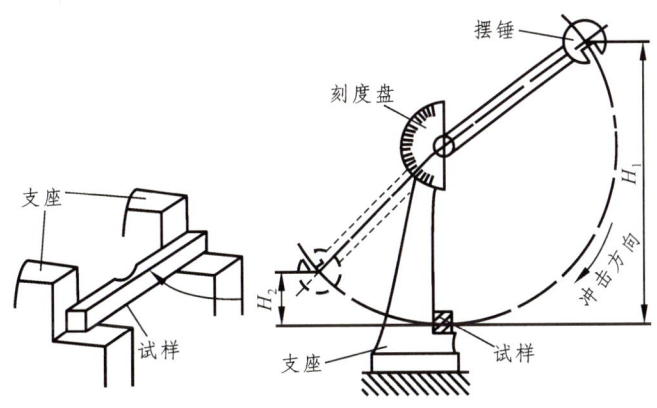

图 1-2-9　夏比摆锤冲击试验原理

对于一般的钢材，测得的吸收能量 A_K 越大，材料的韧性越好。但由于吸收能量 A_K 还与试样形状、尺寸、表面粗糙度、内部组织、缺陷以及环境温度有关，由 A_K 及该值计算出的冲击韧度不能真正反映材料的韧脆性质。因此，A_K 一般只用于选材参考，并不直接用于强度计算。

2. 断裂韧度

低应力脆断是指金属材料在远低于屈服强度的状态下发生脆性断裂。这种情况可能发生在高强度材料的机件，中、低强度的重型机件、大型构件中等。突然折断类事故大多都属于低应力脆断。

研究和试验表明，低应力脆断与材料内部的裂纹及其扩展有关。衡量材料是否容易断裂的一个重要指标就是裂纹是否容易扩展。如图 1-2-10 所示，裂纹扩展可以分为张开型（Ⅰ型）、滑开型（Ⅱ型）和撕开型（Ⅲ型）三种基本形式，其中张开型最容易引起脆性断裂，也就最危险。

如果材料中存在裂纹，在外力的作用下，裂纹尖端附近某点处的实际应力值与施加的应力 F（称作名义应力）、裂纹长度 a 以及距裂纹尖端的距离有关，该应力在裂纹

尖端附近形成了一个应力场。应力场的应力值随着名义应力 F 和裂纹长度 a 的增大而增大，裂纹也会随之自动扩展。

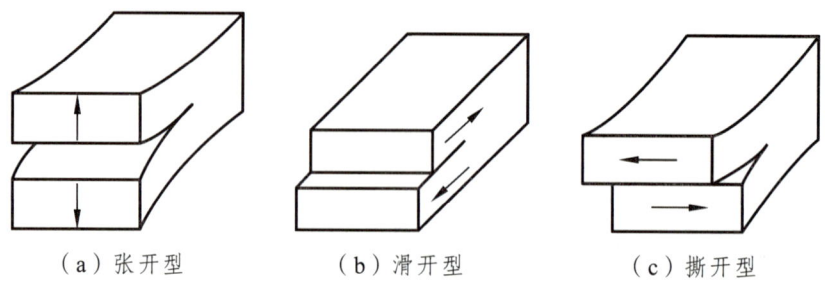

(a) 张开型　　　　(b) 滑开型　　　　(c) 撕开型

图 1-2-10　裂纹扩展的三种基本形式

在零（构）件安全设计上，断裂韧度可为其提供重要的力学性能指标，它是强度和韧性的综合体现。断裂韧度主要取决于材料的成分、内部组织和结果，而与裂纹的大小、形状、外加应力等无关。

九、疲　劳

许多零件（如轴、齿轮、连杆及弹簧等）都是在交变应力（循环应力）作用下工作的。在交变应力作用下，虽然零件所承受的最大应力通常都低于材料的屈服强度，但经过一定时间的工作后，零件会产生裂纹或突然发生完全断裂的现象，这种现象称作疲劳断裂。疲劳断裂前，零件无明显塑性变形，具有很大的危险性，常常会造成严重事故。据统计，大部分机械零件的损坏都是由疲劳引起的。

材料在循环应力作用下经受无数次循环而不断裂的最大应力值称作材料的疲劳极限或疲劳强度。由疲劳曲线示意图（见图 1-2-11）可知，应力值 R 越低，断裂前的循环次数越多。当应力降低到某一值后，R-N 曲线与横坐标轴平行，这表示当应力低于此值时，材料可经受无数次应力循环而不断裂，此时的应力值即为疲劳极限。当循环应力对称时，疲劳极限可用 R_{-1}，表示。实际上，金属材料不可能作无数次交变载荷试验。通常规定，钢铁材料的 N 取 10^7 次，有色金属的 N 取 10^8 次，不锈钢及腐蚀介质作用下的 N 取 10^6 次。

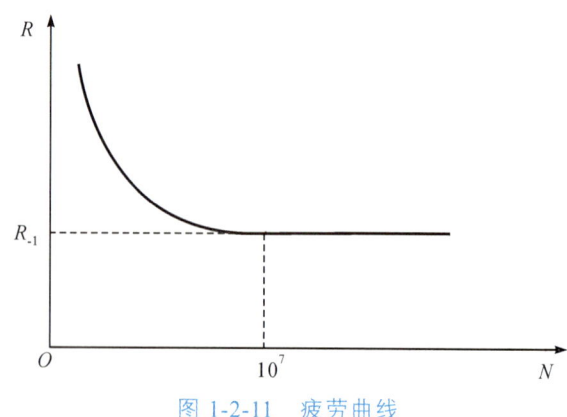

图 1-2-11　疲劳曲线

影响疲劳极限的因素很多，除设计时在结构上注意减轻零件应力集中外，改善零件表面粗糙度和进行表面热处理（表面淬火、化学热处理、表面复合强化等）也可提高材料的疲劳极限。

十、夏比冲击试验机的标准

根据中华人民共和国国家标准 GB/T 229—2007《金属材料 夏比摆锤冲击操作方法》的规定，冲击操作应符合下列规定：

缺口类型可分为 U 型缺口和 V 型缺口两种，如图 1-2-12、1-2-13 所示。U 型缺口试样除 2 mm 深度外，还有缺口深度为 5 mm 的深 U 型缺口试样，深 U 型缺口和 V 型缺口适用于材料韧性较好的材料。

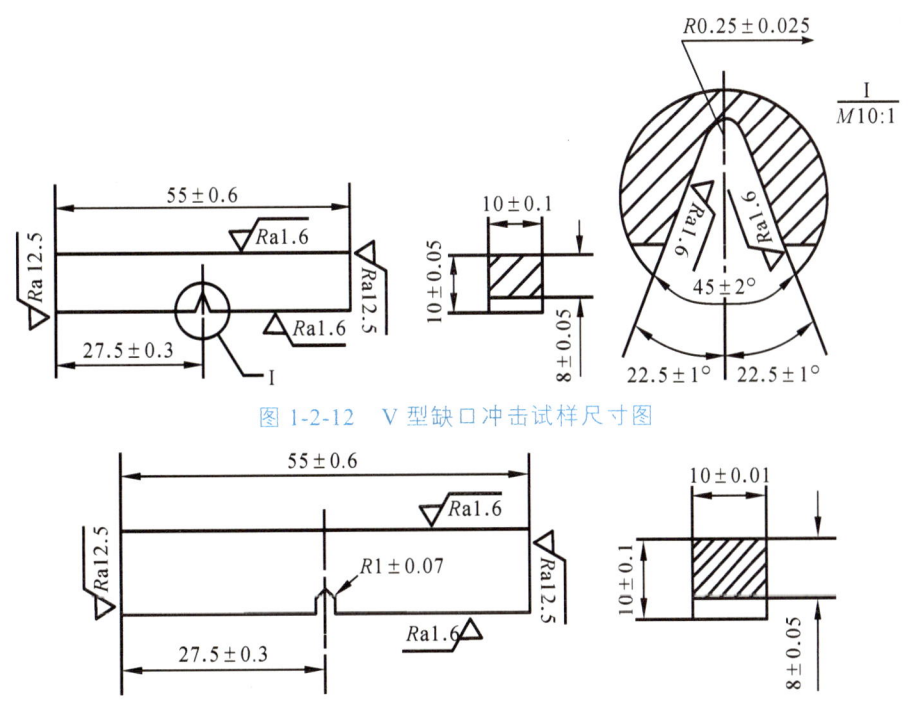

图 1-2-12　V 型缺口冲击试样尺寸图

图 1-2-13　U 型缺口冲击试样尺寸图

1. 冲击试样取样

标准夏比冲击试样尺寸长为（55+0.6）mm，冲击试样横截面积为（10+0.05）mm×（10+0.05）mm，由于冲击试验结果比较离散，对每一种材料试样的数量不少于 3 个。

2. 标　准

我国采用的冲击试验标准为 GB/T 229《金属夏比缺口冲击试验方法》，美国的标准是 ASTM E23-金属材料缺口冲击试验方法，欧洲标准是 EN 10045 金属材料夏比冲击试验。

十一、冲击试验

本实验根据 GB/T 229—2007《金属材料 夏比摆锤冲击操作方法》的规定编写。

(一)试验目的

(1)了解摆锤式冲击试验机的结构、工作原理及操作方法。
(2)掌握金属材料在常温下冲击韧性值的测定方法。
(3)会识别塑性材料断口和脆性材料断口。

(二)试验设备和试样选择

1. 试验设备

夏比缺口冲击试验在摆锤式冲击试验机上进行,图 1-2-14 所示为 JB-300 型摆锤式冲击试验机。

图 1-2-14　JB-300 型摆锤式冲击试验机

2. 试样选择

本实验可选用低碳钢、45 钢、T8 钢等试样。根据国家标准,冲击试验采用夏比冲击试样作为标准试样,图 1-2-15 所示为 U 型夏比冲击试样。脆性材料一般采用不带缺口的 10 mm×10 mm×55 mm 试样。

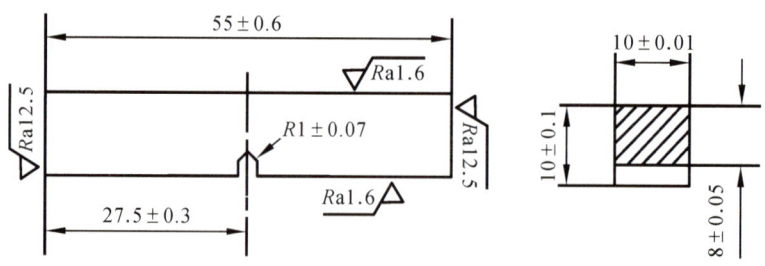

图 1-2-15　U 型夏比冲击试样

(三)试验方法和步骤

试验前由指导老师讲解冲击试验机的结构及操作方法。

（1）检查设备是否正常，如有故障，立即排除。
（2）检查试样有无明显缺陷。用游标卡尺测量缺口处的断面尺寸，并记下测量数据。
（3）将试样放在两个钳口支架上，并紧靠钳口，试样切槽背对着摆锤的刀刃。
（4）将试验机的操纵手柄扳至预备位置，然后扬起摆锤，使摆锤处于冲击前的预备位置。同时将指针拨至刻度最大读数处。
（5）将手柄从预备位置拨至冲击位置，这时，摆锤就以摆轴为旋转中心自由下落，进行冲击。摆锤冲断试样后，其剩余能量会使摆锤向另一方向上升一定高度，这时将手柄再拨至停止位置，使摆锤停止摆动，然后在刻度盘上读取冲击吸收能量。

根据上述试验方法和步骤，将试验数据填入表 1-2-5 中。

表 1-2-5　冲击试验数据记录表

材料名称	低碳钢	45 钢	T8 钢
冲击吸收能量 A_K			

（四）注意事项

（1）禁止在摆锤摆动范围内站人或行走，以免伤人。
（2）试验数据至少应保留一位有效数字。
（3）试验过程中有下列情况之一时，试验数据无效：操作有误；试样打断时有卡锤现象；试样断口上有明显淬火裂纹，且试验数据显著偏低。

十二、JB-300 型摆锤式冲击试验机使用规范

初次接触摆锤冲击试验机时，为防止在使用中发生意外，一定要按照正确的操作流程来使用。

1. 操作人员选取

本机必须由熟悉冲击试验机的性能、操作和安全要求并持有机械性能试验机合格证的人员操作。

2. 启动前的准备

（1）检查所有部件是否完好，电线是否损坏；
（2）根据选择的能级选择摆；
（3）使用自动送样时，严格检查样本量；
（4）当需要进行低温冲击试验时，打开冷却水。

3. 启动顺序

（1）打开电源开关，检查电源指示灯是否正常；
（2）不要把样品放在样品盒中，空着测试，检查试验机的各项功能是否正常，指针零位是否正确；
（3）将同批样品放入样品盒，依次进行测试，记录测试数据；

（4）低温冲击试验时，选择试验温度，打开"制冷"开关，达到设定温度后，保温 15 min 开始试验。两个样本之间的间隔应为 5 min；

4. 启动和运行的注意事项

（1）人工送样必须由两人进行，以防发生意外；
（2）操作时一定要注意安全，操作人员应站在试验机的操作平台前，按下按钮进行操作，严禁站在任何一边；
（3）如果室内湿度大于 60%，要进行除湿，防止样品冻结；
（4）摆动过程中不要用手抓摆。

5. 正常停车步骤

（1）摆停止后，切断电源开关；
（2）清理损坏的样品，不要将其留在试验机上或地面上。

6. 紧急停止

紧急停车是在出现异常情况时采取的紧急措施，如设备的连续运行势必危及设备和人员的安全。如果没有必要紧急停车，应尽可能避免。紧急关闭步骤如下：
（1）切断电源开关；
（2）摆停后，检查并排除故障；
（3）如果钟摆不能落下，要两个人配合把钟摆脱钩放下；
（4）记录故障。

7. 试验结束

每次试验后，做好清洁和润滑工作及运行记录。

主题	材料的韧性和疲劳强度的测定、规划工作步骤	任务书编号:1-2-5
说明	在技术信息系统中使用现有的专业文献、信息以及网络完成相关工作; 在工作组内准备学习作业; 在工作页中输入信息。	时间:

工作页 — 金属材料韧性和疲劳测定、工作步骤

1. 识读力学性能的符号、名称和含义。

力学性能符号	名称	含义
A_K		
a_K		

2. 根据情况说明强度的测试实验步骤,并填入下表。

序号	试验步骤
1	
2	
3	
4	
5	
6	
7	

十三、夏比冲击试验工作过程

(一) 计 划

请各小组讨论,根据表 1-2-6 的格式,制定合理的工作计划,并填入表中。

表 1-2-6　工作计划表

序号	工作步骤	工具/材料	组织形式	计划工时	实际工时
1					
2					
3					
4					
完成本次任务的重点、难点、风险点识别	本次任务的重点是完成试验时要遵守标准;难点是试验数据的整理;风险点是试验过程中注意安全。				
思政要点	在进行冲击试验时,需要遵循一定的职业道德规范。首先,要确保摆锤摆动的范围内没有站人或人行走,以免伤人。其次,要保证试验结果的准确性和可靠性,不得随意篡改或伪造数据。最后,要尊重知识产权和保密要求,不得泄露他人的商业机密或个人隐私。这些职业道德规范对于提高个人的职业素养和社会责任感具有重要意义。				
时间:	教师:		学生:		

(二) 决 策

在工作计划中,明确了学习目标,收集必要的信息,筛选出对决策具有重要影响的关键信息。在评估和分析完信息后,下一步是生成一系列的可选方案。这些方案应该能够满足决策的目标,并且基于对信息的评估和分析所得出的结论。在生成可选方案时,可以采用多种方法,如头脑风暴、SWOT 分析等,以确保获得多样化和创新的方案。

(三) 实 施

按照学习计划表制定的要求进行学习并完成学习目标。

主题	整理试验数据，完成试验报告	任务书编号：1-2-6
说明	在技术信息系统中使用现有的专业文献和信息完成相关工作； 在工作组内准备学习作业； 在工作页中输入信息。	时间：

工作页 试验数据整理

1. 试验数据冲

记录冲击过程中的相关数据，如试样缺口处的横截面面积、试样所吸收的能量等。

2. 数据分析

对试验过程中获取的数据进行整理，计算出材料缺口处的横截面面积、试样所吸收能量等参数。试验过程中有下列情况之一时，试验数据无效：① 操作有误；② 试样打断时有卡锤现象；③ 试样断口上有明显淬火裂纹，且试验数据显著偏低。

将试验数据与标准数据进行对比，评估材料的冲击性能。

冲击试验数据记录表

材料	试样缺口处的横截面面积 A/mm^2	试样所吸收的能量 A_K/J	冲击韧度 $a_K/\mathrm{J/mm}^2$

3. 完成试验报告

冲击试验的试验报告

[实验目的]

[实验设备]

[实验方法和步骤]

[注意事项]

[结论与建议]

(四)检 查

完成金属材料冲击性能检测后,请根据模具零件的选材需要对本批次的材料进行相应的检查,并将检查结果填入表 1-2-7 中。

表 1-2-7　冲击试验检查表

编号	任务	分数	比重	评分
1	断口处横截面积			
2	试样所吸收的能量			
3	冲击韧度			
4				
5				
6				
总分:				

注:工作页根据学生完成情况打分:全面完成得 91~100 分,基本完成得 81~90 分,部分完成得 60~80 分,未完成得 60 分以下。

(五)评 估

1. 信息评估

表 1-2-8　信息评估记录表

编号	任务	分数	比重	评分
1				
2				
3				
4				
5				
6				
总分:				

注:工作页根据学生完成情况打分:全面完成得 91~100 分,基本完成得 81~90 分,部分完成得 60~80 分,未完成得 60 分以下。

2. 工作过程评估

表 1-2-9　工作过程评估记录表

姓　名		学　号		班　级		日　期	
练习（试题）名称							

一、试验操作过程检查　　　　　　　　　　　　　　评分等级为 10—9—7—5—3—0

序号	实验种类	评 分 项 目	学生自检评分	教师检查评分	对学生自评的评分
1					
2					
3					
4					
5					
结　果					

注：对学生自评的评分标准为：同教师的评分相差一级得 9 分、二级得 5 分、三级得 0 分

二、试验报告检查　　　　　　　　　　　　　　　　评分等级为 10—0

项目		学生自评		教师检查评分		对学生自评的评分
			得分		得分	
1						
2						
3						
4						
5						
6						
结　果						

总评分

序号	评分组	结果	因子	得分（中间值）	系数	得分
	计划、实施（对学生自评的评分）					
	计划、实施（教师检查评分）					
	试验检查（对学生自评的评分）					
	试验检查（教师检查评分）					
	报告检查（对学生自评的评分）					
	报告检查（教师检查评分）					
					总分	

实训师签名：_____　　　　　　　学生签名：_____

六、行动结果

(一)学习成果

识读低碳钢的力-伸长曲线图,明确金属材料力学性能检测的设备和方法,规划工作步骤。

完成金属材料的强度、塑性检测;

完成金属材料的硬度检测;

完成金属材料的韧性检测。

(二)成绩评测

"客户订单"的评估基于以下权重:

序号	评估项目	分数	比重	评分
1	信息			
2	工作过程			
总分				

学习模块	金属材料的性能的检测
学习任务	金属材料的力学性能检测
客户委托	检测金属材料的力学性能
学习时间	

姓名		班级		日期	
成绩		教师签名			

任务测试

一、填空题

1. 材料的力学性能有_____、_____、_____、_____和_____等。
2. 强度是指材料抵抗_____或_____的能力。
3. 塑性是指材料在断裂前发生_____变形的能力。常用的塑性性能指标包括_____和_____。
4. "350 HBW 5/750"表示用直径为 5 mm 的硬质合金球在_____ kgf 试验力下保持 10～15 s 测定的_____值为 350。

二、判断题

1. 金属材料在拉伸试验时都会出现显著的屈服现象和缩颈现象。（   ）
2. 标距不同的断后伸长率可以互相比较。（   ）
3. 维氏硬度用符号 HV 表示。（   ）
4. 实际上，金属材料不可能作无数次交变载荷试验。通常规定，有色金属的 N 取 10^7 次，钢铁材料的 N 取 10^8 次。（   ）

三、问答题

1. 什么是金属材料的疲劳断裂和疲劳强度？

2. 拉伸试样的原标距长度为 50 mm，直径为 10 mm。经拉伸试验后，将已断裂的试样对接起来测量，若最后标距长度为 79 mm，颈缩区的最小直径为 4.9 mm，试求该材料的断后伸长率和断面收缩率。

任务三 金属材料工艺性能

一、教学大纲

（一）所属学习模块

学习模块	金属材料的工艺性能
学习任务	金属材料工艺性能的认知
客户委托	金属材料工艺性能的应用
学习时间	

（二）思维导图

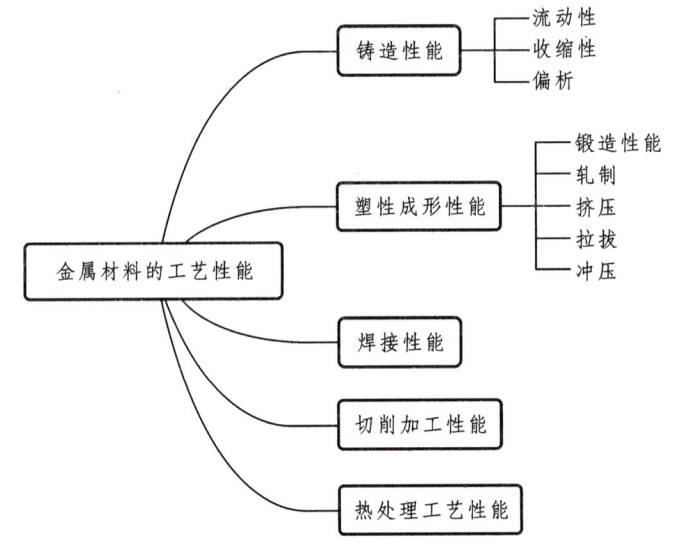

（三）资格培训矩阵

信息	描述			
行动目标	金属材料工艺性能的认知			
学习内容	金属材料工艺性能			
能力	专业能力： 了解金属材料的工艺性能； 合理选择材料的加工方式； 能利用所学知识科学解决生产、生活中遇到的实际问题	方法能力： 能够查阅资料、国家标准； 能够分析、解决问题； 自我学习； 能自我评估	社会能力： 沟通能力； 团队合作能力； 责任心； 追求成就； 环境保护意识

二、问题或情景说明

汽车行业是一个高度发达的行业,各种加工技术的应用也越来越广泛。比如,铸造技术在汽车行业的应用,主要是指将金属材料熔炼成液态,然后将其倒入模具中冷却凝固、成型的过程。那么汽车的车身、发动机、变速箱、车轮等部件需要什么样的制造技术?

三、应具备条件

(一)已具备的知识与技能

序号	说明学习所需基本知识点、技能点等
1	金属材料的认知
2	金属材料的物理性能
3	金属材料的化学性能
4	金属材料的力学性能
5	基本的读图能力

(二)专业参考资料

序号	资料来源	说明
1	金属材料及热处理	查询金属材料性能的相关知识
2	百度	查询一些新的概念
3	材料学网(微信公众号)	获取材料领域最佳的专业知识
4	材料PLUS(微信公众号)	材料学新发展

四、知识信息

用金属材料制造各种零件和构件时,首先需要对其进行各种加工。因此,在了解金属材料力学性能的同时,还必须了解其各种加工工艺性能。根据不同的工艺方法,金属材料的工艺性能可以分为铸造性能、锻造性能、焊接性能、切削加工性能和热处理性能等。

(一)铸造性能

铸造性能是指金属材料铸造成形获得优良铸件的能力,它主要取决于材料的流动性、收缩性和偏析倾向,如图 1-3-1 所示。

图 1-3-1 铸造

1. 流动性

流动性是指熔融金属的流动能力。流动性好的金属容易充满铸型,从而获得外形完整、尺寸精确、轮廓清晰的铸件。流动性的好坏主要与金属材料的化学成分、浇注温度和熔点有关。同一种金属材料,浇注温度越高,流动性越好。

2. 收缩性

收缩性是指铸件在凝固和冷却过程中,其体积和尺寸减小的现象。铸件收缩不仅会影响铸件的尺寸精度,还会使铸件产生缩孔、缩松、内应力等缺陷,在冷却过程中容易产生变形,甚至开裂,因此,铸造用金属材料的收缩率越小越好。

3. 偏 析

偏析是指金属凝固后,铸锭或铸件化学成分和组织不均匀的现象。偏析现象会使铸件各部分的组织和性能不一致,从而引起强度、塑性和抗蚀性等下降,降低铸件质量。

常见的铸造有砂型铸造、熔模铸造、压力铸造、低压铸造、离心铸造、金属型铸造、真空压铸和挤压铸造八种。

1)砂型铸造(Sand Casting)

在砂型中生产铸件的铸造方法。钢、铁和大多数有色合金铸件都可用砂型铸造方法获得。技术特点有:

(1)适合于制成形状复杂,特别是具有复杂内腔的毛坯;

(2)适应性广,成本低;

(3)对于某些塑性很差的材料,如铸铁等,砂型铸造是制造其零件或毛坯的唯一的成形工艺。

应用于汽车的发动机气缸体、气缸盖、曲轴等铸件。

2)熔模铸造(Investment Casting)

通常是指易熔材料制成模样,在模样表面包覆若干层耐火材料制成型壳,再将模样熔化排出型壳,从而获得无分型面的铸型,经高温焙烧后即可填砂浇注的铸造方案,常称作"失蜡铸造"。技术特点有：

（1）尺寸精度和几何精度高；

（2）表面粗糙度高；

（3）能够铸造外形复杂的铸件，且铸造的合金不受限制。

应用：适用于生产形状复杂、精度要求高或很难进行其他加工的小型零件，如涡轮发动机的叶片等。

3）压力铸造（Die Casting）

利用高压将金属液高速压入精密金属模具型腔内，金属液在压力作用下冷却凝固而形成铸件。技术特点有：

（1）压铸时金属液体承受压力大，流速快；

（2）产品质量好，尺寸稳定，互换性好；

（3）生产效率高，压铸模使用次数多；

（4）适合大批大量生产，经济效益好。

应用：压铸件最先应用在汽车工业和仪表工业，后来逐步扩大到各个行业，如农业机械、机床工业、电子工业、国防工业、计算机、医疗器械、钟表、照相机和日用五金等多个行业。

4）低压铸造（Low Pressure Casting）

使液体金属在较低压力（0.02~0.06 MPa）作用下充填铸型，并在压力下结晶以形成铸件的方法。技术特点有：

（1）浇注时的压力和速度可以调节，故可适用于各种不同铸型（如金属型、砂型等），铸造各种合金及各种大小的铸件；

（2）采用底注式充型，金属液充型平稳，无飞溅现象，可避免卷入气体及对型壁和型芯的冲刷，提高了铸件的合格率；

（3）铸件在压力下结晶，铸件组织致密、轮廓清晰、表面光洁、力学性能较高，对于大薄壁件的铸造尤为有利；

（4）省去补缩冒口，金属利用率提高到90%~98%；

（5）劳动强度低，劳动条件好，设备简易，易实现机械化和自动化。

应用：以传统产品为主（气缸头、轮毂、气缸架等）。

5）离心铸造（Centrifugal Casting）

将金属液浇入旋转的铸型中，在离心力作用下填充铸型而凝固成形的一种铸造方法。技术特点有：

（1）几乎不存在浇注系统和冒口系统的金属消耗，提高工艺出品率；

（2）生产中空铸件时可不用型芯，故在生产长管形铸件时可大幅度地改善金属充型能力；

（3）铸件致密度高，气孔、夹渣等缺陷少，力学性能高；

（4）便于制造筒、套类复合金属铸件。

应用：离心铸造最早用于生产铸管，国内外在冶金、矿山、交通、排灌机械、航空、国防、汽车等行业中均采用离心铸造工艺来生产钢、铁及非铁碳合金铸件。其中尤以离心铸铁管、内燃机缸套和轴套等铸件的生产最为普遍。

6）金属型铸造（Gravity Die Casting）

液态金属在重力作用下充填金属铸型并在型中冷却凝固而获得铸件的一种成型方法。技术特点有：

（1）金属型的热导率和热容量大，冷却速度快，铸件组织致密，力学性能比砂型铸件高15%左右；

（2）能获得较高尺寸精度和较低表面粗糙度值的铸件，并且质量稳定性好；

（3）因不用和很少用砂芯，用改善环境、减少粉尘和有害气体、降低劳动强度。

应用：金属型铸造既适用于大批量生产形状复杂的铝合金、镁合金等非铁合金铸件，又适合于生产钢铁金属的铸件、铸锭等。

7）真空压铸（Vacuumdie Casting）

通过在压铸过程中抽除压铸模具型腔内的气体而消除或显著减少压铸件内的气孔和溶解气体，从而提高压铸件力学性能和表面质量的先进压铸工艺。技术特点有：

（1）消除或减少压铸件内部的气孔，提高压铸件的机械性能和表面质量，改善镀覆性能；

（2）减少型腔的反压力，可使用较低的比压及铸造性能较差的合金，有可能用小机器压铸较大的铸件；

（3）改善了充填条件，可压铸较薄的铸件。

8）挤压铸造（Squeezing Die Casting）

使液态或半固态金属在高压下凝固、流动成形，直接获得制件或毛坯的方法。它具有液态金属利用率高、工序简化和质量稳定等优点，是一种节能型的、具有潜在应用前景的金属成形技术。

（二）塑性成型性能

利用材料的塑性，在工具及模具的外力作用下来加工制件的少切削或无切削的工艺方法。它的种类有很多，主要包括锻造、轧制、挤压、拉拔、冲压等，如图1-3-2所示。

图 1-3-2 塑性成型

1. 锻造性能

锻造性能是指金属材料用锻压加工方法成形的能力。它主要取决于金属材料的塑性和变形抗力。塑性越好，变形抗力越小，金属的锻造性能越好。

金属材料的化学成分与加工条件对锻造性能的影响很大。例如，铜合金和铝合金在室温下就具有良好的锻造性能；碳钢在加热状态下锻造性能较好；合金钢的锻造性能比碳钢差；铸铁不能锻造。根据成形机理，锻造可分为自由锻、模锻、碾环、特殊锻造四种。

（1）自由锻造：一般是在锤锻或水压机上，利用简单的工具将金属锭或块料锤成所需要形状和尺寸的加工方法。

（2）模锻：是在模锻锤或者热模锻压力机上利用模具来成形的。

（3）碾环：指通过专用设备碾环机生产不同直径的环形零件，也用来生产汽车轮毂、火车车轮等轮形零件。

（4）特种锻造：包括辊锻、楔横轧、径向锻造、液态模锻等锻造方式，这些方式都比较适用于生产某些特殊形状的零件。锻造的工艺流程：锻坯加热→辊锻备坯→模锻成形→切边→冲孔→矫正→中间检验→锻件热处理→清理→矫正→检查。

2. 轧制

轧制将金属坯料通过一对旋转轧辊的间隙（各种形状），因受轧辊的压缩成型轧制使材料截面减小，长度增加的压力加工方法。按轧件运动分为纵轧、横轧、斜轧三种。

（1）纵轧：是指金属在两个旋转方向相反的轧辊之间通过，并在其间产生塑性变形的过程。

（2）横轧：轧件变形后运动方向与轧辊轴线方向一致。

（3）斜轧：轧件做螺旋运动，轧件与轧辊轴线非特角。

3. 挤压

坯料在三向不均匀压应力作用下，从模具的孔口或缝隙挤出使之横截面积减小长度增加，成为所需制品的加工方法叫挤压，坯料的这种加工叫挤压成型。挤压的工艺流程：挤压前准备→铸棒加热→挤压→拉伸扭拧校直→锯切（定尺）→取样检查→人工时效→包装入库。

4. 拉拔

拉拔是用外力作用于被拉金属的前端，将金属坯料从小于坯料断面的模孔中拉出，以获得相应的形状和尺寸的制品的一种塑性加工方法。

5. 冲压

冲压是靠压力机和模具对板材、带材、管材和型材等施加外力，使之产生塑性变形或分离，从而获得所需形状和尺寸的工件（冲压件）的成形加工方法。

（三）焊接性能

焊接性能是指金属材料能焊接成具有一定使用性能的焊接接头的特性，如图 1-3-3 所示。焊接性能的好坏与材料的化学成分及采用的工艺有关。

钢材中对焊接性能影响最大的是碳,碳质量分数越高,其焊接性能越差。一般来说,低碳非合金钢的焊接性能优良,高碳非合金钢的焊接性能较差,铸铁的焊接性能很差。合金元素对焊接性能也有影响,所以合金钢的焊接性能比非合金钢差。

图 1-3-3　焊接

焊接是两种或两种以上同种或异种材料通过原子或分子之间的结合和扩散连接成一体的工艺过程。促使原子和分子之间产生结合和扩散的方法是加热或加压,或同时加热又加压。焊接技术主要应用在金属母材上,常用的有电弧焊,氩弧焊,CO_2 保护焊,氧气-乙炔焊,激光焊接等多种,塑料等非金属材料亦可进行焊接。金属焊接方法有不少于 40 种,主要包括熔焊、压焊和钎焊三大类。

(1)熔焊是在焊接过程中将工件接口加热至熔化状态,不加压力完成焊接的方法。熔焊时,热源将待焊两工件接口处迅速加热熔化,形成熔池。熔池随热源向前移动,冷却后形成连续焊缝而将两工件连接成为一体。

(2)压焊是在加压条件下,使两工件在固态下实现原子间结合,又称固态焊接。常用的压焊工艺是电阻对焊,当电流通过两工件的连接端时,该处因电阻很大而温度上升,当加热至塑性状态时,在轴向压力作用下连接成为一体。

(3)钎焊是使用比工件熔点低的金属材料作钎料,将工件和钎料加热到高于钎料熔点、低于工件熔点的温度,利用液态钎料润湿工件,填充接口间隙并与工件实现原子间的相互扩散,从而实现焊接的方法。

焊接时形成的连接两个被连接体的接缝称作焊缝。焊缝的两侧在焊接时会受到焊接热作用,而发生组织和性能变化,这一区域被称作热影响区。焊接时因工件焊接材料、焊接电流等不同,焊后在焊缝和热影响区可能产生过热、脆化、淬硬或软化现象,也使焊件性能下降,恶化焊接性。这就需要调整焊接条件,焊前对焊件接口处预热、焊时保温和焊后热处理可以提高焊件的焊接质量。

(四)切削加工性能

切削加工性能是指切削加工金属材料的难易程度,如图 1-3-4 所示。它一般用切削后的表面质量和刀具寿命来表示。影响切削加工性能的因素主要有工件的化学成分、组织状态、硬度和塑性等。改变钢的化学成分(如加入少量铅、磷等元素)和进行适当的热处理（如低碳钢进行正火、高碳钢进行球化退火等）可提高钢的切削加工性能。金属材料具有适当的硬度和足够的脆性时切削加工性能良好。

图 1-3-4　切削加工

切削加工（Cutting）是指采用具有规则形状的刀具从工件表面切除多余材料，从而保证在几何形状、尺寸精度、表面粗糙度以及表面质量等方面均符合设计要求的机械加工方法。工件可能是毛坯，也可能是半成品；其材料可能是金属的，也可能是非金属的；所使用的刀具可能是单刃的，也可能是多刃的。切削加工是制造业中基本的加工方法，被广泛应用于生产中。为了实现切削加工，刀具相对于工件要有一定的切削深度，并沿工件待加工表面做相对运动。这种相对运动有时是直线的，有时是旋转的，通常由机床实现。上述刀具及工件的运动速度以及刀具切入工件内部的深度被统称作切削用量。"切削加工"这一概念在有些场合被广义解释，这时它不仅包括上述内容，还包括磨削加工。本章对切削加工不作广义解释。按照刀具与工件的运动方式以及刀具的形状可将切削加工划分为：车削、铣削、刨削、钻削、镗削、拉削、铰削、攻丝、插齿、滚齿等。图 1-3-5 所示是螺纹的加工。

图 1-3-5　螺纹的加工

除上面的加工方法外，金属材料还有其他的加工方法。粉末冶金是制取金属或用金属粉末（或金属粉末与非金属粉末的混合物）作为原料，经过成形和烧结，制造金属材料、复合材料以及各种类型制品的工艺技术。金属注射成形（Metal injection Molding）是将金属粉末与其黏结剂的增塑混合料注射于模型中的成形方法。它是先将所选粉末与黏结剂进行混合，然后将混合料进行制粒再注射成形所需要的形状。金属注射成形流程分为四个独特加工步骤（混合、成型、脱脂和烧结）来实现零部件的生产，针对产品特性决定是否需要进行表面处理。

（五）热处理工艺性能

热处理工艺性能是指金属经过热处理后其组织和性能改变的能力，热处理工艺性通常是指淬透性、淬硬性、过热和过烧敏感性、耐回火性和回火脆性等。它与材料的化学成分紧密相关。常见的热处理方法有退火、正火、淬火、回火及表面热处理等。图 1-3-6 所示是热处理中淬火的示意图。

图 1-3-6　淬火

主题	学习金属材料的工艺性能	任务书编号：1-3-1
说明	在技术信息系统中使用现有的专业文献和信息完成相关工作； 在工作组内准备学习作业； 在工作页中完成相关信息。	时间：

工作页　金属材料的工艺性能

金属材料的工艺性能有哪些？请举例说明。

五、工作过程

（一）计 划

制定一个详细的学习计划，将学习时间分配到每个主题或章节中。这有助于在学习过程中保持专注，并且可以更好地掌握每个主题。请各小组讨论，根据表 1-3-1 的格式，制定合理的工作计划，并填入表中。

表 1-3-1 学习计划表

序号	学习步骤	学习内容	学习方法	计划工时	实际工时
1					
2					
3					
完成本次任务的重点、难点、风险点识别		本次任务的重点是了解金属材料的加工工艺；难点是合理选择加工方式；风险点：无。			
思政要点		金属材料加工工艺性能的优化和提高需要精益求精的态度。在研究和应用过程中，应注重细节和精度，不断提高工艺水平和产品质量，以满足日益提高的市场需求。随着环保意识的不断提高，金属材料加工行业也应注重绿色发展。在金属材料加工的过程中，应注重环境保护和资源节约，积极推广环保技术和绿色生产方式，推动行业的可持续发展。			
时间：		教师：		学生：	

（二）决 策

在工作计划中，明确了学习目标，收集必要的信息，筛选出对决策具有重要影响的关键信息。在评估和分析完信息后，下一步是生成一系列的可选方案。这些方案应该能够满足决策的目标，并且基于对信息的评估和分析所得出的结论。在生成可选方案时，可以采用多种方法，如头脑风暴、SWOT 分析等，以确保获得多样化和创新的方案。

（三）实 施

按照学习计划表制定的要求进行学习并完成学习目标。

（四）检 查

完成金属材料物理性能和化学性能学习后，请根据金属材料的物理性能和化学性能应用的准确性对本次课程的学习进行相应的检查，并将检查结果填入表 1-3-2 中。

表 1-3-2　金属材料工艺性能检查表

编号	任务	分数	比重	评分
1				
2				
3				
4				
5				
6				
总分：				
注：工作页根据学生完成情况打分：全面完成得 91~100 分，基本完成得 81~90 分，部分完成得 60~80 分，未完成 60 分以下。				

（五）评 估

1. 信息评估

表 1-3-3　信息评估记录表

编号	任务	分数	比重	评分
1				
2				
3				
4				
5				
6				
总分：				
注：工作页根据学生完成情况打分：全面完成得 91~100 分，基本完成得 81~90 分，部分完成得 60~80 分，未完成 60 分以下。				

2. 学习过程评估

表 1-3-4　学习过程评估记录表

姓　名		学　号		班　级		日　期	
练习（试题）名称							

一、学习过程检查　　　　　　　　　　　　　　　　评分等级为 10—9—7—5—3—0

序号	检查内容	评　分　项　目	学生自检评分	教师检查评分	对学生自评的评分
1	课前				
2	课中				
3	课后				
结　果					

注：对学生自评的评分标准为：同教师的评分相差一级得 9 分、二级得 5 分、三级得 0 分。

二、笔试检查　　　　　　　　　　　　　　　　　　评分等级为 10—0

序号	笔试的检查	学生自评	教师检查评分	对学生自评的评分
1	完整性			
2	书写规范性			
3	答案准确性			
4	错误改正			
结　果				

总评分

序号	评分组	结果	因子	得分（中间值）	系数	得分
1	计划、实施（对学生自评的评分）					
2	计划、实施（教师检查评分）					
3	笔试检查（对学生自评的评分）					
4	笔试检查（教师检查评分）					
					总分	

实训师签名：＿＿＿＿＿＿＿＿　　　　　　　　　　学生签名：＿＿＿＿＿＿＿＿

六、行动结果

(一) 学习成果

熟悉金属材料的物理性能,掌握金属材料的物理性能在实际中的应用,学会规划学习步骤。

完成笔试测试题。

(二) 成绩评测

总成绩的评估基于以下权重:

序号	评估项目	分数	比重	评分
1	信息			
2	工作过程			
总分				

学习模块	金属材料的工艺性能				
学习任务	金属材料的工艺性能的认知				
客户委托	金属材料的工艺性能的应用				
学习时间					
姓名		班级		日期	
成绩		教师签名			

任务测试

一、填空题

1. 金属材料的工艺性能主要有_____、_____、_____、_____和_____等。

2. _____是指金属材料铸造成形获得优良铸件的能力，它主要取决于材料的_____和_____。

3. 锻造性能是指金属材料用_____成形的能力。它主要取决于金属材料的_____和_____。塑性越好，变形抗力越小，金属的_____越好。

4. 钢材中对焊接性能影响最大的是_____，_____质量分数越高，其焊接性能越差。

5. _____是指切削加工金属材料的难易程度。

二、问答题

1. 常见的铸造有哪些？

2. 什么是轧制？按轧件运动分可分为哪几种？

3. 什么是焊接？常见的焊接技术有哪些？

模块二 金属材料晶体结构

任务四 金属材料的晶体结构

一、教学大纲

（一）所属学习模块

学习模块	金属材料的晶体结构
学习任务	金属材料的晶体结构认知
客户委托	金属材料的晶体结构类型
学习时间	

（二）思维导图

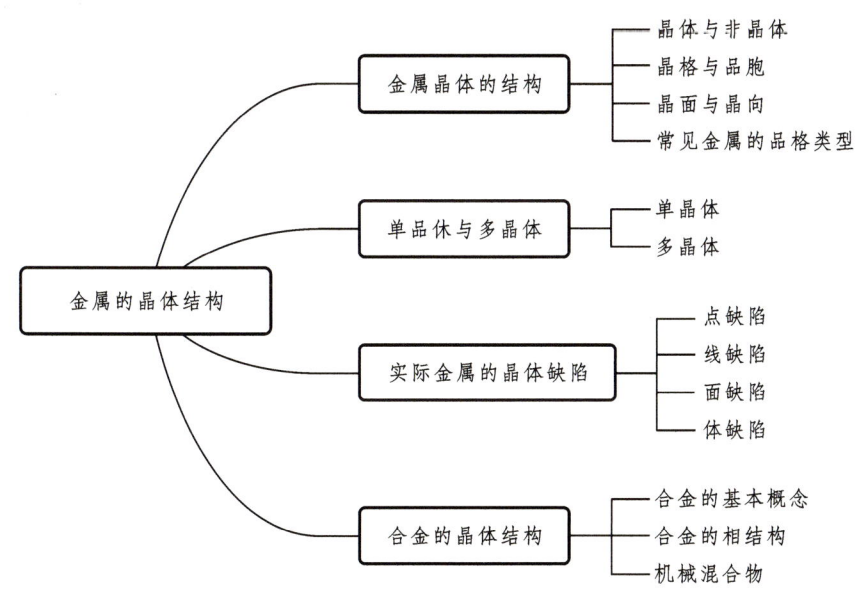

（三）培训资格矩阵

信息	描述		
行动目标	金属材料晶体结构的认知		
学习内容	金属材料的晶体结构		
能力	专业能力： 了解晶体与非晶体的区别； 掌握晶体的形核与核长大过程的基本规律； 掌握合金相结构形成规律； 掌握合金相结构对材料性能的影响规律； 能利用所学知识科学解决生产、生活中遇到的实际问题	方法能力： 能够查阅资料、国家标准； 能够分析问题、解决问题； 自我学习； 能自我评估	社会能力： 沟通能力； 辩证思维； 责任心； 追求成就； 环境保护意识

二、问题或情景说明

ZnO 是一种难溶于水的氧化物。人类很早便学会了使用氧化锌作涂料或外用医药，但人类发现氧化锌的历史已经很难追溯。20 世纪后半期，ZnO 开始进入橡胶和复印纸工业，成为一种应用广泛的化学添加剂。

近年来，随着人类对于材料的认识以及技术水平的飞速发展，人们利用 ZnO 的结构特性，成功研发出了新的半导体材料。与传统的半导体材料 GaN 相比，ZnO 半导体具有原料丰富、价格低廉、成膜性能好、纳米形态丰富多彩、制备简单等优点，被用于制备 IASD、LD 和探测器等光电器件，在固体发光、光信息存储等节能与通信领域具有广阔的应用前景，蕴藏着巨大的经济价值。

那么，ZnO 具有什么样的结构特点，才能成为半导体材料？

三、应具备条件

（一）已具备的知识与技能

序号	说明学习所需基本知识点、技能点等
1	金属材料的认知
2	中学化学基础
3	基本数学计算能力

（二）专业参考资料

序号	资料来源	说明
1	金属材料及热处理	查询晶体结构相关知识
2	百度	查询一些新的概念
3	材料学网（微信公众号）	获取材料领域最佳的专业知识
4	材料PLUS（微信公众号）	材料学新发展

四、知识信息

（一）金属晶体的结构

1. 晶体与非晶体

在自然界中，固态物质根据原子（离子或分子）的聚集状态不同可分为晶体和非晶体两大类。其中，晶体是指原子（离子或分子）三维空间有规则的周期性重复排列的物质，如金刚石、石墨、固态金属等，如图2-1-1（a）所示；非晶体是指原子（离子或分子）在空间无规则排列的物质，如松香、玻璃、沥青等，如图2-1-1（b）所示。

（a）晶体

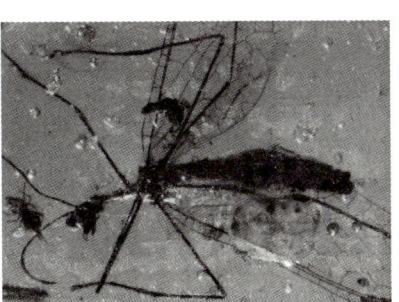

（b）非晶体

图 2-1-1　晶体与非晶体

晶体一般有规则的外形、固定的熔点，且各向异性；而非晶体没有规则的外形、固定的熔点，在各个方向上原子的聚集密度大致相同，故表现出各向同性。

晶体具有各向异性，具体表现在晶体不同方向上的弹性模量、硬度、断裂抗力、屈服强度、热膨胀系数、导热性、电阻率、电位移矢量、电极化强度、磁化率和折射率等都是不同的。各向异性作为晶体的一个重要特性具有相当重要的研究价值。常用晶向来标志晶体内的不同取向。

晶体与非晶体的区别见表 2-1-1。

表 2-1-1　晶体与非晶体的区别

项目	晶体	非晶体
微观结构	原子（分子或离子）在三维空间呈周期性重复规则排列，存在长程有序	原子排列相对无序
自范性	有（能自发呈现多面体外形）	没有（不能自发呈现多面体外形）
固定熔点	晶体具有固定的熔点	无固定的熔点，液固转变是在一定温度范围内进行
各向异（同）性	晶态材料的强度、变形、模量、导电率、透光率、热导率等性能均有方向性，呈现各向异性的特性	非晶态材料是各向同性的
X 射线衍射现象	晶体具有衍射现象	非晶体材料没有
内能是否最小	在相同的热力学条件下，晶体内能最小	非晶体则不是

2. 晶格与晶胞

晶体中原子（离子或分子）规则排列的方式称为晶体结构。晶体中的原子（离子或分子）都在它的平衡位置上不停地振动着，为研究方便，通常把它们看成是一个个在平衡位置上静止不动的小刚球，于是，各种晶体结构便可用许多小刚球紧密堆垛的模型来表示，如图 2-1-2（a）所示。

为了便于分析金属晶体中原子排列的几何规律，用一些假想的直线将各原子中心连接起来，形成一个空间格架，如图 2-1-2（b）所示。这种抽象的、用于描述原子排列规律的空间格架称作结晶格子，简称晶格。

由于晶体中的原子在三维空间作有规律地重复排列，因此，在研究晶体结构时，通常只从晶格中取一个能够完全反映晶格特征的、最小的几何单元来进行分析。这个最小的金属晶格类型几何单元称作晶胞，如图 2-1-2（c）所示。晶胞的大小和形状可用晶胞的三条棱边长 a、b、c 和棱边夹角 α、β、γ 来描述，其中 a、b、c 称作晶格常数或点阵常数。

原子半径：是指晶胞中原子密度最大方向相邻两原子之间距离的一半。

晶胞中所含原子数：是指一个晶胞内真正包含的原子数目。

配位数：是指在晶体结构中，与任一原子最近邻且等距离的原子数。

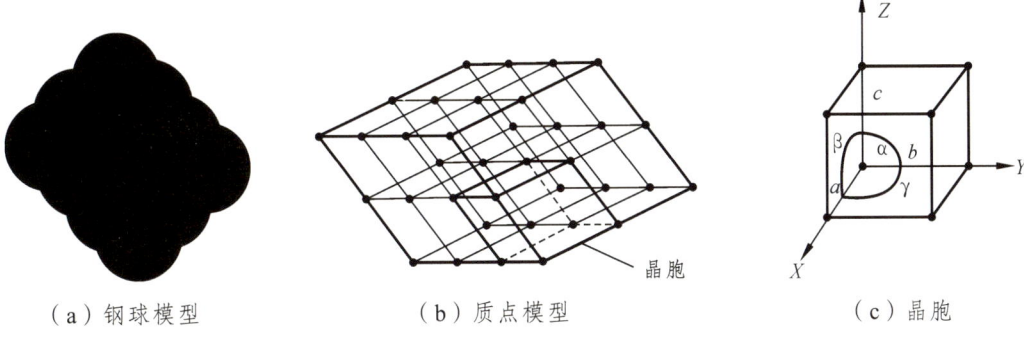

(a)钢球模型　　　　(b)质点模型　　　　(c)晶胞

图 2-1-2　晶体原子排列示意图

致密度：是指晶胞中原子所占体积分数，即 $K = \dfrac{nV'}{V}$。式中，n 为晶胞所含原子数、V' 为单个原子体积、V 为晶胞体积。

3. 晶面和晶向

晶体中各原子组成的原子平面称作晶面。通过任意两个原子中心的直线所指的方向称作晶向，如图 2-1-3 所示。图中（111）和（010）均为晶面，[111]和[100]均为晶向。可以看出每个晶面和晶向上原子排列的疏密程度不同，那么各原子间相互作用就不同，晶体就会表现出各向异性。

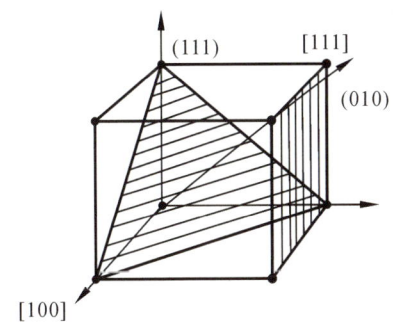

图 2-1-3　晶面和晶向

晶面和晶向分别用晶面指数和晶向指数来表示。晶面指数是根据晶面与三个坐标轴的截距的倒数并取最小整数来确定的，用圆括号括起来，例如（111）。晶面的空间位向不同但原子排列相同的所有晶面称作晶面簇，用{hkl}表示。晶向指数是用通过坐标原点的直线上某点的坐标（如图 2-1-3 中的[111]是 a 的坐标 $x=1$、$y=1$、$z=1$）来确定的，用方括号括起来。原子排列相同但空间位向不同的所有晶向称作晶向族，用<uvw>表示。

1）立方晶格的晶面指数的确定方法

（1）在以晶格常数为单位长度的坐标系中，取该晶面在各坐标轴上的截距（设坐标、求截距）

（2）取截距的倒数（取倒数）。

（3）将倒数约成互质整数（化整数），再加圆括号。

注：当晶面平行某一晶轴，则晶面在该晶轴上截距为∞，倒数为0。当计算出来的数值是负的时候，在数字的正上方冠以负号，如$\bar{1}$。

晶面指数的数字和顺序相同，符号相反则两平面互相平行。如，（111）与（$\bar{1}\bar{1}\bar{1}$）。同一晶面族各平行晶面的面间距相等。

2）立方晶格的晶向

晶向指数的确定方法：

（1）建立以晶格常数为单位长度的坐标系（设坐标）。

（2）从坐标原点引一有向直线平行于待定晶向。

（3）在直线上任取一点求出该点的坐标值（求坐标值）。将所得坐标值约成互质整数（化整数），再加方括号。

若晶向指向坐标负方向，则在晶向指数的这一数字之上冠以负号。

注：晶向指数相同，符号相反的为同一条直线。

在面心立方晶格中，重要的晶面有（001）、（111）和（110），如图2-1-4所示。其中以（111）晶面原子排列密度最大，（100）面次之，（110）面最小。晶面或晶面上原子排列密度的差异，对金属晶体的很多性能有直接的影响。这里不详细说明。

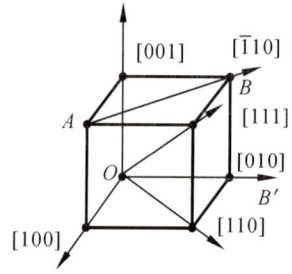

图 2-1-4　各个晶向示意图

4. 常见金属的晶格类型

在已知的金属元素中，除了少数金属具有复杂的晶体结构外，90%以上的金属晶体都属于以下三种晶格类型：体心立方晶格、面心立方晶格和密排六方晶格。常见的晶格类型及其特点见表2-1-2。

表 2-1-2　常见的晶格类型及其特点

名称	典型晶胞示意图	原子分布	原子个数	配位数	致密度	原子半径	常见金属
体心立方晶格		立方体的八个角上各排列一个原子，立方体的中心上也排列一个原子，角上八个原子与中心原子紧靠	2	8	0.68	$\dfrac{\sqrt{3}}{4}a$	α-Fe、δ-Fe、Cr、V、Mo、W、Nb

续表

名称	典型晶胞示意图	原子分布	原子个数	配位数	致密度	原子半径	常见金属
面心立方晶格		立方体的八个角上和六个面的中心各排列一个金属原子。面中心的原子与该面四个角上的原子紧靠	4	12	0.74	$\dfrac{\sqrt{2}}{4}a$	γ-Fe、Al、Cu、Ni、Au、Ag
密排六方晶格		正六方柱体的十二个顶角和上下面的中心各排列一个原子，上下底面之间还均匀分布着三个原子	6	12	0.74	$\dfrac{a}{2}$	Mg、Zn、Be、Cd、α-Ti

注：表中 a 表示的是晶格常数。在密排六方晶格中轴比 c/a= 1.633。

在晶格中，原子密度最大的晶面或晶向称密排面或密排方向。三种常见金属的晶体结构中的密排面和密排方向见表 2-1-3。

表 2-1-3 三种常见金属的晶体结构中的密排面和密排方向

晶格类型	密排面	密排方向	简图
体心立方晶格	{110}6个	<111>2个	
面心立方晶格	{111}4个	<110>3个	
密排六方晶格	{0001}1个	<1120>3个	

(二)晶体与非晶体的探究实验

准备好云母薄片、玻璃片、石蜡、钢针、酒精灯。分别在云母片和玻璃片上涂一层很薄的石蜡,然后用酒精灯烧热钢针,用烧热的钢针分别接触云母片和玻璃片。观察触点周围石蜡融化所成的形状。

现象:石蜡熔化后在玻璃片显示的形状为圆形,在云母片显示的形状为椭圆形。这是为什么呢?

原因:说明玻璃是非晶体,云母是晶体。

这个实验材料的导热能力有差别。非晶体在统计意义上各个方向没有差别,所以是各向同性。玻璃是非晶体,各向同性,所以各个方向的导热能力相同,自然石蜡在各个方向受热是相同的,于是呈圆形了。而云母晶片中受晶格限制,分子振动具有方向性,所以各个方向上的导热能力不同,那么石蜡在不同方向受热不同,所以是椭圆形。

(三)单晶体与多晶体

1. 单晶体

为了便于研究,通常把晶体理想化,理想化的晶体原子排列呈规则、周期性,原子在平衡位置静止不动,完整无缺陷,晶体内部的晶格位向完全一致,将这种晶体称作单晶体,如图 2-1-5(a)所示。最常见的技术有提拉法、坩埚下降法、区熔法、定向凝固法等;目前除了众多的实际工程应用方法外,借助于计算机和数值计算方法的发展,也诞生了不同的晶体生长数值模拟方法。

2. 多晶体

实际应用的金属一般都是由许多晶粒组成的,称作多晶体,如图 2-1-5(b)所示。晶粒之间的界面称作晶界,每一晶粒相当于一个单晶体。金属晶体中各个晶粒的原子排列虽然相同,但每个晶粒原子排列的位向是不相同的,如图 2-1-5(c)所示。

多晶体金属的性能在各个方向上基本上是一致的,例如,α-Fe 多晶体在各方向的弹性模量 E 都是 2.1×10^5 MPa,这种现象称作伪等向性。这是由于在多晶体中,虽然每个晶体都是各向异性的,但它们是任意分布的,晶体的性能在各个方向相互补充和抵消,再加上晶界的作用,就掩盖了每个晶粒的各向异性。

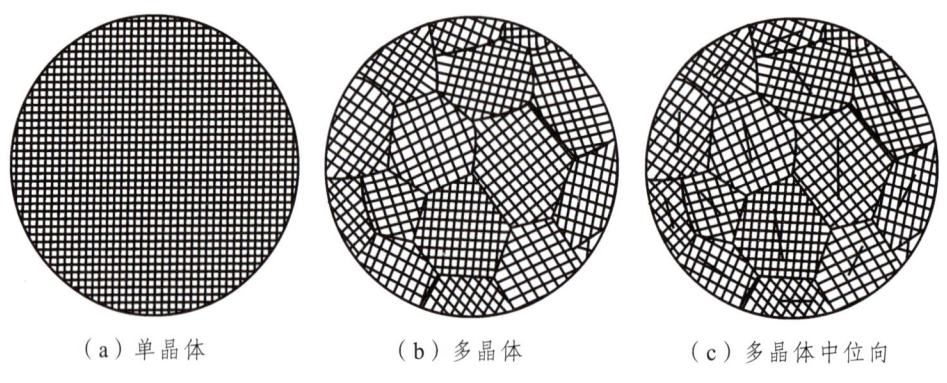

(a)单晶体 (b)多晶体 (c)多晶体中位向

图 2-1-5 单晶体与多晶体

(四)实际金属的晶体缺陷

在前面所述晶体中,晶格的每一个节点上都占据一个原子,间隙处都没有原子,原子排列规则整齐,这种晶体称作理想晶体。而在实际晶体中,原子的排列并不像理想晶体那样规则和完整。由于许多因素(如结晶条件、原子热运动及加工条件等)的影响,某些区域的原子排列会受到干扰和破坏,这种区域称作晶体缺陷。

根据晶体缺陷的特征可将其分为点缺陷、线缺陷和面缺陷三类。

1. 点缺陷

点缺陷是指在三维尺度上都很小,不超过几个原子直径的缺陷。常见的点缺陷有晶格空位、间隙原子和异类原子三种,如图 2-1-6 所示。

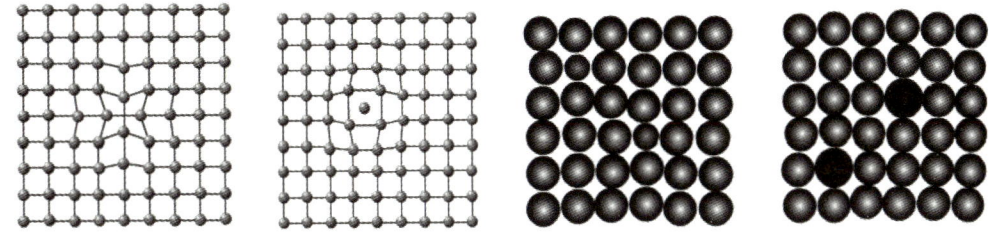

图 2-1-6　点缺陷示意图

在晶体中,原子都在各自平衡位置附近不停地做热运动。在一定温度下,原子热运动的平均能量是一定的。但在某一瞬间,当某个原子具有足够高的能量时,就可以摆脱晶格中相邻原子对它的束缚,脱离平衡位置,离开平衡位置的原子有三个去处:一是迁移到晶体表面或内表面的正常结点位置上,而使晶体内部留下空位,称作肖脱基(Schottky)空位(晶格中某结点上没有原子,有利于金属内部原子的扩散);二是挤入点阵的间隙位置,而在晶体中同时形成数目相等的空位和间隙原子,则称作弗兰克尔(Frenkel)缺陷;三是跑到其他空位中,使空位消失或使空位移位。若晶体中的异类原子具有足够高的能量,可能会迁移到结点上形成置换原子。随着温度的升高,原子的热运动加剧,点缺陷也会增多。

在点缺陷附近,由于原子间作用力的平衡遭到破坏,使其周围的其他原子发生靠拢或撑开的不规则排列,这种变化称作晶格畸变。晶格畸变将会使晶体的强度、硬度升高,电阻增大。

点缺陷与材料行为有结构变化和性能变化两种。

(1)结构变化:晶格畸变,如空位引起晶格收缩,间隙原子引起晶格膨胀,置换原子可引起收缩或膨胀。

(2)性能变化:物理性能,如电阻率增大,密度减小;力学性能引起屈服强度提高、硬度升高等。

2. 线缺陷

线缺陷是指在某一方向尺寸较大而另外两个方向尺寸很小的晶体缺陷,其具体形式是位错。位错是指晶体中某一处有一列或若干列原子发生了位置错动而形成的缺陷。

位错主要有刃型位错和螺型位错两种不同形式。

1）刃型位错

如图 2-1-7 所示，规则排列的晶体中间错排了半列多余的原子面，多余的半原子面不延伸入原子未错动的下半部晶体中，犹如切入晶体的刀片，刀片的刃口线为位错线，这就是刃型位错。

为了便于表述，通常把晶体上半部多出半列原子面的位错称作正刃型位错，用"⊤"表示。把晶体下半部多出半列原子面的位错称作负刃型位错，用"⊥"表示。刃型位错是晶格畸变的中心线，距离位错线越近，晶格畸变越大；距离位错线越远，晶格畸变越小。

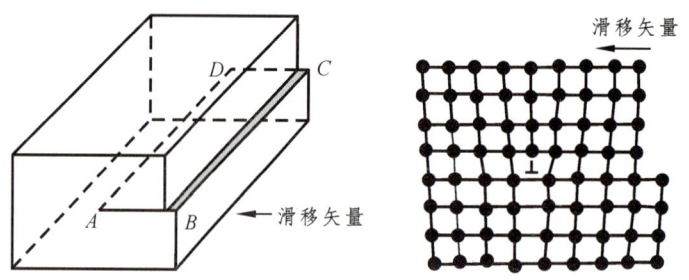

图 2-1-7　刃型位错示意图

2）螺型位错

如图 2-1-8 所示，晶体右上部的原子相对于下部的原子向后错动一个原子间距，即右上部相对下部晶面发生错动，若将错动区的原子用线连接起来，则具有螺旋形特征，这种缺陷称作螺型位错。螺旋线的中心线即是螺型位错的位错线。

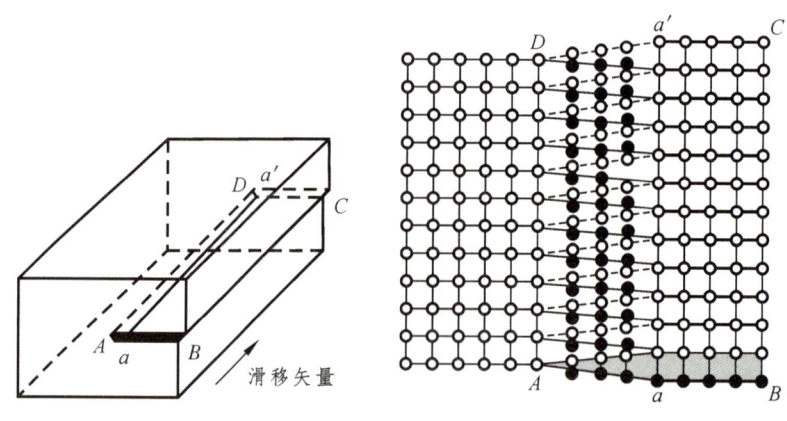

图 2-1-8　螺型位错示意图

晶体中的位错密度用单位体积中位错线的总长度（$\rho=\sum L/V$，式中，ρ 为位错密度，单位为 m^{-2}；$\sum L$ 为位错线总长度，单位为 m；V 为体积，单位为 m^3）或晶体中单位面积上位错线的根数来表示。晶体中位错密度的变化及位错在晶体中的运动，对于金属的塑性变形、强度、疲劳、腐蚀等物理化学性能都有非常重要的影响。位错对性能的影响在退火金属中位错密度一般为 $10^{10~12}\,m^{-2}$。当金属为理想晶体或含极少量位错时,金属的屈服强度 R_{eL} 很高。当含有一定量的位错时,强度降低。当进行形变加工时,位错密度增加,R_{eL} 将会增高。

3. 面缺陷

面缺陷是指在两个方向尺寸较大,而在第三个方向上尺寸很小,呈面状分布的晶体缺陷,主要包括晶界和亚晶界。

1)晶　界

晶界是不同位向晶粒之间的过渡区,晶界上的原子受相邻晶粒的影响处于折中位置,如图 2-1-9 所示。晶界的厚度取决于相邻晶粒的位向差大小,一般只有几个至几十个原子间距。

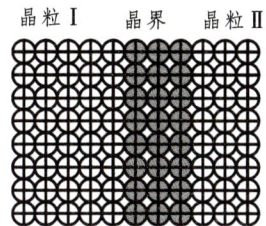

图 2-1-9　晶界原子排列示意图

晶界的特性如下:

(1)晶界处点阵畸变大,存在着晶界能。

(2)晶界处原子排列不规则,因此在常温下晶界的存在会对位错的运动起阻碍作用,致使塑性变形抗力提高,宏观表现为晶界较晶内具有较高的强度和硬度。晶粒越细,材料的强度越高,这就是细晶强化;而高温下则相反,因高温下晶界存在一定的黏滞性,易使相邻晶粒产生相对滑动。

(3)晶界处原子偏离平衡位置,具有较高的动能,且晶界处存在较多的缺陷如空穴、杂质原子和位错等,故晶界处原子的扩散速度比在晶内快得多。

(4)在固态相变过程中,由于晶界能量较高且原子活动能力较大,所以新相易于在晶界处优先形核。显然,原始晶粒越细,晶界越多,则新相形核率也相应越高。

(5)由于成分偏析和内吸附现象,特别是晶界富集杂质原子情况下,往往晶界熔点较低,故在加热过程中,因温度过高将引起晶界熔化和氧化,导致"过热"现象产生。

(6)由于晶界能量较高、原子处于不稳定状态,以及晶界富集杂质原子的缘故,与晶内相比,晶界的腐蚀速度一般较快。这就是用腐蚀剂显示金相样品组织的依据,也是某些金属材料在使用中发生晶间腐蚀破坏的原因。

2)亚晶界

在实际金属的每个晶粒内部,其晶格位向也并非完全一致,而是存在一些尺寸很小,位向差也很小(一般不超过 2°)的小晶块,这些小晶块称作亚晶,亚晶之间的界面称作亚晶界,如图 2-1-10 所示。亚晶界实质上是由一系列位错组成的,是晶粒内部的一种面缺陷。

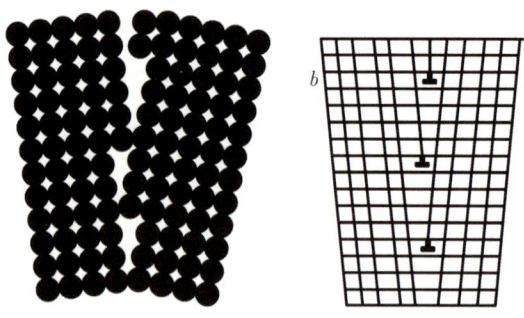

图 2-1-10 亚晶界示意图

在晶界、亚晶界或金属内部的其他界面上,原子的排列偏离平衡,晶格畸变较大,位错密度较高,原子处于较高的能量状态,原子活性较大,对金属中许多过程的进行都具有极为重要的作用。

4. 体缺陷

体缺陷也称作三维缺陷,指晶体中在三维方向上相对尺度比较大的缺陷,和基质晶体已经不属于同一物相,是异相缺陷。体缺陷主要包括晶粒内的气孔、空洞、第二相夹杂物、镶嵌块、沉淀相等,如图 2-1-11 所示。

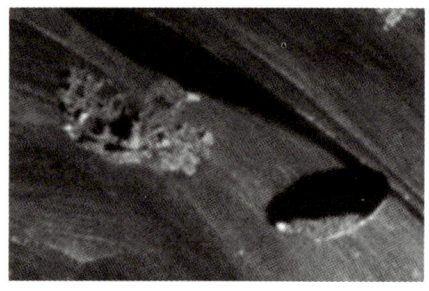

图 2-1-11 球墨铸铁中的气孔

缺陷对物理性能的影响很大,能够极大地影响材料的导热、电阻、光学和机械性能,极大地影响材料的各种性能指标,比如强度,塑性等。化学性能影响主要集中在材料表面性能上,比如杂质原子的缺陷会在大气环境下形成原电池模型,极大地加速材料的腐蚀,另外表面能量也会受到缺陷的极大影响,表面化学活性、化学能等。其实有缺陷金属材料正是我们需要的良好的使用性能,比如人工在半导体材料中掺杂,形成空穴,能够极大地提高半导体材料的性能。合理利用材料的缺陷,能够提高材料某在一方面的性能。

[阅读材料]

缺陷对半导体性能的影响 IVA 硅、锗等第 4 族元素的共价晶体在绝对零度时为绝缘体,温度刀·高导电率增加但比金属的小得多,称这种晶体为半导体。晶体呈现半导体性能的根本原因是填满电子的最高能带与导带之间的禁带宽度很窄,温度升高部分电子能够从满带跃迁到导带成为传导电子。晶体的半导体性能决定于禁带宽度以及参与导电的载流子（电子或空穴）数目和它的迁移率。缺陷影响禁带宽度和载流子数目及迁移率，因而对晶体的半导体性能有严重影响。

1. 缺陷对半导体晶体能阶的影响

硅和锗本征半导体的晶体结构为金刚石型。每个原子与四个近邻原子共价结合。杂质原子的引入或空位的形成都改变了参与结合的共价电子数目，影响晶体的能价分布。

有时为了改进本征半导体的性能有意掺入一些ⅢA、ⅤA族元素形成掺杂半导体；而其他点缺陷如空位或除ⅢA，ⅤA族以外的别的杂质原子原则上也会形成附近能阶。位错对半导体性能影响很大，但当前只对金刚石结构的硅、锗中的位错了解得较多一点。

2. 缺陷对载流子数目的影响

点缺陷使能带的禁带区出现附加能阶，位错本身又会起悬浮键作用，它起着施主或受主的作用，另外位错俘获电子使载流子数目减少，因此半导体中实际载流子数目减少。

由于晶体缺陷对半导体材料的影响，故能够在半导体材料中有以下应用：

（1）过量的 Zn 原子能够溶解在 ZnO 晶体中，进入晶格的间隙位置，形成间隙型离子缺陷，同时它把两个电子松弛地束缚在其周围，对外不表现出带电性。但这两个电子是亚稳定的，很容易被激发到导带中去，成为准自由电子，使材料具有半导性。

（2）在 Fe_3O_4 晶体中，全部的 Fe^{2+} 离子和 1/2 量的 Fe^{3+} 离子统计地分布在由氧离子密堆所构成的八面体间隙中。因为在 $Fe^{2+}—Fe^{3+}—Fe^{2+}—Fe^{3+}—$……之间能够迁移，所以，$Fe_3O_4$ 是一种本征半导体。

（3）常温下硅的导电性能主要由杂质决定。在硅中掺入 ⅤA 族元素杂质（如 P、As、Sb 等）后，这些 ⅤA 族杂质替代了一部分硅原子的位置，但由于它们的最外层有 5 个价电子，其中 4 个与周围硅原子形成共价键，多余的 1 个价电子便成了能够导电的自由电子。这样 1 个 ⅤA 族杂质原子能够向半导体硅提供 1 个自由电子而本身成为带正电的离子，一般把这种杂质称作施主杂质。当硅中掺有施主杂质时，主要靠施主提供的电子导电，这种依靠电子导电的半导体被称作 n 型半导体。

（4）在 $BaTiO_3$ 陶瓷中，人们常常加入 3 价或 5 价杂质来取代 Ba^{2+} 离子或 Ti^{4+} 离子形成 n 型半导瓷。例如，从离子半径角度来考虑，一般使用的 5 价杂质元素的离子半径是与 Ti^{4+} 离子半径（0.064 nm）相近的，如 Nb^{5+}=0.069 nm，Sb^{5+}=0.062 nm，它们容易替代 Ti^{4+} 离子；或者使用 3 价元素，如 La^{3+}=0.122 nm，Ce^{3+}=0.118 nm，Nd^{3+}=0.115 nm，它们接近于 Ba^{2+} 离子的半径（0.143 nm），因此易于替代 Ba^{2+} 离子。由此可知，不论使用 3 价元素还是 5 价元素掺杂，结果大都形成高价离子取代，即形成 n 型半导体。

[案例分析]

半导体材料是指在常温下导电性能介于导体与绝缘体之间的材料，在生活中有广泛的应用。生活中大多数的电子产品，如手机、电脑和数字录音机等，它们的核心单元都与半导体有着极为密切的联系。

晶体呈现半导体性能的本质是因为填满电子的最高能带和导带之间的禁带宽度很窄，如果温度升高，电子可以从满带跃迁到导带成为传导电子，从而使绝缘体转变成了导体。晶体半导体的导电性能取决于禁带宽度、参与导电的载流子数目及共迁移车，而这些因素受晶体缺陷的影响，因此可以利用晶体的缺陷来改善半导体的性能。

ZnO 正是利用了晶体缺陷对半导体的影响，才使得材料具有半导性。过量的 Zn 原子可溶解在 ZnO 晶体中，进入晶格的间隙位置，从而形成间隙型离子缺陷，此时两个电子被松弛地束缚在周围，对外不表现出带电性。但是这两个电子并不稳定，很容易就会被激发到导带中去，成为准自由电子，从而使材料具有半导性。

晶体缺陷不仅能影响材料的导电性能，还能影响晶体的强度、塑性、表面活性等物理化学性能。如果能合理地利用晶体的缺陷，将能大大改善金属的各种性能，这对材料的发展有着重要的意义。

学习模块	金属晶体结构				
学习任务	金属材料的晶体结构				
客户委托	金属材料的晶体结构				
学习时间					
姓名		班级		日期	
成绩		教师签名			

任务测试

一、填空题

1. 在自然界中，固态物质根据原子（离子或分子）的聚集状态不同可分为_____和_____两大类。

2. _____是指原子（离子或分子）三维空间有规则的周期性重复排列的物质，如金刚石、石墨、固态金属等。

3. _____一般有规则的外形、固定的熔点，且各向异性。

4. 晶体中各原子组成的原子平面称作_____。通过任意两个原子中心的直线所指的方向称作_____。

5. 在已知的金属元素中，除了少数金属具有复杂的晶体结构外，90%以上的金属晶体都属于以下3种晶格类型：_____、_____和_____。

6. 根据晶体缺陷的特征，可将其分为3类：_____、_____和_____。

二、问答题

1. 请列表说明晶体和非晶体的异同。

2. 为什么实际金属没有表现出各向异性？

3. 晶体缺陷对金属材料的性能的影响。

（五）合金的晶体结构

由于纯金属的强度、硬度、耐磨性等机械性能都很低，因此，广泛应用于工业生产中不是纯金属，而是根据性能要求制备的各种不同成分的合金。合金是指两种或两种以上的金属元素或金属元素与非金属元素组成的具有金属特性的物质。例如，钢和铁是由铁和碳组成的合金，普通黄铜是由铜与锌组成的合金等。

1. 合金的基本概念

1）组　元

组元是指组成合金的最基本的、独立的物质。组元通常是组成合金的元素，如铁碳合金中的 Fe 和 C、黄铜中的 Cu 和 Zn 等，也可以是稳定化合物，如碳钢中的 Fe_3C 等。由两个组元组成的合金称作二元合金，由三个组元组成的合金称作三元合金，由三个以上组元组成的合金称作多元合金。

2）合金系

合金系是指由给定组元按不同比例配制出的一系列成分不同的合金。例如，各种牌号的碳钢是由不同铁、碳含量的合金所构成的铁碳合金系。

3）相

相是指在合金中具有相同的成分、晶体结构及性能，并与其他部分以界面分开的均匀组成部分。例如，固液共存系统中的相有固相和液相两种。合金结晶后可以是一种相（单相合金），也可以是若干种相组成的多相合金。

4）组织

合金的组织是指由一种或多种相以不同的形态、尺寸、数量和分布形式而组成的综合体，通常需要在金相显微镜下进行观察。只由一种相组成的组织称为单相组织，由几种不同的相组成的组织称作多相组织。

2. 合金的相结构

合金的性能取决于组织，而组织又取决于其组成相的性质。固态合金的基本相可分为固溶体和金属化合物两大类。

1）固溶体

固溶体是指合金组元通过溶解形成一种成分和性能均匀的且结构与组元之一相同的固相。与固溶体晶格相同的组元称作溶剂，一般在合金中含量较多；其他组元称作溶质，含量较少。

（1）固溶体的分类。

根据溶质原子在溶剂晶格中所占位置的不同，固溶体可分为置换固溶体和间隙固溶体两种。

① 置换固溶体是指溶质原子置换溶剂中的部分原子，并且占据溶剂晶格的某些节点位置所形成的固溶体，如图 2-1-12（a）所示。一般来说，当溶剂和溶质的原子半径比较接近时容易形成置换固溶体。例如，Fe、Mn、Ni、Cr、Mo 等元素都可以相互形

成置换固溶体。

在置换固溶体中,溶质原子的分布一般是无序的,这种固溶体称作无序固溶体。在一定条件下(如结晶后缓慢冷却),通过原子的扩散,有些合金的溶质原子可以过渡到有序排列,这种固溶体称作有序固溶体。有序固溶体实际上是无序固溶体与金属间化合物的过渡相。当无序固溶体变为有序固溶体时,合金的性能会发生突变,硬度和脆性增大,塑性和电阻降低。

根据溶质原子在溶剂中的溶解度不同,置换固溶体又可分为无限固溶体和有限固溶体。溶解度的大小主要与组元的晶格类型、原子半径差及它们在元素周期表中的位置有关。各组元的晶格类型相同,原子半径差越小,在元素周期表中的位置越靠近,则溶解度越大,甚至能形成无限固溶体,否则只能形成有限固溶体。有限固溶体的溶解度还与温度有关,随温度的升高,溶解度增加。

② 间隙固溶体是指溶质原子填入溶剂晶格间隙中形成的固溶体,如图 2-1-12(b)所示。研究表明,只有在溶质原子半径与溶剂原子半径的比值小于 0.59 时,才有可能形成间隙固溶体。一般原子半径较小的 H、O、C、B、N 等元素与过渡族金属都可形成间隙固溶体。由于溶剂晶格中的间隙有一定的限度,所以,间隙固溶体是有限固溶体。

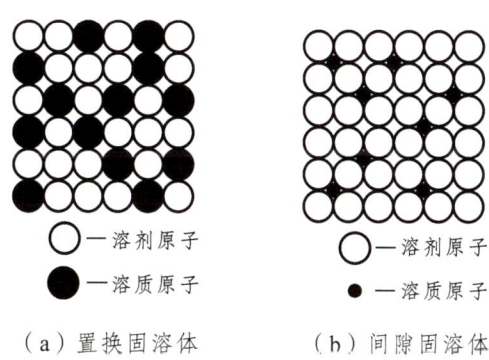

(a)置换固溶体　　(b)间隙固溶体

图 2-1-12　固溶体

(2)固溶体的性能。

在固溶体中,由于溶质原子的溶入,溶剂的晶格会发生一定程度的畸变,如图 2-1-13 所示。溶质原子与溶剂原子的半径差越大,溶入的溶质原子越多,晶格畸变就越严重。晶格畸变会增大位错运动的阻力,提高合金的强度和硬度。这种通过形成固溶体使金属强度、硬度提高的现象称作固溶强化。固溶强化是提高合金力学性能的重要途径之一。

在溶质含量适当时,固溶强化可显著提高材料的强度和硬度,而塑性和韧性不会显著降低。例如,在纯铜中固溶 1% 的镍后,其强度由原来的 220 MPa 提高到 390 MPa,而断面收缩率仅从原来的 70% 减小到 50%,仍具有非常好的韧性。因此,实际使用的金属材料,大多是单相固溶体合金或以固溶体为基体的多相合金。

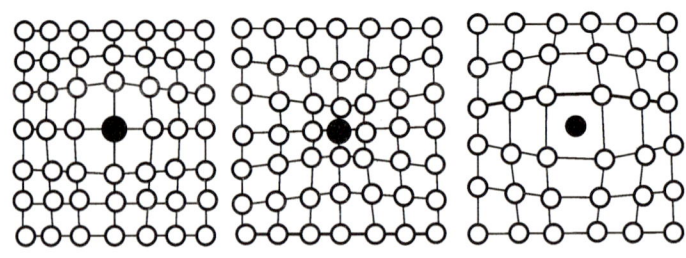

● 溶质原子　○ 溶剂原子

图 2-1-13　固溶体中的晶格畸变

2）金属化合物

金属化合物是各种元素发生相互作用而形成一种具有金属特性的物质。一般可用化学式表示。金属化合物的晶格类型不同于任一组元，一般具有复杂的晶格结构。其性能特点是熔点高、硬度高、脆性大。当合金中出现金属化合物时，通常能提高合金的硬度和耐磨性，但塑性和韧性会降低。金属化合物是许多合金的重要组成相。

根据其形成条件及结构特点，金属化合物可分为正常价化合物、电子化合物和间隙化合物 3 种。

（1）正常价化合物。

正常价化合物是指严格遵守原子价规律的金属化合物，其成分固定。它们是由元素周期表中相距较远、电化学性质相差较大的两种元素组成的，如 Mg_2Si、Mg_2Sn、Mg_2Pb 等。

正常价化合物具有较高的硬度和脆性，当它弥散分布于固溶体基体上时，可对金属起强化作用。

（2）电子化合物。

电子化合物是指不遵守原子价规律，但是服从电子浓度（化合物中价电子数与原子数之比）规律的化合物。电子浓度不同，所形成金属化合物的晶体结构也不同。

电子化合物主要以金属键结合，具有明显的金属特性，一般熔点和硬度较高，脆性大，是有色金属中的重要强化相。

（3）间隙化合物。

间隙化合物是指由过渡族元素与原子半径较小的 C、N、H、B 等非金属元素形成的化合物。根据结构特点，间隙化合物又可分为间隙相和具有复杂结构的间隙化合物。

① 间隙相：当非金属原子半径与金属原子半径之比小于 0.59 时，形成的具有简单晶格的间隙化合物，称作间隙相，如 TiC、WC、VC 等。间隙相具有金属特性，有极高的熔点和硬度，非常稳定，是高合金钢和硬质合金的重要组成相。

② 复杂结构的间隙化合物：当非金属原子半径与金属原子半径之比大于 0.59 时，形成具有复杂晶体结构的间隙化合物，如 Fe_3C、Mn_3C、Cr_7C_3、Fe_2B 等。

Fe_3C 是铁碳合金中的重要组成相，通常称作渗碳体。它具有复杂的斜方晶格，如图 2-1-14 所示，其中的铁原子可以部分被锰、铬、钼、钨等金属原子置换，形成以间隙化合物为基体的固溶体。

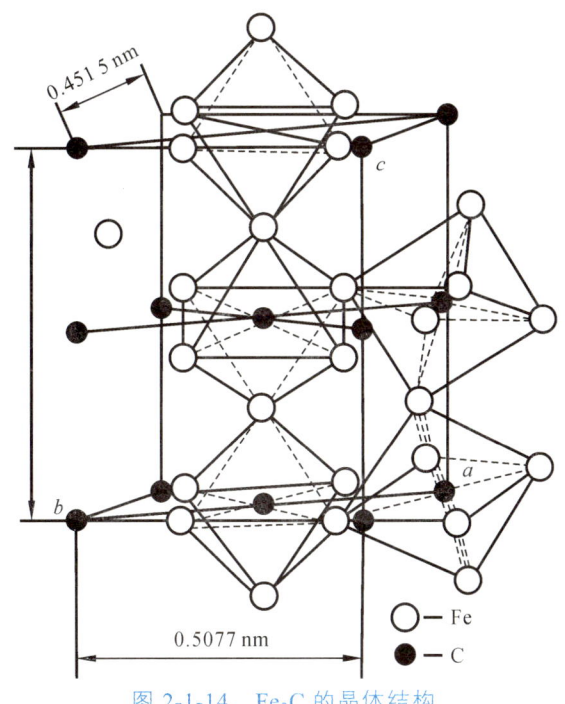

图 2-1-14　Fe₃C 的晶体结构

复杂结构的间隙化合物主要以金属键结合，具有金属特性，它们也具有很高的熔点和硬度，但比间隙相稍低些，且加热易分解。

3. 机械混合物

机械混合物是指两种或两种以上的相按照一定质量百分数组合成的物质。机械混合物的性能主要取决于各组成相的性能及相的分布状态，各组成相仍保持各自的晶格，彼此无交互作用。

多数工程上采用的合金组织都是固溶体与少量金属化合物组成的机械混合物。为了满足工程上的多种需求，可以调整固溶体中溶质含量和金属化合物的数量、大小、形态和分布情况，使得合金的力学性能在较大范围内变化。

合金较纯金属有一系列优越性，主要表现在以下几点。

（1）应用范围广。调整合金成分，可以在较大范围内改善材料的使用性能和工艺性能，满足各种不同需求。

（2）获得功能性材料。通过改变成分可以得到具有特定物理性能和化学性能的材料。

（3）价格便宜。大多数情况下，合金的价格比纯金属便宜，如碳钢和铸铁比工业纯铁便宜，黄铜比纯铜便宜。

主题		学习常见金属的晶体结构	任务书编号：2-1-1
说明		在技术信息系统中使用现有的专业文献和信息完成相关工作； 在工作组内准备学习作业； 在工作页中输入信息。	时间：

工作页 金属晶体结构

1. 完成常见金属的晶胞示意图、名称、原子个数、致密度、配位数。

典型晶胞示意图	名称	原子个数	原子半径	致密度	配位数	常见金属

2. 根据实际金属的晶体缺陷填入下表。

类型	缺陷示意图	缺陷特征	产生的影响

类型	缺陷示意图	缺陷特征	产生的影响
	晶粒Ⅰ 晶界 晶粒Ⅱ		
	亚晶界		

五、工作过程

（一）计　划

制定一个详细的学习计划，将学习时间分配到每个主题或章节中。这有助于在学习过程中保持专注，并且可以更好地掌握每个主题。请各小组讨论，根据表 2-1-4 学习计划表的格式，制定合理的工作计划，并填入表中。

表 2-1-4　学习计划表

序号	学习步骤	学习内容	学习方法	计划工时	实际工时
1					
2					
3					
完成本次任务的重点、难点、风险点识别	本次任务的重点在于常见金属的晶体结构，晶体缺陷对材料性能的影响； 难点是晶体与非晶体的区别，合金的相结构； 风险点是在试验时注意防烫伤。				
思政要点	晶体与非晶体的形成过程体现了矛盾转化的辩证思维。在结晶过程中，原子或分子的无序排列逐渐转化为有序的结构，这是从混沌到秩序的转变；而非晶体则展示了相反的过程，即从有序到无序的转变。这种矛盾转化的思想引导我们认识到事物的运动和发展是一个充满矛盾和斗争的过程，促使我们学会用辩证的方法看待问题。				
时间：		教师：		学生：	

（二）决　策

在工作计划中，明确了学习目标，收集必要的信息，筛选出对决策具有重要影响的关键信息。在评估和分析完信息后，下一步是生成一系列的可选方案。这些方案应该能够满足决策的目标，并且基于对信息的评估和分析所得出的结论。在生成可选方案时，可以采用多种方法，如头脑风暴、SWOT 分析、六项思考帽法、思维导图和创新游戏等，以确保获得多样化和创新的方案。

（三）实　施

按照学习计划表制定的要求进行学习并完成学习目标。

（四）检　查

完成金属材料的晶体结构学习后，请根据金属材料的晶体结构掌握的准确性对本次课程的学习进行相应的检查，将检查结果填入表 2-1-5 中。

表 2-1-5　金属材料晶体结构检查表

编号	任务	分数	比重	评分
1				
2				
3				
4				
5				
6				
总分：				
注：工作页根据学生完成情况打分：全面完成得 91～100 分，基本完成得 81～90 分，部分完成得 60～80 分，未完成得 60 分以下。				

（五）评　估

1. 信息评估

表 2-1-6　信息评估记录表

编号	任务	分数	比重	评分
1				
2				
3				
4				
5				
6				
总分：				
注：工作页根据学生完成情况打分：全面完成得 91～100 分，基本完成得 81～90 分，部分完成得 60～80 分，未完成得 60 分以下。				

2. 学习过程评估

表 2-1-7　学习过程评估记录表

姓　名		学　号		班　级		日　期	

练习（试题）名称	

一、学习过程检查　　　　　　　　　　　　　　评分等级为 10—9—7—5—3—0

序号	检查内容	评 分 项 目	学生自检评分	教师检查评分	对学生自评的评分
1	课前				
2	课中				
3	课后				
结　果					

注：对学生自评的评分标准为：同教师的评分相差一级得 9 分、二级得 5 分、三级得 0 分

二、笔试检查　　　　　　　　　　　　　　　　　　　　　　评分等级为 10—0

序号	笔试的检查	学生自评	教师检查评分	对学生自评的评分
1	完整性			
2	书写规范性			
3	答案准确性			
4	错误改正			
结　果				

总评分						
序号	评分组	结果	因子	得分（中间值）	系数	得分
1	计划、实施（对学生自评的评分）					
2	计划、实施（教师检查评分）					
3	笔试检查（对学生自评的评分）					
4	笔试检查（教师检查评分）					
					总分	

实训师签名：_____　　　　　　　　学生签名：_____

六、行动结果

(一) 学习成果

熟悉金属材料的晶体结构,掌握金属材料的晶体结构在实际中的应用,学会规划学习步骤。

完成笔试测试题。

(二) 成绩评测

总成绩的评估基于以下权重:

序号	评估项目	分数	比重	评分
1	信息			
2	工作过程			
	总分			

学习模块	金属材料的晶体结构				
学习任务	合金的结构				
客户委托	合金的结构				
学习时间					
姓名		班级		日期	
成绩		教师签名			

任务测试

一、填空题

1. 两个组元组成的合金称作_____，由_____组成的合金称作三元合金，由三个以上组元组成的合金称作_____。

2. 相是指在合金中具有_____、_____及_____，并与其他部分以_____分开的均匀组成部分。

3. 合金的组织是指由一种或多种相以_____、_____、_____和_____而组成的综合体，通常需要在_____进行观察。

4. 固态合金的基本相可分为_____和_____两大类。

5. 根据溶质原子在溶剂晶格中所占位置的不同，固溶体可分为_____和_____两种。

二、问答题

1. 什么是合金？

2. 什么是固溶强化？

3. 合金较纯金属相比，有哪些优越性？

模块三　金属结晶

任务五　金属结晶

一、教学大纲

（一）所属学习模块

学习模块	金属结晶
学习任务	金属结晶认知
客户委托	金属结晶的应用
学习时间	

（二）思维导图

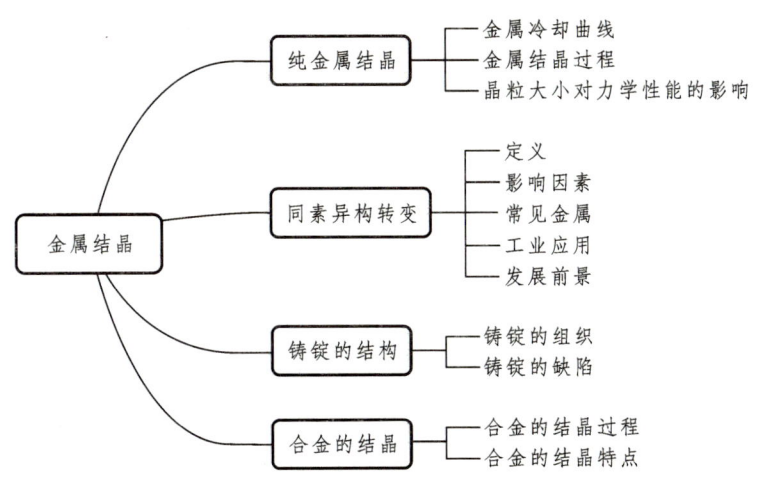

（三）资格培训矩阵

信息	描述		
行动目标	纯金属结晶		
学习内容	纯金属结晶		
能力	专业能力： 了解纯金属结晶的基本过程； 能用有效的方法控制晶粒大小； 能利用所学知识科学解决生产、生活中遇到的实际问题	方法能力： 能够查阅资料、国家标准； 能够分析、解决问题； 自我学习； 能自我评估	社会能力： 不断探索与创新； 团队合作能力； 责任心； 追求成就

二、问题或情景说明

银、铜、锌、铅、铸铁、高速钢等的结晶之美，你感受过吗？

晶体是有明确衍射图案的固体，其原子或分子在空间按一定规律周期重复地排列。晶体中原子或分子的排列具有三维空间的周期性，隔一定的距离重复出现，这种周期性规律是晶体结构中最基本的特征。

纯金属的结晶过程是在冷却曲线上的水平线段内发生的。实验证明：金属结晶时，首先从液体金属中自发形成一批结晶核心，与此同时，某些外来的难熔质点也可以充当晶核，形成非自发晶核。金属与铜、铅、银、锌、白口铸铁、高速钢、Na_2Co_3 的晶体形成如图 3-1-1～3-1-7 所示。

图 3-1-1　金属铜的晶体形成过程

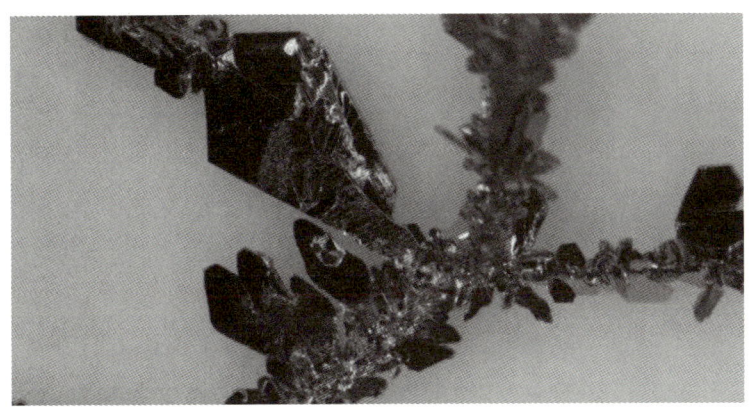

图 3-1-2　金属铅的晶体形成过程

图 3-1-3　金属银的晶体形成过程

图 3-1-4　金属锌的晶体形成过程

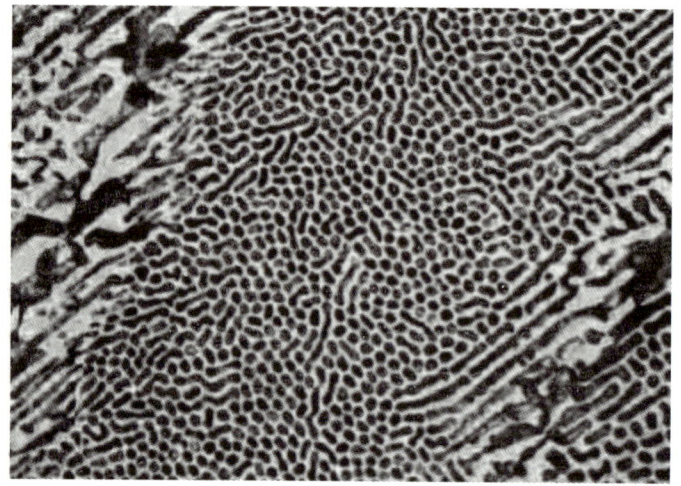

图 3-1-5　白口铸铁的晶体形成过程

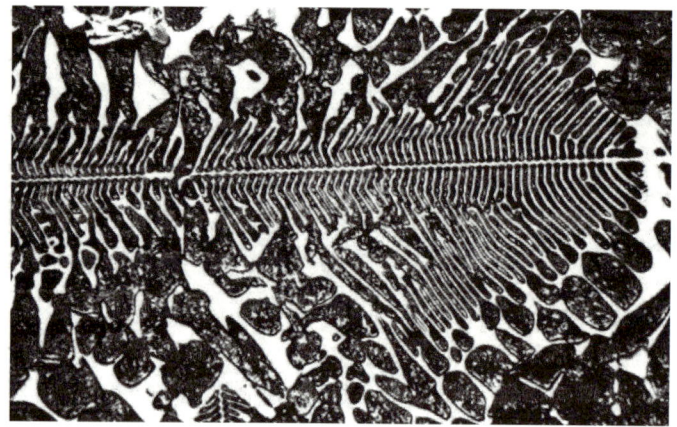

图 3-1-6　高速钢的晶体形成过程

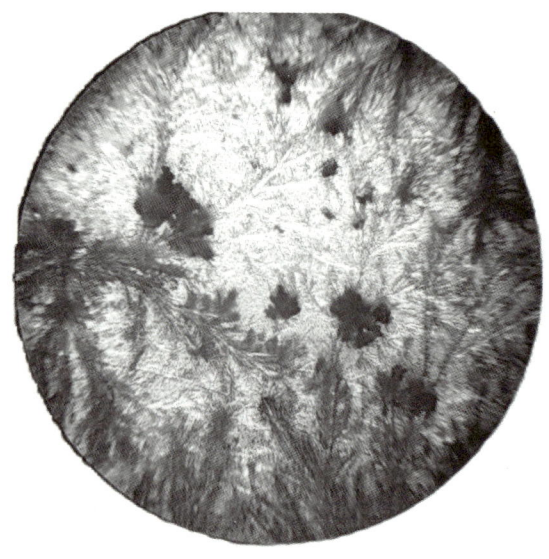

图 3-1-7　Na_2CO_3 的晶体形成过程

随着时间的推移，已形成的晶核不断长大，并继续产生新的晶核，直到液体金属全部消失，晶体彼此接触为止。所以结晶过程就是不断地形核和晶核不断长大的过程。

那么结晶的条件是什么？晶粒的大小对力学性能有何影响？晶粒大小受哪些因素的影响？如何获得细小晶粒呢？

三、应具备条件

（一）已具备的知识与技能

序号	说明学习所需基本知识点、技能点等
1	常见金属的晶体结构
2	物质的三态（固态、液态和气态）以及相变
3	金属材料力学性能
4	水结冰的常识

（二）专业参考资料

序号	资料来源	说明
1	金属材料及热处理	查询和学习金属材料晶体结构的相关知识
2	热力学第二定律	金属结晶的热力学条件
3	热分析法	获得冷却曲线的方法
4	材料学网（微信公众号）	获取最佳材料领域的专业知识

四、知识信息

（一）结晶过程的观察实验

1. 实验目的

（1）观察透明盐类的结晶过程及其晶体组织特征，为理解、掌握金属的结晶理论建立感性认识。

（2）观察具有枝晶组织的金相照片及其有枝晶特征的铸件或铸锭表面，建立金属晶体以树枝状形态成长的直观概念。

2. 实验设备及材料

（1）带 CCD 的生物显微镜；

（2）投影仪；

（3）接近饱和的氯化铵或硝酸铅水溶液（由实验室预先配制好）；

（4）干净玻璃片、吸管；

（5）电炉或电吹风；
（6）有枝晶组织的金相照片；
（7）有枝晶的金属铸件实物。

3. 实验原理

晶体物质由液态凝固为固态的过程称作结晶。结晶过程也是原子呈规则排列的过程，包括形核和核长大两个基本过程。

由于液态金属的结晶过程难以直接观察，而盐类也是晶体物质，其溶液的结晶过程和金属很相似，区别仅在于盐类是在室温下依靠溶剂蒸发使溶液过饱和而结晶，金属则主要依靠过冷，故完全可通过观察透明盐类溶液的结晶过程来了解金属的结晶过程。

在玻璃片上滴一滴接近饱和的氯化铵（NH_4Cl）或硝酸铅[$Pb(NO_3)_2$]水溶液，随着水分蒸发，溶液逐渐变浓而达到饱和，继而开始结晶。我们可观察到其结晶大致可分为 3 个阶段：第 1 阶段开始于液滴边缘，因该处最薄，蒸发最快，易于形核，故产生大量晶核而先形成一圈细小的等轴晶，如图 3-1-8（a）所示；第 2 阶段形成较粗大的柱状晶，如图 3-1-8（b）所示。因液滴的饱和程序是由外向里，故位向利于生长的等轴晶得以继续长大，形成伸向中心的柱状晶；第三阶段是在液滴中心形成杂乱的树枝状晶，且枝晶间有许多空隙，如图 3-1-8（c）所示。这是因液滴已越来越薄，蒸发较快，晶核易形成，然而因已无充足的溶液补充，结出的晶体填不满枝晶间的空隙，从而能观察到明显的枝晶。

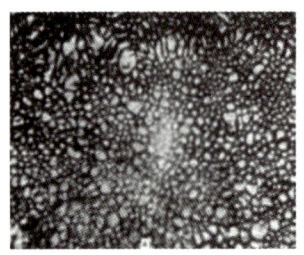 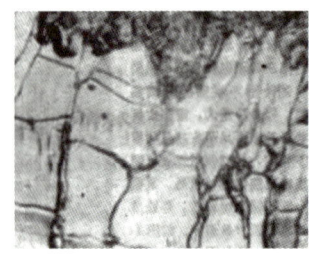 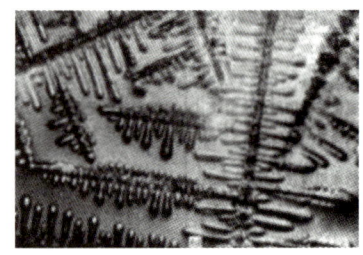

（a）最外层的等轴细晶粒区　　（b）次层粗大柱状晶区　　（c）中心杂乱的树枝状晶区
　　　（100×）　　　　　　　　　（100×）　　　　　　　　　（100×）

图 3-1-8　结晶过程 3 个阶段形成的 3 个区域

实际金属结晶时，一般均按树枝状方式长大，如图 3-1-9 所示。但若冷速小，液态金属的补给充分，则显示不出枝晶，故在纯金属铸锭内部是看不到枝晶的，只能看到外形不规则的等轴晶粒。但若冷速大，液态金属势必补缩不足而在枝晶间留下空隙，其宏观组织就可明显地观察到树枝状晶。某些金属如锑铸锭表面，即能清楚地看到枝晶组织，如图 3-1-10 所示。若金属在结晶过程中产生了枝晶偏析，由于枝干和枝间成分不同，其金相试样浸蚀时，浸蚀程度也不同，枝晶特征即能显示出来，如图 3-1-11 所示。

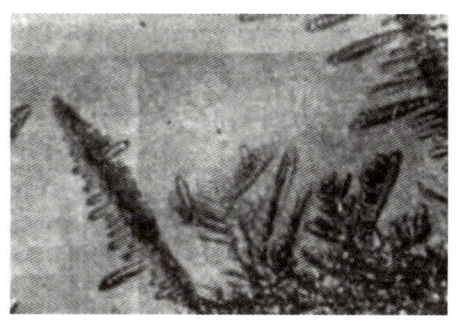

图 3-1-9　树枝晶生长图（100×）

 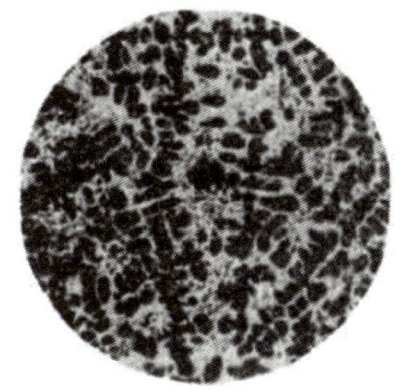

图 3-1-10　锑锭表面浮凸的树枝状晶　　　图 3-1-11　铅锑合金的显微组织

4. 实验步骤

（1）在干净玻璃片上，用吸管滴上一滴配制好的氯化铵或硝酸铅水溶液，液滴不宜太厚，否则因蒸发太慢而不易结晶。

（2）将上述滴有溶液的玻璃片放在电炉上烘烤，或用电吹风吹，以加速水分蒸发。

（3）将玻璃片置于生物显微镜下，从液滴边缘开始观察结晶过程，并画下结晶过程示意图。

（4）观察具有树枝晶组织的金相照片及铸件实物（可用放大镜）。

5. 注意事项

（1）溶液烘烤时间不宜过长，一般以肉眼观察到边缘稍许发白为宜。

（2）实验时应注意试样的清洁，不要让异物落入液滴内，以免影响结晶过程的观察。更不能让液滴流到显微镜部件上，尤其不能让它碰到物镜，以免损坏显微镜。

6. 实验报告要求

（1）简述实验目的。

（2）绘出所观察到的盐类溶液结晶过程示意图，并简述结晶过程。

序号	结晶示意图	简述结晶过程
第 1 阶段		
第 2 阶段		
第 3 阶段		

（3）绘出金属铸件树枝状晶组织示意图。

试样材料	浸蚀剂	放大倍数	组织示意图	组织说明

（二）纯金属结晶

物质由液态转变为固态的过程称作凝固。如果凝固后的固态物质是晶体，则这种凝固过程称作结晶。

实际使用的大多数固态金属，一般都要经过冶炼和铸造的过程，即要经过由液态转变为固体晶态的结晶过程。从广义上讲，金属从一种原子排列状态转变为另一种原子规则排列状态的过程均属于结晶过程。通常把金属从液态转变为固体晶态的过程称作一次结晶，而把金属从一种固体晶态转变为另一种固体晶态的过程称作二次结晶或重结晶。

金属结晶后的组织对金属的性能有很大影响，因此，研究金属结晶的基本规律对改善金属组织、提高金属性能具有十分重要的意义。

1. 金属的冷却曲线

纯金属的结晶常通过热分析法进行测定，即把纯金属置于坩埚内加热成均匀液体，然后使其缓慢冷却，在冷却过程中，观察记录温度随时间变化的数据，并将其绘制成曲线，此曲线称作冷却曲线，如图 3-1-12 所示。

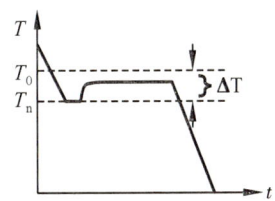

图 3-1-12　纯金属结晶的冷却曲线

由图 3-1-12 可以看出，当液态金属冷却到理论结晶温度 T_0 时，结晶并未开始，而是继续冷却到 T_0 以下的某一温度 T_n 才开始结晶。这种实际结晶温度低于理论结晶温度的现象称作过冷。理论结晶温度 T_0 与实际结晶温度 T_n 之差称作过冷度，用 ΔT 表示，即

$$\Delta T = T_0 - T_n$$

过冷度的大小与冷却速度、金属的性质和纯度等因素有关。冷却速度越大，金属越纯，过冷度越大。实验证明，金属都是在过冷情况下结晶的，所以，过冷是金属结晶的必要条件。

为什么液态金属在理论结晶温度不能结晶，而必须在一定的过冷度条件下才能进行呢？可以用金属结晶的热力学条件来进行解释。我们知道热力学第二定律在等温等压的条件下，物质系统总是自发地从自由能高的状态向自由能低的状态转变（自由能是物质能自动向外界释放多余的热量或能够对外做功的那部分热量）。由自由能曲线性质（见图 3-1-13），我们知道 $T=T_0$ 时，$G_S=G_L$，处于热平衡状态，T_0 是理论结晶温度。$T<T_0$ 时，$G_L>G_S$，液态金属自发地转为固态金属，两相自由能差（ΔG），构成金属结晶的驱动力。综上所述：只有当 $T<T_0$ 时，即存在一定的过冷度，液态金属才能结晶。

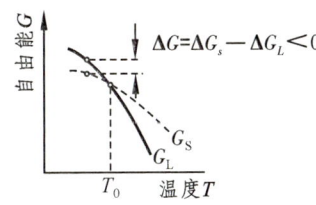

图 3-1-13　纯金属液、固两相自由能随温度变化的示意图

由于结晶是在一定的过冷度下进行的，因此，结晶开始时，结晶速度很快，会释放大量的结晶潜热。这部分热量除了补偿向外散热外，剩余部分会使液态金属的温度升高，结晶速度减慢，释放的潜热随之减少，当释放的潜热恰好等于补偿向外散失的热量时，液态金属的温度保持不变，冷却曲线上出现一个平台。直到金属结晶完毕，不再有潜热放出时，温度才继续降低。

2. 金属的结晶过程

液态金属的结晶是一个形核和长大的过程。液态金属结晶时，首先在液体中形成一些极微小的晶体，称作晶核，然后不断吸收周围的原子而长大。同时，液体中又会不断地产生新的晶核并逐渐长大，直至液态金属全部结晶。金属的结晶过程如图 3-1-14 所示。

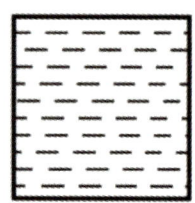 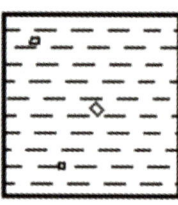 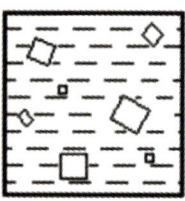 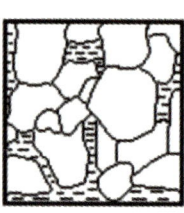 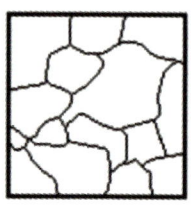

图 3-1-14　金属的结晶过程示意图

金属结晶包括两个基本过程：晶核的形成和长大，它们是同时进行的。

1）晶核的形成

由图 3-1-14 可知，液态金属内部存在有规则排列的原子团时聚时散，并不是完全地无规则排列。在理论结晶温度以上时，这些原子集团极不稳定，但当温度降低到结晶温度以下，且达到足够大的过冷度时，某些大于一定尺寸的原子集团可以稳定下来，成为结晶核心。这种由液态金属内部自发形成结晶核心的过程称作自发形核。

在实际金属中或多或少总会存在一些杂质，当杂质的晶体结构和晶格参数与金属的相似或相当时，金属原子就会以它们为基底形成结晶核心，这种形核方式称作非自发形核。

自发形核和非自发形核同时存在于金属液体中，但在实际金属和合金中，非自发形核往往比自发形核更为重要，起优先和主导作用。

2）晶核的长大

晶核形成后，即开始长大。晶体主要以树枝状方式长大。开始时，晶核外形比较规则，在晶体继续长大的过程中，由于晶核的尖角处散热和对流条件好，容易获得液态金属原子，所以生长速度较快，形成晶体的主干，称作一次晶轴。在晶轴长大过程中，又会不断生出分支，随着结晶过程的发展，逐渐长出二次晶轴、三次晶轴等，如此不断生长和发展下去，最终形成树枝状晶体，简称枝晶，如图 3-1-15 所示。

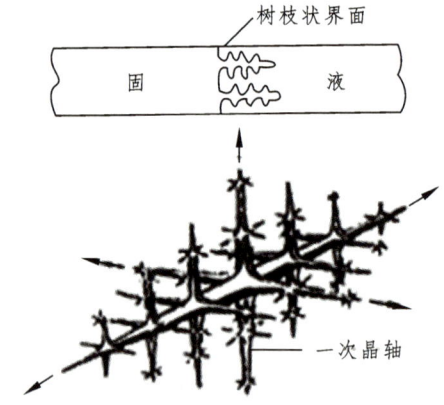

图 3-1-15　枝晶生成过程示意图

探究实验用显微镜观察纯铁晶粒的大小、形态和分布，如图 3-1-16 所示。可以看出，纯铁内部的晶粒形状并不规则。金属材料的晶粒越细、晶界总面积越大，强度也就越高，晶粒越细，相同体积内的晶粒数目就越多。在相同的变形条件下，变形分散在更多的晶粒中进行,变形量分配得更均匀,金属不会因变形过大而断裂,有效提高了塑性。

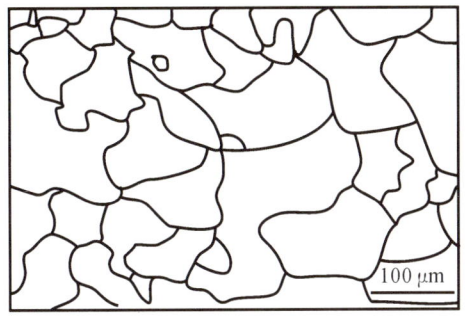

图 3-1-16　显微镜下纯铁晶粒组织

有色金属的晶粒比钢铁的大些,有时甚至可以用肉眼直接观察。例如,镀锌钢板表面的锌晶粒尺寸可达到数毫米,甚至十几毫米,可以直接观察到晶粒及晶粒表面枝晶组成的花纹,如图 3-1-17 所示。

图 3-1-17　锌枝晶

3. 晶粒大小对金属力学性能的影响

实际金属结晶后,一般都会形成由许多晶粒组成的多晶体。在多晶体中,晶粒的大小对其力学性能的影响很大。一般来说,晶粒越细小,金属的强度越高,塑性和韧性越好。所以,细化晶粒是提高金属材料力学性能的一个重要途径。

金属在结晶后所得到的晶粒的大小,取决于结晶过程中的形核率 N 和长大率 G。其中,形核率是指单位时间内在单位体积中产生的晶核数;长大率是指单位时间内晶核长大的线速度。促进形核率 N,抑制长大率 G,即可细化晶粒。在生产中,主要采用增大过冷度、变质处理和附加振动等方法细化晶粒。

1)增大过冷度

金属结晶时,形核率 N 和长大率 G 均与过冷度有关,如图 3-1-18 所示。随着过冷度的增大,形核率和长大率均会增大,且在很大范围内形核率 N 增大得更快。结晶时增大过冷度 ΔT 会使金属结晶后晶粒变细。生产中常采用散热快的金属铸型,降低金属铸型的预热温度、减小涂料层的厚度、采用水冷铸型等方法可提高冷却速度,但这种方法只适用于中、小型铸件。

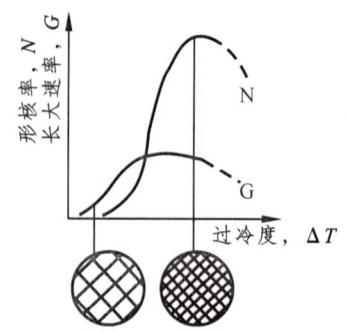

图 3-1-18　长大率与过冷度的关系

2）变质处理

对于形状复杂的铸件，为防止快速冷却使应力过大产生开裂，通常不允许过多地提高冷却速度，生产上多采用变质处理来细化晶粒。

变质处理是在液体金属中加入变质剂或孕育剂，增加非自发晶核的数量或阻碍晶核的长大，从而达到细化晶粒的目的。例如，在 ZA27 合金中加入 Ti 和 Zr，粗大的树枝晶粒细化后变成了更细小的花瓣状，变质处理有明显的细化晶粒效果，如图 3-1-19 所示。

　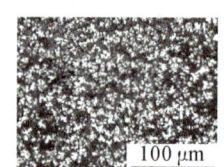

（a）变质处理前　　　　　（b）变质处理后

图 3-1-19　Ti 和 Zr 的复合变质对 ZA27 合金显微组织的影响

3）附加振动

在金属结晶过程中，对其采用机械振动、超声波振动、电磁振动及搅拌等方法，可使枝晶破碎、折断，这样不仅使已形成的晶粒因破碎而细化，而且破碎了的细小枝晶又可起到新晶核的作用，增加了结晶核心，达到晶粒细化的目的。图 3-1-20 所示为利用超声波处理对工业纯铝进行晶粒细化。

（a）未经超声波处理　　　　（b）超声波处理后

图 3-1-20　经超声波处理前后纯铝的凝固组织

金属的结晶过程主要受过冷度和难熔杂质的影响，而过冷度的大小取决于结晶时冷却速度的快慢。因此，凡是影响冷却速度的因素，如浇注温度、浇注方式、铸型材料及铸件大小等，均影响金属结晶后晶粒的大小、形态和分布。

学习模块	金属结晶				
学习任务	纯金属结晶				
客户委托	纯金属结晶				
学习时间					
姓名		班级		日期	
成绩		教师签名			

任务测试

一、填空题

1. 物质由液态转变为固态的过程称作_____。如果凝固后的固态物质是_____，则这种凝固过程称作结晶。

2. 液态金属的结晶是一个_____和_____的过程。

3. 在多晶体中，晶粒的大小对其力学性能的影响很大。一般来说，晶粒越细小，金属的强度_____，塑性和韧性_____。所以，细化晶粒是提高金属材料力学性能的一个重要途径

4. 金属在结晶后所得到的晶粒的大小，取决于结晶过程中的_____和_____。

二、问答题

1. 什么是过冷度，过冷度与哪些因素有关？

2. 什么是变质处理？

3. 金属结晶是由哪两个基本过程组成的？影响晶粒大小的因素有哪些？晶粒大小对金属的力学性能有何影响？如何获得细小晶粒？

(三)同素异构转变

1. 定 义

金属的同素异构转变是指金属在固态下,由于晶格结构的变化,产生不同形态的现象。大多数金属在固态下只有一种晶体结构,而有些金属在固态下存在两种或两种以上的晶格形式,这类金属在冷却或加热过程中,其晶格形式会发生变化。金属在固态下随温度的改变由一种晶格转变为另一种晶格的现象称作同素异构转变。由同素异构转变得到的不同晶格类型的晶体称作同素异构体。

这种转变在纯金属或合金中均可发生,是金属热力学中的一个重要过程。同素异构体之间通常具有不同的物理和化学性质,如硬度、热导率、电导率等。

2. 影响因素

影响金属同素异构转变的因素有很多,主要有温度、压力、金属的纯度以及合金的成分等。其中,温度是最重要的影响因素,一般情况下,温度的降低会使金属发生同素异构转变。

3. 常见金属

有许多金属可以发生同素异构转变,如铁(Fe)、钴(Co)、钛(Ti)、锡(Sn)、锰(Mn)等。例如,纯铁(Fe)在固态下就有 α-Fe 和 γ-Fe 两种同素异构体,它们的晶体结构分别为体心立方和面心立方。

图 3-1-21 所示为纯铁在结晶时的冷却曲线。液态纯铁在 1 538 ℃ 时开始结晶,形成具有体心立方晶格的 δ-Fe,温度继续降低到 1 394 ℃ 时发生同素异构转变,体形立方晶格的 δ-Fe 转变为面形立方晶格的 γ-Fe,在冷却至 912 ℃ 时又发生一次同素异构转变,面心立方晶格的 γ-Fe 转变为体心立方晶格的 α-Fe。再继续冷却,纯铁的晶格类型不再变化。纯铁的 3 种同素异构转变可表示为

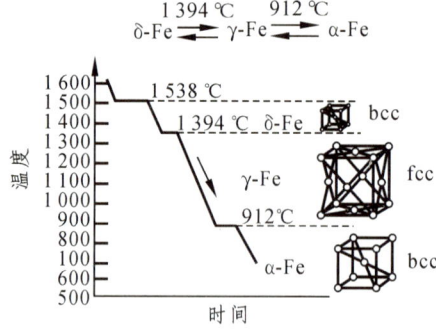

图 3-1-21 纯铁在结晶时的冷却曲线

通过热处理改变组织状态,进而便于加工及去除材料应力,提高材料物理及磁性能。在热处理生产中正是利用铁的这种固态变化,使我们可以完成各种热处理工艺。在锻造生产中,往往将钢加热到较高的温度,使其变为面心立方结构。因这时钢的塑性、韧性较好,硬度低,所以成型比较容易。

同素异构转变往往要产生较大的内应力，这是由于转变时晶体结构发生变化引起体积变化。例如，铁从面心立方转变为体心立方时，体积约膨胀1%。由于这种变化是在温度相对较低的固态下发生，且这种变化在金属的表面和心部存在着不同时性而导致出现内应力。这在一定程度上造成了零件的变形和开裂。

4. 实验研究

实验研究是探索金属同素异构转变的重要手段。通过热力学实验，可以研究转变温度、转变压力等对同素异构转变的影响；通过X射线衍射、中子衍射等实验手段，可以研究晶格结构的变化。此外，理论计算也在预测和解释同素异构转变中起到了重要作用。

5. 工业应用

金属的同素异构转变在工业上有广泛的应用。例如，在钢铁工业中，通过控制轧制和退火工艺，可以制备出具有特定晶格结构的钢材，以满足不同的工程需求。此外，金属的同素异构转变还可以用于金属的强化、金属的纯化以及新材料的开发等领域。

6. 发展前景

随着科技的不断进步，金属的同素异构转变正迎来新的发展机遇。例如，利用金属的同素异构转变，可以开发出具有优异性能的新型金属材料；通过深入研究同素异构转变的机理，可以为金属的加工和制备提供新的理论支持。未来，金属的同素异构转变将在材料科学、物理学和工程学等领域发挥更加重要的作用。

学习模块	金属结晶				
学习任务	金属同素异构转变				
客户委托	金属同素异构转变				
学习时间					
姓名		班级		日期	
成绩		教师签名			

任务测试

一、填空题

1. 影响金属同素异构转变的因素有很多，主要有_____、_____、金属的纯度以及合金的成分等。

2. 同素异构转变往往要产生较大的_____，这是由于转变时晶体结构发生变化引起_____。

二、问答题

1. 什么是同素异构转变？影响金属同素异构转变的因素有哪些？

2. 哪些金属可以发生同素异构转变？

3. 同素异构转变在工业上有哪些应用？

（四）铸锭的结构

1. 铸锭的组织

在铸锭凝固过程中由于表面和中心的冷却条件不同，铸锭的组织不均匀。图 3-1-22 所示为金属铸锭的剖面示意图，其组织由外向内分为 3 个晶区：表层细晶区、柱状晶区和中心等轴晶区。

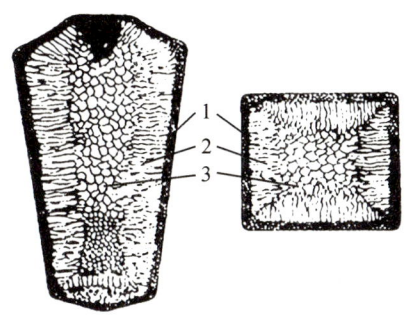

图 3-1-22　金属铸锭的剖面示意图

1）表层细晶区

液体金属浇注到锭模后，由于锭模温度低，传热快，与模壁接触的金属液受到激冷，过冷度大，生成大量的晶核，同时模壁也起到非自发晶核的作用，于是在金属表层形成一层厚度不大、晶粒很细的细晶区。

表层细晶区的晶粒十分细小，组织致密，力学性能好。但该区很薄，故对铸锭的性能影响不大。

2）柱状晶区

在细晶区形成的同时，锭模温度升高，液体金属的冷却速度降低，过冷度减小，形核速度降低，而此时晶核的长大速度受到的影响很小。由于垂直于模壁方向的散热速度最快，那些晶轴垂直于模壁的晶核会沿着与散热方向相反的方向迅速向液体金属中长大，而晶轴与模壁斜交的晶核长大受到限制，结果形成柱状晶区。

柱状晶区的组织比较致密，但晶粒间常存有非金属夹杂物和低熔点杂质而形成脆弱面，在热轧或锻造时易产生开裂。因此对熔点高、杂质多的金属，不希望产生柱状晶区。但对熔点低、不含易熔杂质、塑性较好的有色金属及其合金或承受单向载荷的零件（如汽轮机叶片等），常采用顺序凝固法获得柱状组织。

3）中心等轴晶区

随着柱状晶区的发展，剩余液体金属的冷却速度下降很快，温度差越来越小，散热的方向性不再明显，处于均匀冷却状态。由于液体金属的流动，一些未熔杂质质点和被冲断的柱状晶小分枝运动到铸锭中心，成为结晶核心。这些晶核向各个方向均匀长大，最后形成粗大的等轴晶区。

中心等轴晶区不存在明显的脆弱面，方向不同的晶粒彼此交错、咬合，各个方向上的力学性能均匀，是一般情况下的金属（特别是钢铁铸件）所要求的结构。生产上常采用低温浇注、变质处理、附加振动和搅拌等措施获得等轴晶粒。

2. 铸锭的缺陷

液体金属或合金在凝固过程中经常产生一些铸造缺陷，如缩孔、缩松和气孔。这些缺陷会影响铸件的质量和性能。

1）缩　孔

金属凝固时体积要收缩，如果最后凝固的地方得不到液体补充即形成缩孔。缩孔为集中空洞，且附近杂质较多，在轧制和锻造前需切去，否则会影响产品质量。

2）缩　松

缩松即分散缩孔，是结晶时不能保证液体的补给而在枝晶间和枝晶内形成的细小分散的小空隙。铸件中心的等轴晶区最容易生成缩松。为减少缩松，可提高浇注时的液面，以改善液体的补给条件。

3）气　孔

液体金属中气体的溶解度较大，凝固时会析出气体；铸模表面的锈皮与液体相互作用会产生气体；浇注时液体流动也会卷入一定量气体，这些气体如果在凝固时来不及逸出，就会保留在金属内部形成气孔。如果表面凝固快，气体停留在表面附近，就会形成皮下气孔。在铸锭轧制过程中，气孔大多可以压合，但皮下气孔会造成微细裂纹和表面起皱现象，严重影响金属的质量，所以，在冶炼和浇注过程中，要严格控制产生气体的各种因素。

学习模块	金属结晶				
学习任务	铸锭的结构				
客户委托	铸锭的结构				
学习时间					
姓名		班级		日期	
成绩		教师签名			

任务测试

一、填空题

1. 金属铸锭组织由外向内分为 3 个晶区：_____、_____ 和_____。

2. 铸锭经常会有一些缺陷，如_____、_____ 和_____。

二、问答题

1. 金属铸锭的表层细晶区是怎么形成的？

2. 金属铸锭的中心等轴晶区是怎么形成的？

3. 金属铸锭有哪些缺陷？对铸件的质量和性能有何影响？

(五) 合金的结晶

合金是由两种或两种以上的金属元素或非金属元素组成的具有金属特性的物质。合金的结晶过程和特点与纯金属不同,下面将分别进行介绍。

1. 合金的结晶过程

合金的结晶过程是在一定温度和压力下,原子从无序排列逐渐形成有序排列的过程。这个过程可以分为以下几个阶段:

(1) 形核阶段:在液态合金中,原子随机排列,当温度降低时,原子开始聚集形成核。这个阶段是结晶的开始。

(2) 长大阶段:在形核后,原子在核上排列,形成晶体。随着温度下降,晶体不断长大。

(3) 相变阶段:当晶体长大到一定阶段时,合金中会出现相变,即新旧相交替出现。这个阶段是结晶过程中最困难的阶段。

(4) 晶粒长大阶段:在相变结束后,晶粒开始长大,最终形成均匀的晶粒结构。

2. 合金的结晶特点

合金的结晶特点与纯金属不同,主要包括以下4个方面:

(1) 结晶温度范围:合金的结晶温度范围较宽,不像纯金属那样具有明显的结晶点。

(2) 晶格结构:合金的晶格结构比纯金属复杂,包含多种元素和原子排列方式。

(3) 偏析:合金中常常出现元素偏析现象,即某些元素在晶格中的分布不均匀。

(4) 相变:合金中常常出现相变现象,即不同晶体结构之间的转变。

总之,合金的结晶过程和特点与纯金属不同,具有独特的特征。这些特征对合金的性能和加工工艺具有重要影响,需要在实际应用中加以考虑和掌握。

学习模块	金属结晶				
学习任务	合金结晶				
客户委托	合金结晶				
学习时间					
姓名		班级		日期	
成绩		教师签名			

任务测试

一、问答题

1. 合金的结晶过程分为几个阶段?

2. 与纯金属结晶相比,合金的结晶有哪些特点?

主题	纯金属结晶	任务书编号：3-1-1
说明	在技术信息系统中使用现有的专业文献和信息完成相关工作； 在工作组内准备学习作业； 在工作页中输入信息。	时间：

工作页 纯金属结晶的知识要点

请你回答以下问题：

1. 什么是结晶？什么是过冷度？过冷度受哪些因素影响？

2. 液态金属的结晶是由哪两个基本过程组成的？晶核的形成有哪些方式？晶核长大主要以什么方式长大？

3. 晶粒大小的影响因素是什么？获得细小晶粒的方法有哪些？晶粒大小对力学性能有何影响？请详细说明。

4. 什么是金属的同素异构转变？金属同素异构转变有何应用？请查资料完成。

5. 在铸锭组织中，由外向里可分为哪三个晶区？每层晶区又是怎样形成的？其晶粒大小和力学性能如何？

6. 铸锭有哪些缺陷？如何防止缺陷发生？

7. 合金的结晶有几个阶段完成的？

8. 合金的结晶与纯金属结晶相比有何不同？合金的结晶有何特点？

五、工作过程

(一) 计 划

制定一个详细的学习计划,将学习时间分配到每个主题或章节中。这有助于在学习过程中保持专注,且可以更好地掌握每个主题。请各小组讨论,根据表 3-1-1 学习计划表的格式,制定合理的工作计划,并填入表中。

表 3-1-1 学习计划表

序号	学习步骤	学习内容	学习方法	计划工时	实际工时
1					
2					
3					
完成本次任务的重点、难点、风险点识别		本次任务的重点:金属在结晶中晶粒大小对力学性能的影响及晶粒大小的控制方法; 难点:获取细小晶粒的方法; 风险点:人员安全、仪器安全。			
思政		金属结晶的研究需要不断探索和创新的精神。由于晶体生长受多种因素的影响,很难通过简单的理论预测和控制。研究者需要勇于尝试、不断探索,才能找到最佳的实验条件和参数。这种探索精神的培养,使我们明白,面对未知的领域和复杂的问题时,应该勇敢尝试、不畏艰难,持之以恒直至找到答案。同时,在探索过程中要保持批判性思维和创新精神,不拘泥于传统观念和已有知识,勇于挑战权威和提出新的观点。 合金的结晶过程让我们更深入地理解了事物的本质与现象之间的关系。在合金的结晶过程中,各种现象不断涌现,如温度、压力、结晶形态等。通过深入研究这些现象,可以发现合金结晶的本质,即各种元素之间的相互作用和能量转化。这种透过现象看本质的方法,有助于更深入地认识和理解事物。			
时间:		教师:		学生:	

(二) 决 策

在工作计划中,明确了学习目标,收集必要的信息,筛选出对决策具有重要影响的关键信息。在评估和分析完信息后,下一步是生成一系列的可选方案。这些方案应该能够满足决策的目标,并且基于对信息的评估和分析所得出的结论。在生成可选方案时，可以采用多种方法，如头脑风暴、SWOT 分析、六项思考帽法、思维导图和创新游戏等，以确保获得多样化和创新的方案。

（三）实 施

按照学习计划表制定的要求进行学习并完成学习目标。

（四）检 查

完成金属结晶学习后，请根据本次课程的学习要求进行相应的检查，将检查结果填入表中。

表 3-1-2　金属结晶检查表

编号	任务	分数	比重	评分
1				
2				
3				
总分：				
注：工作页根据学生完成情况打分：全面完成得 91~100 分，基本完成得 81~90 分，部分完成得 60~80 分，未完成得 60 分以下。				

（五）评 估

1. 信息评估

表 3-1-3　信息评估记录表

编号	任务	分数	比重	评分
1				
2				
3				
4				
5				
6				
总分：				
注：工作页根据学生完成情况打分：全面完成得 91~100 分，基本完成得 81~90 分，部分完成得 60~80 分，未完成得 60 分以下。				

2. 学习过程评估

表 3-1-4　学习过程评估记录表

姓　名		学　号		班　级		日　期	

练习（试题）名称	
一、学习过程检查　　　　　　　　　　　　　评分等级为 10—9—7—5—3—0	

序号	检查内容	评 分 项 目	学生自检评分	教师检查评分	对学生自评的评分
1	课前				
2	课中				
3	课后				
	结　果				

注：对学生自评的评分标准为：同教师的评分相差一级得 9 分、二级得 5 分、三级得 0 分

二、笔试检查　　　　　　　　　　　　　　　评分等级为 10—0

序号	笔试的检查	学生自评	教师检查评分	对学生自评的评分
1	完整性			
2	书写规范性			
3	答案准确性			
4	错误改正			
结　果				

总评分

序号	评分组	结果	因子	得分（中间值）	系数	得分
1	计划、实施（对学生自评的评分）					
2	计划、实施（教师检查评分）					
3	笔试检查（对学生自评的评分）					
4	笔试检查（教师检查评分）					
					总分	

实训师签名：＿＿＿＿＿＿＿＿　　　　　　　学生签名：＿＿＿＿＿＿＿＿

六、行动结果

(一) 学习成果

熟悉金属结晶的过程,掌握金属结晶在实际中的应用,学会规划学习步骤。完成笔试测试题。

(二) 成绩评测

"客户订单"的评估基于以下权重:

序号	评估项目	分数	比重	评分
1	信息			
2	工作过程			
总分				

模块四　金属的塑性变形

任务六　金属的塑性变形及应用

一、教学大纲

（一）所属学习模块

学习模块	金属的塑性变形
学习任务	金属的塑性变形
客户委托	金属塑性变形的应用
学习时间	

（二）思维导图

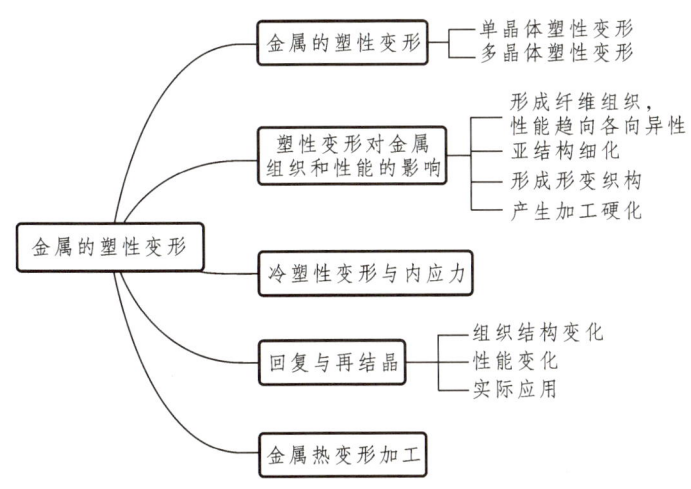

（三）资格培训矩阵

信息	描述		
行动目标	金属的塑性变形		
学习内容	金属的塑性变形		
能力	专业能力： 了解单晶体和多晶体塑性变形的特点； 掌握塑性变形对金属的组织和性能的影响； 掌握金属的回复、再结晶及晶粒长大过程； 了解热变形加工对金属组织和性能的影响； 能利用所学知识科学解决生产、生活中遇到的实际问题	方法能力： 能够查阅资料； 能够分析、解决问题； 自我学习； 能自我评估	社会能力： 团队合作能力； 追求卓越

二、问题或情景说明

某热处理厂的一名师傅在进行大型工件的热处理时，用一根冷拉钢丝绳吊装一大型工件入炉，并随工件一起加热至 1 000 ℃，当出炉后再次吊装工件时，钢丝绳断裂，请分析为什么会出现这种情况？

三、应具备条件

（一）已具备的知识与技能

序号	说明学习所需基本知识点、技能点等
1	金属材料的性能
2	金属结晶
3	金属的结构

（二）专业参考资料

序号	资料来源	说明
1	金属材料及热处理	查询和学习金属材料塑性变形相关知识
2	百度	查询一些新的概念
3	材料学网（微信公众号）	获取材料领域最佳的专业知识
4	材料PLUS（微信公众号）	材料学新发展

四、知识信息

多数金属材料都具有一定的塑性，因此，它们均可在热态和冷态下进行塑性加工（锻压、轧制、挤压、拉拔、冲压等），从而获得具有一定形状、尺寸和力学性能的型材、板材、管材或线材。金属在承受塑性加工时会产生塑性变形，这不仅可使金属获得一定形状和尺寸的零件，还会引起金属内部组织与结构的变化，使金属的组织与性能得到改善。因此，研究金属塑性变形的规律及其对性能的影响，对改进金属材料的加工工艺，提高产品质量和合理使用金属材料都具有重要意义。

金属变形包括弹性变形、弹塑性变形、断裂3个阶段。

1. 弹性变形

应力去掉后，变形完全恢复原状。在弹性变形范围内，其应力与应变之间服从虎克定律。弹性变形的实质是：在应力的作用下，材料内部的原子偏离了平衡位置，但未超过其原子间的结合力。晶格发生了伸长（缩短）或歪扭。原子的相邻关系未发生改变，故外力去除后，原子间结合力便可以使变形完全恢复。

2. 弹塑性变形

应力去掉后，变形不能恢复原状。塑性变形的实质是：在应力的作用下，材料内部原子相邻关系已经发生改变，故外力去除后，原子到了另一平衡位置，物体将留下永久变形。

3. 断　裂

断裂分为韧性断裂和脆性断裂两种。韧性断裂与脆性断裂的区别如下，为什么脆性断裂更加危险？

1）两者的概述不同

（1）韧性断裂的概述：指构件经过大量变形后发生的断裂。

（2）脆性断裂的概述：指构件未经明显的变形而发生的断裂。

2）两者的特征不同

（1）韧性断裂的特征：主要特征是发生了明显的宏观塑性变形（不包括压缩失稳），如杆件的过量伸长或弯曲、容器的过量鼓胀。

（2）脆性断裂的特征：断裂时材料几乎没有发生过塑性变形。如杆件脆断时没有明显的伸长或弯曲，更无缩颈，容器破裂时没有直径的增大及壁厚的减薄。脆断的构件常形成碎片。

3）两者的断口不同

（1）断口的尺寸（如直径、厚度）比原始尺寸有明显变化。韧性断裂的断口呈暗灰色、纤维状，一般能找见纤维区和剪切唇区。断口尺度较大时还出现放射形及人字形山脊状花纹。形成纤维区断口的断裂机制一般是"微孔聚合"，在电子显微镜中呈韧窝状花样，如图4-1-1（a）所示。韧性断裂一般由超载引起，而材料的塑性与韧性又很优良。纤维区一般是断裂源区。剪切唇总是在断口的边缘，并与构件的表面约成45°

夹角,是在平面应力受力条件下发生剪切撕裂而形成的断口,剪切唇表面较光滑,断裂时的名义应力高于材料的屈服强度。断口微观形貌通常有韧窝,韧窝是材料在微区范围内塑性变形产生的显微空洞,经形核、长大、聚集,最后相互连接而导致断裂后在断口表面所留下的痕迹。沿晶界韧性断裂——晶界弱化,出现韧窝。材料塑性的好坏,可以从韧窝的大小和形状来进行简单判断:又大又深的韧窝通常出现在塑性好的材料断口,而细密的韧窝通常出现在塑性稍差的材料断口上。但是这并不绝对,因为影响断口形态的因素很多,比如温度、加载速率等,这些因素往往并不容易进行估计。韧窝的形状也会随受力状态变化而发生改变。比如,正应力拉断时韧窝更接近圆形,而存在剪切应力时韧窝会被拉长甚至呈现抛物线形;根据断口上韧窝的形状可以估计微区受力的状态,抛物线弯曲的方向往往代表断面一侧基体受到切应力的方向。如果断口上少量区域出现韧窝,并不代表材料一定发生韧性断裂,因为在很多脆性断裂的情况下也会在微区出现塑性变形形成韧窝,所以只有大量区域出现的韧窝才能最终判断为韧性断裂。

(2)脆性断裂的断口:断口与主应力垂直,即与构件表面垂直,断口平齐,如图4-1-1(b)所示。解理断裂断口的轮廓垂直于最大拉应力方向。新鲜的断口都是晶粒状的,有许多强烈反光的小平面(称作解理刻面)。解理断口电子图像的主要特征是"河流花样",河流花样中的每条支流都对应着一个不同高度的相互平行的解理面之间的台阶。在解理裂纹扩展过程中,众多的台阶相互汇合,便形成了河流花样。在河流的"上游",许多较小的台阶汇合成较大的台阶,到"下游",较大的台阶又汇合成更大的台阶。河流的流向恰好与裂纹扩展方向一致。所以人们可以根据河流花样的流向,判断解理裂纹在微观区域内的扩展方向。

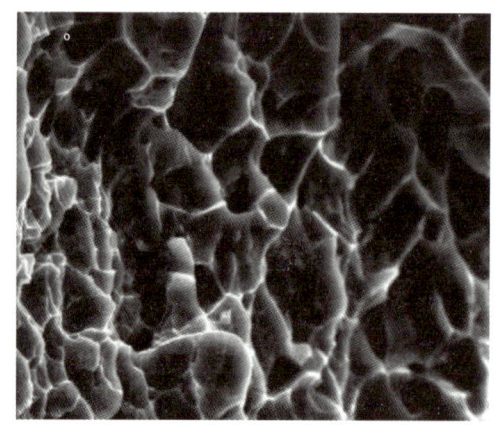 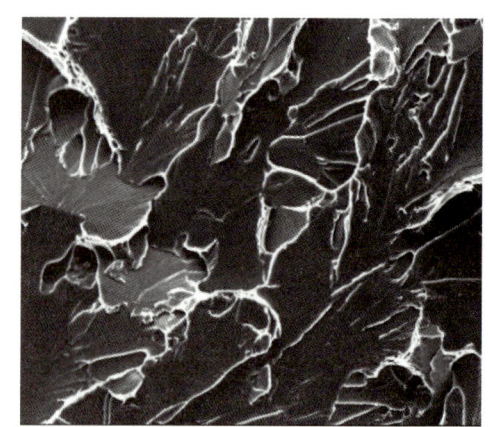

(a)韧性断口　　　　　　　　　(b)脆性解理断口

图 4-1-1　断口特征

导致金属零件发生脆性的解理断裂的原因有材料性质、应力状态及环境因素等。

(1)从材料方面考虑,一般只有冷脆金属才能发生解理断裂。面心立方金属为非冷脆金属一般不会发生解理断裂。

(2)构件的工作温度较低,即处在脆性转折温度以下。

（3）只有在平面状态（即三向拉应力状态）下才能发生解理断裂，或者说构件的几何尺寸属于厚板情况。

（4）晶粒尺寸粗大。

（5）宏观裂纹存在。

因为发生脆性断裂的材质在断裂前基本不会发生变形，也就是说发生断裂前没有任何的征兆，相比韧性断裂而言，脆性断裂会造成更大的损失。

（一）金属的塑性变形

1. 单晶体的塑性变形

单晶体塑性变形的基本方式有滑移和孪生两种。其中，滑移是最基本、最重要的变形方式。

1）滑 移

滑移是指在切应力作用下，晶体的一部分沿一定晶面（滑移面）的一定方向（滑移方向）相对于另一部分发生滑动的过程，如图4-1-2所示。滑移主要发生在原子排列最紧密或较紧密的晶面上，并沿着这些晶面上原子排列最紧密的方向进行，因为只有在最密排晶面之间的面间距及最密排晶向之间的原子间距才最大，原子结合力也最弱，所以在最小的切应力下便能引起它们之间的相对滑移。发生滑移的面称为滑移面，发生滑移的方向称为滑移方向。晶体中每个滑移面和该滑移面上的一个滑移方向组成一个滑移系。一般情况下，晶体中滑移系越多，其塑性就越好。

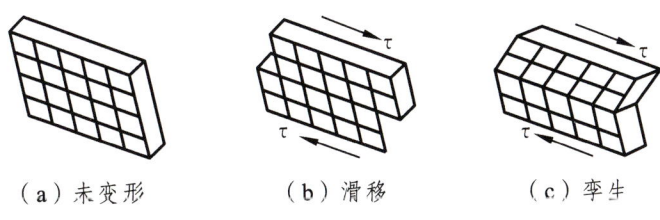

（a）未变形　　　（b）滑移　　　（c）孪生

图4-1-2　金属塑性变形示意图

具有体心立方和面心立方晶格的金属，如铝、铁、铜等，在通常情况下均按滑移方式变形，它们的塑性比密排六方晶格的金属好得多，这是由于前者的滑移系多，金属发生滑移的可能性大导致的。体心立方和面心立方都有12个滑移系，而密排六方晶格仅有3个滑移系，见表4-1-1。

滑移有如下特点：

（1）滑移是在切应力的作用下进行的。单晶体受拉伸时，外力 F 作用在滑移面上的应力可分解为正应力 σ 和切应力 τ，如图4-1-3所示。正应力只使晶体产生弹性伸长，并在超过原子间结合力时将晶体拉断。切应力则使晶体产生弹性歪扭，并在超过滑移抗力时引起滑移面两侧的部分发生相对滑移。试验表明，要使单晶体发生滑移，作用于滑移面上的切应力在滑移方向上的分量必须达到某临界值，这个临界值称作临界切应力。

表 4-1-1　三种常见金属晶格的滑移系

晶格	体心立方晶格	面心立方晶格	密排六方晶格
简图			
滑移面	{110}6个	{111}4个	{0001}1个
滑移方向	<111>2个	<110>3个	<11$\bar{2}$0>3个
滑移系	6×2=12	4×3=12	1×3=3

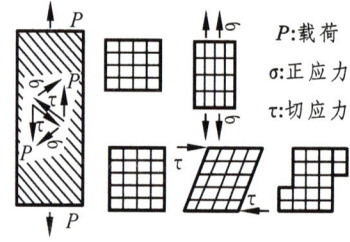

图 4-1-3　滑移时所受应力示意图

（2）晶体的滑移是通过位错运动来实现的，如图 4-1-4 所示。从图中可以看出，晶体在滑移时并不是滑移面上的全部原子同时移动，而是只有位错线中心附近的少数原子移动很小的距离（小于一个原子间距），这样所需的应力要比晶体作整体刚性滑移时低得多。

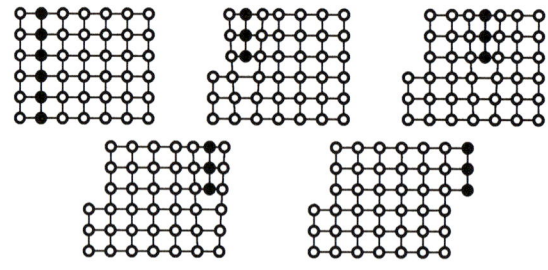

图 4-1-4　位错移动实现滑移

（3）由于位错每移出晶体一次即造成一个原子间距的变形量，因此，晶体发生的总变形量一定是这个方向上原子间距的整数倍。

（4）滑移的结果产生滑移带。滑移必然在晶体表面形成一系列微小台阶，在光学显微镜下，这些台阶表现为由很多相互平行的滑移线组成的滑移带。

（5）滑移总是沿晶体中原子排列最密的晶面和该晶面上原子排列最密的晶向进行

的。这是因为最密排面的面间距和最密排方向间的原子间距最大,结合力最弱,故在较小切应力作用下便能引起相对滑移。

(6)滑移时晶体伴随有转动,如图 4-1-5 所示。在拉伸时,单晶体发生滑移,外力将发生错动,产生一力偶,迫使滑移面向拉伸轴平行方向转动。转动的结果是,滑移面趋向于与拉伸轴平行,而使试样两端的拉力重新作用在同一条直线上。

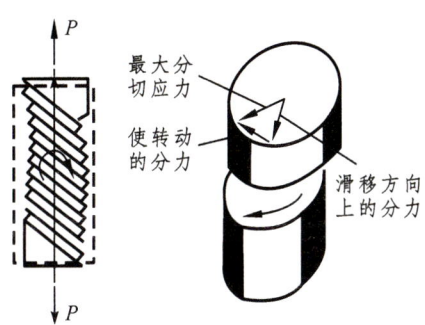

图 4-1-5　滑移面的转动

2)孪　生

孪生是指在切应力作用下,晶体的一部分相对于另一部分沿一定晶面(孪生面)和晶向(孪生方向)发生切变并形成晶体取向的镜面对称关系,如图 4-1-6 所示。发生切变而位向改变的部分称作孪晶。孪生的结果使孪生面两侧的晶体形成了镜面对称关系。孪晶带中的晶格位向发生了变化,孪晶带两边晶体的位向没有变化。

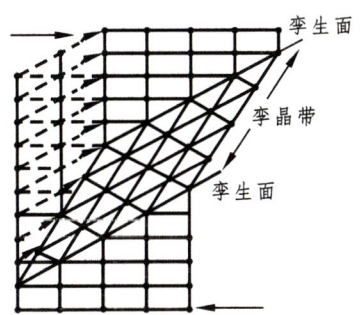

图 4-1-6　孪生示意图

相对滑移,孪生需要更大的切应力,对塑性变形的贡献较小,但孪生能够改变晶体位向,使滑移系转动到有利的位置,可以使受阻的滑移通过孪生调整取向而继续变形。滑移和孪生的异同见表 4-1-2。

表 4-1-2　滑移、孪生的异同

异同		滑移	孪生
相同点		均匀切变;沿一定的晶面、晶向进行;不改变结构	
不同点	晶体位向	不改变(对抛光面观察无重现性)	改变,形成镜面对称关系(对抛光面观察有重现性)
	位移量	滑移方向上原子间距的整数倍,较大	小于孪生方向上的原子间距,较小

续表

异同		滑移	孪生
不同点	对塑性变形的贡献	很大，总变形量大	有限，总变形量小
	变形应力	有一定的临界分切压力	所需临界分切应力远高于滑移
	变形条件	一般先发生滑移	滑移困难时发生
	变形机制	全位错运动的结果	分位错运动的结果

2. 多晶体塑性变形

生产中实际锻造的金属材料都是由大量晶粒组成的多晶体。多晶体的塑性变形就每个晶粒内部的变形而言，与单晶体的变形情形相似。但是，由于多晶体中每个晶粒的晶格排列位向不同，各晶粒之间交界处原子排列极不规则，晶粒变形既有晶内变形也有晶间变形，因此多晶体的塑性变形比单晶体的塑性变形复杂得多。

当滑移发展到晶粒边界时，由于晶界附近原子排列比较紊乱，且有杂质集中，必然受到阻碍。因此多晶体的塑性变形抗力比同种金属的单晶体高得多。相邻晶粒的位向差越大及晶界相对于晶粒体积所占的比例越大，则对滑移产生的阻力越大。这也是细晶粒的多晶体比粗晶粒强度高的原因之一。由于塑性变形时总的变形量是各晶粒滑移效果的总和，晶粒越细，单位体积内有利于滑移的晶粒数目则越多，变形可分散在越多的晶粒内进行，金属的塑性、韧性则越高。因此细晶粒的金属不仅强度较高，其塑性和韧性也优于粗晶粒金属。

晶界在多晶体塑性变形中的作用主要体现在以下几点：

（1）协调作用：由于协调变形的要求，在晶界处变形必须连续，否则在晶界处就会裂开。

（2）障碍作用：在温或室温下，晶界强度大于晶粒强度，因此滑移主要是在晶粒内进行。同时，由于晶界内有大量缺陷的应力场，使晶粒内部滑移更加困难。

（3）促进作用：在高温下变形时，由于晶界强度比晶粒弱，因此，相邻两晶粒还会沿着晶界发生滑动，但变形量往往小于滑移和孪生的变形量。

（4）起裂作用：由于晶界阻碍滑移，因此晶界处往往应力集中，但由于杂质和脆性影响，第二相往往优先分布于晶界，使晶界变脆。此外，由于晶界处缺陷多，原子处于能量较高的状态，所以晶界往往优先被腐蚀。这些都导致晶界强度变弱，在变形中发生断裂。

在低温或室温下，晶界强度大于晶粒强度；在高温下，晶界强度小于晶粒强度。因此，存在一个晶界、晶粒强度相等的温度，称作等强温度。通过对 α-Fe 在室温和高温下拉伸的实验得到：在低温下，晶界强度较大，而晶粒强度较小；在高温下，晶界强度较小，而晶粒强度较大。

学习模块	金属的塑性变形				
学习任务	金属的塑性变形				
客户委托	金属的塑性变形				
学习时间					
姓名		班级		日期	
成绩		教师签名			

任务测试

一、填空题

1. 金属变形的 3 个阶段是_____、_____和_____等。

2. 断裂有_____和_____两种。

3. 单晶体塑性变形的基本方式有_____和_____两种。

二、问答题

1. 韧性断裂与脆性断裂的有什么区别？为什么脆性断裂更加危险？

2. 什么是滑移，滑移有哪些特点？

3. 什么是孪生，与滑移相比有什么异同？请列表说明。

（二）塑性变形对金属组织和性能的影响

1. 形成纤维组织，性能趋向各向异性

金属产生塑性变形时，随着金属外形被拉长（或压扁），其晶粒也相应地被拉长（或压扁）。但变形量很大时，晶粒将会被拉长成为细条状或纤维状，这种组织称作纤维组织，如图 4-1-7 所示。形成纤维组织后，金属的性能具有明显的方向性，呈一定程度的各向异性，纵向的强度和塑性远大于横向。

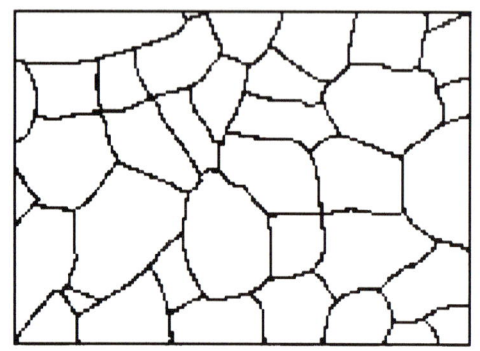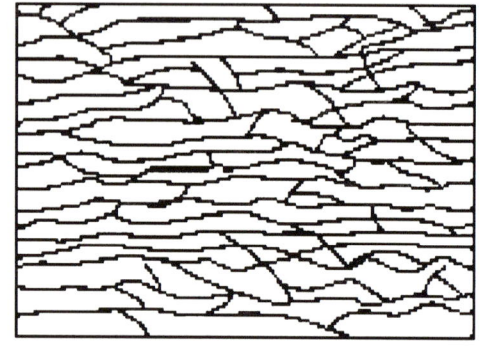

图 4-1-7　变形前后晶粒形状变化示意图

2. 亚结构细化

随着变形量的增加，原来晶粒被破碎，形成许多位向略有不同的小晶块（约 $10^{-3} \sim 10^{-6}$cm），每一小晶块称作亚晶粒，这种组织称作亚结构，如图 4-1-8 所示。在亚晶粒边界上聚集着较多位错，随着塑性变形程度增大，亚晶粒将进一步细化产生位错增殖（位错密度增大），从而出现严重的晶格畸变。但是亚晶粒内部的晶格则比较完整。亚结构的出现和细化，对滑移变形过程有巨大阻碍作用，显著地提高了晶体的变化抗力，对同一强化金属材料起着非常重要的作用。

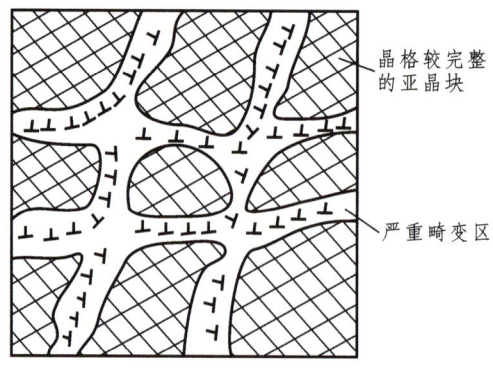

图 4-1-8　金属冷塑性变形后亚结构的示意图

金属的塑性变形是以位错的不断增殖和运动来实现的，因此塑性变形后，位错数量迅速增加，位错密度可增加几个数量级，可从变形前经退火的 $10^6 \sim 10^{10}$ cm^{-2} 增至 $10^{11} \sim 10^{12}$ cm^{-2}。此外，变形使金属中的空位密度也显著增加。研究表明，经塑性变形

后，多数金属晶体中的位错分布不均匀。形变量较少时，形成位错缠结结构；当形变量继续增加时，大量位错发生聚集，形成胞状亚结构，相邻胞间取向一般不超过2°，位错主要集中在胞壁中，胞内仅有稀疏的位错网络，胞内位错密度约为胞壁的1/4；变形量越大，则胞块的数量越多，尺寸减小，胞块间的取向差也逐渐增大；变形量继续增大（如强烈冷变形或拉丝），则会构成大量排列紧密的细长条状形变胞，如图4-1-9所示。

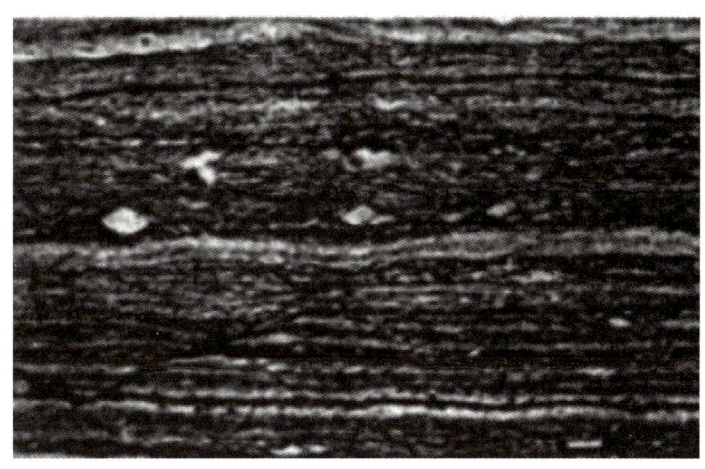

图 4-1-9　经 95%变形后黄铜（Cu～30%Zn）的组织

亚结构是在塑性变形过程中形成的。在切应力的作用下，位错源所产生的大量位错沿滑移面移动时，会遇到各种阻碍位错运动的障碍物，如晶界、第二相颗粒以及多滑移时形成的割阶，这些障碍物会导致位错的缠结和堆集，进而形成亚结构胞壁。一般来说，高层错能晶体更易形成胞状亚结构。这是由于对层错能高的金属而言，变形过程中位错不易分解，遇到障碍时通过滑移继续移动，直至与其他位错相遇缠结。层错能较低的金属由于其位错易于分解，因此通常只形成分布较均匀的复杂位错结构。

3. 形成形变织构

多晶体材料在变形过程中，不同位向的晶粒随着变形程度的增加，在进行滑移的同时其滑移系都要向主形变方向转动，滑移层逐渐与拉力轴平行。在经历了较大的变形（70%以上）后，各个晶粒的位向都逐渐与拉力轴的方向趋于一致，此过程称作择优取向。也就是说，原来是任意取向各个晶粒在空间取向上呈现一定程度的规律性，这就形成了晶粒的择优取向，这种晶粒择优取向排列的组织状态称作形变织构。

形变织构是多晶体材料由于形变而形成的各晶粒具有择优取向的组织。拔丝时形成的织构称作丝织构，轧板时形成的织构称作板织构，如图4-1-10所示。

虽然单晶体是各向异性的，但杂乱取向的多晶体材料是各向同性的，而织构却使多晶体的各向同性遭到破坏，表现出各向异性。具有织构的金属板，如果用于冷冲圆杯，则冷冲过程中会出现"制耳"，为了消除这种不均匀变形，就需要增加工序，且多消耗材料，甚至会产生废品。因此在这种情况下就要求避免织构。与此相反，织构却可以提高冷轧硅钢片的导磁性，在生产上需要加以利用。因此从理论上解决如何获得和防止织构乃是生产的需要。织构可以分为丝织构和板织构两类。丝织构：各晶粒只有某一晶向趋于排列一致。板织构：各晶粒有某一晶面趋于相互平行，且在此晶面上的某一晶向也趋于一致。金属不同织构的形成与加工方法有关，如拔丝、挤压等一般容易形成丝织构，而轧制得到的一般是板织构。形成织构时的取向关系与金属晶体结构有关。

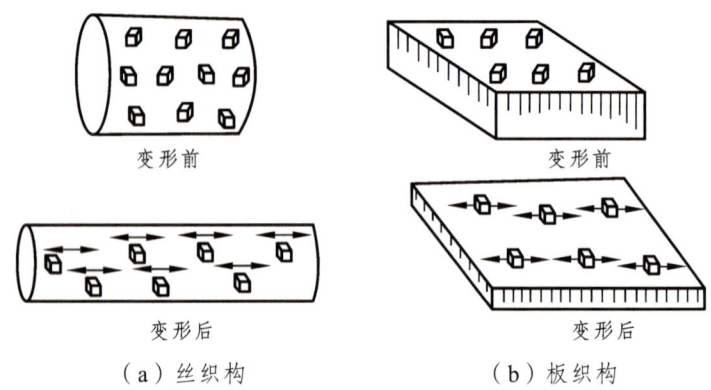

（a）丝织构　　　　　　　　（b）板织构

图 4-1-10　形变织构形成过程示意图

4. 产生加工硬化

金属材料在再结晶温度以下，经塑性变形后，金属内部的位错数目将随变形量的增大而增加，位错的交互作用使位错运动变得困难，从而使金属的塑性变形抗力增大，强度和硬度显著提高。随着变形程度的增加，金属强度和硬度升高，塑性和韧性下降的现象称作变形强化或加工硬化。产生原因是金属在塑性变形时，晶粒发生滑移，出现位错的缠结，使晶粒拉长、破碎和纤维化，金属内部产生了残余应力等。加工硬化给金属件的进一步加工带来困难，如在冷轧钢板的过程中会越轧越硬以致轧不动，因此需在加工过程中安排中间退火，通过加热消除其加工硬化。又如在切削加工中使工件表层脆而硬，从而加速刀具磨损、增大切削力等。但它可提高金属的强度、硬度和耐磨性，特别是对于那些不能以热处理方法提高强度的纯金属和某些合金尤为重要。如冷拉高强度钢丝和冷卷弹簧等，就是利用冷加工变形来提高其强度和弹性极限。又如坦克和拖拉机的履带、破碎机的颚板以及铁路的道岔等也是利用加工硬化来提高其硬度和耐磨性的。

加工硬化在生产中具有很重要的实际意义。

（1）在加工过程中可利用加工硬化强化金属，经过冷拉、滚压和喷丸（见表面强化）等工艺，能显著提高金属材料的强度、硬度和耐磨性。

（2）加工硬化可提高零件在使用过程中的安全性。零件受力后，局部应力常超过材料的屈服极限，引起塑性变形，由于加工硬化限制了塑性变形的继续发展，可提高零件和构件的安全度。

（3）加工硬化有利于金属进行均匀变形。金属零件或构件在冲压时，其塑性变形处伴随着强化，使变形转移到其周围未加工硬化部分。经过这样反复交替作用，从而使金属变形趋于均匀。

（4）加工硬化可以改善金属的切削性能，使切屑易于分离。但加工硬化也给金属件进一步加工带来困难。如在切削加工中为使工件表层脆而硬，在切削时增加切削力，加速刀具磨损等。又如冷拉钢丝，由于加工硬化使进一步拉拔耗能大，甚至被拉断，因此必须经中间退火，消除加工硬化后再拉拔。

（三）冷塑性变形与内应力

实验证明，施加外力使金属变形所消耗的机械功，大部分以热能形式散失，只有约 10% 以位能形式存于金属内部，其表现为大量金属原子偏离原来的平衡位置而处于不稳定状态。因此，在金属内各部分之间就有力的作用，以恢复到原来的稳定状态。这种在外力作用下消除后仍保留在金属内部的应力，称作残余应力或形变内应力，简称内应力。按内应力作用范围可分为宏观内应力、晶间内应力和晶格畸变内应力 3 类。

1. 第 1 类内应力（称宏观残余应力）

它是由工件不同部分的宏观变形不均匀性引起的，故其应力平衡范围包括整个工件。例如，将金属棒施以弯曲载荷，则上边受拉而伸长，下边受到压缩；变形超过弹性极限产生了塑性变形时，则外力去除后被伸长的一边就存在压应力，短边为张应力。这类残余应力所对应的畸变能不大，仅占总储能的 0.1% 左右。

2. 第 2 类内应力（称微观残余应力）

它是由晶粒或亚晶粒之间的变形不均匀引起的。其作用范围与晶粒尺寸相当，即在晶粒或亚晶粒之间保持平衡。这种内应力有时可达到很大的数值，甚至可能造成显微裂纹并导致工件破坏。

3. 第 3 类内应力（又称点阵畸变）

其作用范围是几十至几百纳米，它是由于工件在塑性变形中形成的大量点阵缺陷（如空位、间隙原子、位错等）引起的。变形金属中储存能的绝大部分（80%~90%）用于形成点阵畸变。这部分能量提高了变形晶体的能量，使之处于热力学不稳定状态，故它有 种使变形金属重新恢复到自由焓最低的稳定结构状态的自发趋势，并导致塑性变形金属在加热时的回复及再结晶过程。

形变内应力有时是有害的，它会使工件变形、开裂、抗蚀性降低、抗负荷能力降低，对工件的加工精度和形状稳定性都有较大影响。在零件加工过程中或加工后，内应力会使零件产生翘起变形，从而影响零件的加工精度。但如果控制得当，比如使内外应力叠加后相互抵消，可提高工件的抗负荷能力。例如钢板弹簧经喷丸处理后，在表面层造成压应力，提高了钢板弹簧的疲劳强度。

为了消除内应力，可以采取以下措施：

（1）自然松弛：将受到内应力作用的物体放置一段时间，使其自然松弛。这种方法适用于消除由于尺寸或形状改变而产生的内应力。

（2）加温松弛：通过加温的方法使物体的温度升高，从而加速内应力的消除。这种方法适用于金属工件，消除由于加工过程中冷却产生的内应力。

（3）机械强化：通过敲打振动等外加负荷的方式进行消除，使物体产生反作用力，从而抵消内应力。这种方法适用于消除由于形状改变产生的内应力。

学习模块	金属的塑性变形				
学习任务	塑性变形对金属组织和性能的影响				
客户委托	塑性变形对金属组织和性能的影响				
学习时间					
姓名		班级		日期	
成绩		教师签名			

任务测试

一、简答题

1. 塑性变形对金属组织有何影响？

2. 塑性变形对金属的性能有何影响？

3. 什么是加工硬化，加工硬化在生产中具有哪些实际意义？

4. 按内应力作用范围分，内应力可以分为哪几类？采取哪些措施可以消除内应力？

（四）回复与再结晶

1. 金属变形的 3 个阶段

经过冷塑性变形的金属，由于晶粒被拉长、压扁或破碎、亚晶粒细化、位错密度增加，使晶格严重畸变，晶格内储存着较高能量，其组织处于不稳定状态。为了使其组织结构趋于稳定状态，恢复或改善其物理、化学、力学性能，可以对金属进行加热。随着加热温度的升高，原子的扩散能力提高，组织、性能会发生一系列变化。这一变化过程随加热温度的升高可表现为回复、再结晶和晶粒长大 3 个阶段，如图 4-1-11 所示。

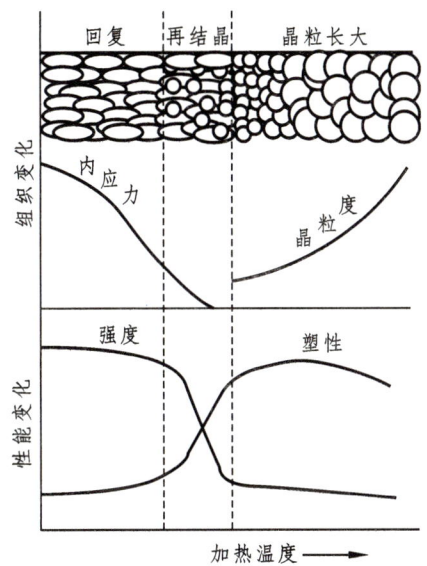

图 4-1-11 变形金属的回复、再结晶和晶粒长大

1）回　复

加热温度较低时，原子扩散能力不大，只有晶粒内部位错、空位、间隙原子等缺陷通过移动、复合消失而减少，晶粒仍保持变形后的形态，变形金属的显微组织不发生明显变化。此时，材料的强度和硬度只略有下降，塑性略有提高，而残余应力则大大降低，此阶段称作回复。

使金属产生回复的温度称作回复温度，用 $T_回$ 表示，对于纯金属

$$T_回 \approx (0.25 \sim 0.3) T_熔 \tag{4-1}$$

式中　$T_熔$——纯金属的熔点，K（热力学温度）。

注：热力学温标和摄氏温标是两种不同的温度计量标准。热力学温标以绝对零度为零点，单位为开尔文（K），而摄氏温标以水的冰点和沸点为 0 ℃和 100 ℃，单位为摄氏度（℃）。下面是两种温标之间的换算关系：热力学温标（K）和摄氏温标（℃）之间的换算公式为：$T(K) = t(℃) + 273.15$，其中 T 为热力学温标，t 为摄氏温标。

2）再结晶

加热温度较高时，由于原子活动能力增大，金属的显微组织发生明显的变化，破碎的、被拉长或压扁的晶粒变为均匀、细小的等轴晶粒，这一变化过程也是通过形核

和晶核长大方式进行的,故称作再结晶。但再结晶后晶粒的晶格类型没有改变,所以再结晶不是相变过程。经再结晶后,金属的强度和硬度显著降低,塑性和韧性大大提高,加工硬化现象被消除,内应力全部消失,各项性能都已恢复到变形前的状态。

再结晶是在一定温度范围内进行的,不是一个恒温过程。通常所说的再结晶温度 $T_再$ 是指发生再结晶的最低温度。它与金属的熔点 $T_熔$、成分及变形程度等因素有关。对于纯金属

$$T_再 \approx 0.4 T_熔 \tag{4-2}$$

式中　$T_再$、$T_熔$ 是热力学温度,K。

金属熔点越高,$T_再$ 也越高。例如:$T_再 \approx (T_熔+273.15) \times 0.4-273.15$,如 Fe 的 $T_再 \approx (1\,538+273.15) \times 0.4-273.15 \approx 451\,°C$。

再结晶后的晶粒大小对金属的力学性能有很大影响,因此,生产上非常重视控制再结晶后的晶粒度。影响再结晶后晶粒度的主要因素有加热温度、保温时间及预先变形度。

(1) 加热温度和保温时间。加热温度越高,原子的活动能力越强,晶界越易迁移,晶粒长大越快。当加热温度一定时,保温时间越长,晶粒越粗大。

(2) 预先变形度。金属再结晶前塑性变形的相对变形量称作预先变形度,如图 4-1-12 所示。预先变形度很小时,不足以引起再结晶,晶粒不变化。当预先变形度达到 2%~10%时,再结晶的晶粒度特别粗大。再结晶时使晶粒发生异常长大的预先变形度称作临界变形度。超过临界变形度后,随着变形量的增大,再结晶后的晶粒越来越细小。但当变形度过大(>90%)时,晶粒可能再次出现异常长大,这是由形变织构造成的。

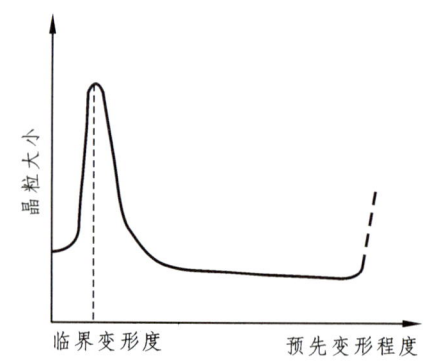

图 4-1-12　预先变形度与再结晶晶粒大小的关系

3) 晶粒长大

再结晶完成后会获得均匀、细小的等轴晶粒。若温度继续升高或延长保温时间,晶粒会继续长大。晶粒的长大可以减少金属晶界的总面积,使金属能量进一步降低,是一种自发过程。晶粒的长大主要是通过大晶粒吞并小晶粒、晶界迁移来实现的,如图 4-1-13 所示。晶粒长大会使金属的强度、硬度、塑性和韧性等力学性能都显著降低,所以,应当尽量避免晶粒长大。生产中常采用再结晶退火工艺来恢复金属的塑性变形能力。在实际生产中,为了缩短生产周期,通常再结晶退火温度比再结晶温度高 100~200 °C。

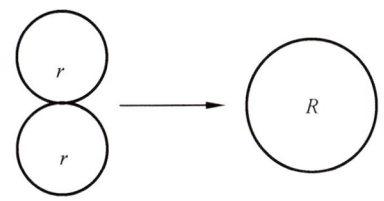

图 4-1-13　晶粒长大示意图

回复、再结晶和晶粒长大过程对金属的组织和性能的影响如下：

2. 组织结构变化

（1）回复阶段：显微组织仍为纤维状，无可见变化；但在高倍显微镜下观察到胞状位错缠结形成的亚晶；

（2）再结晶阶段：变形晶粒通过形核长大，逐渐转变为新的无畸变的等轴晶粒；

（3）晶粒长大阶段：再结晶完成后，晶界移动，晶粒粗化，达到相对稳定的形状和尺寸。

3. 性能变化

（1）回复阶段：强度、硬度略有下降，塑性略有提高；密度变化不大，电阻明显下降；宏观残余内应力完全消除，有微观残余内应力部分残存；

（2）再结晶阶段：强度、硬度明显下降，塑性明显提高，密度急剧升高；

（3）晶粒长大阶段：强度、硬度继续下降，塑性继续提高，晶粒粗化严重时下降。

4. 实际应用

1）回复（去应力退火）在实际生产中的应用

（1）消除内应力。在工业生产中，许多金属材料需要进行消除内应力的退火处理，以提高其抗腐蚀性和机械性能。通过回复，可以有效地消除内应力，提高金属的抗腐蚀性。

（2）调整金属材料的物理和化学性能。通过回复，可以改变金属材料的物理和化学性能，如电导率、磁导率、热导率等。这对于制造具有特定性能的金属材料非常重要。

（3）制造特定织构的材料。一些金属材料需要具有特定的织构才能表现出优异的性能，如软磁合金。通过回复，可以获得有利的再结晶织构，从而提高其磁导率等性能。

2）再结晶在实际生产中的应用

（1）通过热处理细化晶粒，如钢铁材料可通过控制奥氏体化温度，利用相变重结晶达到晶粒细化的目的，钛合金通过类似的热处理也可实现组织细化。

（2）通过高温条件塑性变形诱导再结晶实现晶粒细化，如轧制、挤压、锻造均可用于加工铝、镁合金，利用再结晶实现晶粒细化。

（3）材料加工：再结晶过程常用于材料加工，例如钢铁、铝、铜等金属的退火处理。这些过程可以提高材料的性能，如硬度、韧性或延展性，使其适应各种不同的应用。

（4）电池科技：在电池科技中，利用再结晶技术可以制造高性能的电极材料。这些电极材料可以大大提高电池的储能密度和循环寿命。

（5）环境治理：再结晶技术也可以用于处理环境问题，例如重金属的去除和有毒废水的处理。通过特定的再结晶过程，可以有效地将有毒物质转化为无害或低毒性的物质，从而实现环境的净化。

（6）电子行业：在电子行业中，许多高科技产品（如集成电路、电子器件等）都需要用到再结晶技术。通过精密控制再结晶过程，可以制造出具有超高性能的电子材料和器件。

总的来说，再结晶技术在许多领域都有广泛的应用，它为生活和工业生产带来了许多便利和进步。

3）晶粒长大在实际生产中的应用

晶粒长大是材料科学中的一个重要概念，其应用广泛。在工业制造中，控制晶粒长大对提高材料的机械性能和物理性能具有重要意义。

（1）在钢铁制造中，通过控制晶粒大小可以提高钢材的强度和韧性，从而提高产品的质量和寿命。

（2）在陶瓷材料中，晶粒长大可以提高材料的硬度和耐热性，使其更适合用于高温和耐磨的场合。

（3）在光学材料中，晶粒长大可以改变材料的光学性能，使其更适合用于制造特定的光学器件。

总之，晶粒长大是材料科学中的一个重要概念，其应用广泛，对提高材料的性能和产品品质具有重要意义。随着科技的不断进步，晶粒长大的应用前景将更加广阔。

学习模块	金属的塑性变形				
学习任务	金属的再结晶				
客户委托	金属的再结晶				
学习时间					
姓名		班级		日期	
成绩		教师签名			

任务测试

一、问答题

1. 经过冷塑性变形的金属，对其进行加热，随着温度的升高可发生哪几个阶段的变化？

2. 什么是回复，回复在实际生产中有哪些应用？

3. 什么是再结晶，再结晶温度如何计算？请以金属铅（熔点为 327°C）为例进行计算铅的再结晶温度。

4. 某热处理厂的一名师傅在进行大型工件的热处理时，用一根冷拉钢丝绳吊装一大型工件入炉，并随工件一起加热至 1 000 °C，当出炉后再次吊装工件时，钢丝绳断裂，请分析为什么会出现这种情况？

(五)金属的热变形加工

热变形加工和冷变形加工是根据再结晶温度划分的。在再结晶温度以上进行的变形加工称作热变形加工;在再结晶温度以下进行的变形加工称作冷变形加工。例如,钨的最低再结晶温度约为 1 200 ℃,即使在稍低于 1 200 ℃ 的高温下进行变形加工仍属于冷变形加工;铅的最低再结晶温度在 0 ℃ 以下,因此,它在室温下的变形加工属于热变形加工。

在再结晶温度以上变形时,塑性变形造成的冷变形强化随即被再结晶过程的软化作用所消除,使材料保持良好的塑性状态。在实际的热变形加工(热轧、热锻)中,由于变形速度较快,软化过程来不及消除变形强化的影响,因此需要提高加热温度加速再结晶过程,故生产中的实际热加工温度常常比再结晶温度高得多。

热变形加工对金属组织和性能的影响主要包括以下 3 个方面。

(1)热变形加工后,铸态金属中的非金属夹杂物沿变形方向拉长,顺着金属主要伸长方向呈碎粒状或链状分布;塑性杂质顺着金属主要伸长方向呈带状分布,形成彼此平行的宏观条纹(又称作流线),由这种流线体现的组织称作纤维组织。它使金属的力学性能出现明显的各向异性,沿流线方向的强度、塑性和韧性显著高于垂直于流线方向上的相应性能。在制定加工工艺时,应使流线分布合理,尽量与拉应力方向一致。如图 4-1-14(a)所示,锻造曲轴有合理的流线分布,在工作中承受的最大拉应力与流线平行,切应力与流线垂直,所以不易断裂,而图 4-1-14(b)所示的切削加工曲轴,其流线分布不合理,沿轴肩易发生断裂。

(2)热变形加工能打碎铸态金属中的粗大组织,同时再结晶过程能使晶粒细化,提高其力学性能。

(3)热变形加工能使铸态金属中的气孔、疏松、微裂纹压合,提高金属的致密度,减轻甚至消除树枝晶偏析,改善夹杂物、第二相的分布,明显提高金属的强度、塑性和韧性。

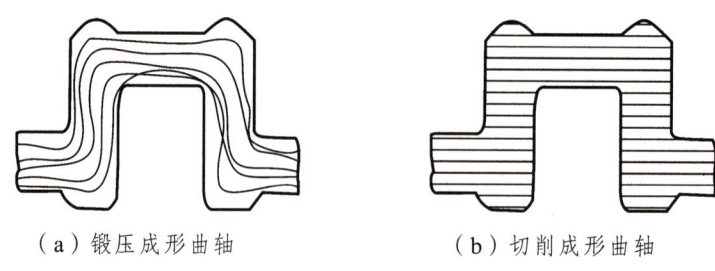

(a)锻压成形曲轴　　　　(b)切削成形曲轴

图 4-1-14　曲轴流线分布

由于热变形加工可使铸态金属的组织和性能得到明显改善,因此,受力复杂、载荷较大的重要工件一般都采用热变形加工方法制造。

金属的热变形加工是一种重要的工业技术,广泛应用于各种行业。以下是一些主要的应用案例:

1. 汽车制造业

在汽车制造业中，热变形加工被广泛应用于发动机和传动系统的制造。例如，通过热锻和轧制工艺，可以制造出高强度、高耐久性的发动机气缸和活塞。此外，热变形加工也用于制造汽车车身上的各种部件，如车轮、悬挂系统、刹车系统等。

2. 航空航天领域

在航空航天领域中，由于对材料性能的要求极高，热变形加工的应用尤为重要。例如，飞机的起落架、航空发动机的叶片和轴等部件，都需要通过热变形加工来制造。这些部件需要在高温和高压力下工作，因此需要具有高强度和耐久性。

3. 电子设备生产

在电子设备生产中，热变形加工被用于制造各种电子元件，如连接器、插座、端子等。这些元件需要在高电流下工作，因此需要具有良好的导电性和耐腐蚀性。通过热变形加工，可以制造出具有这些特性的电子元件。

4. 建筑行业

在建筑行业中，热变形加工被用于制造各种结构件，如钢筋、钢梁等。这些结构件需要具有高强度和稳定性，以确保建筑物的安全性和稳定性。通过热变形加工，可以制造出具有这些特性的结构件。

5. 能源领域

在能源领域中，热变形加工被用于制造各种能源设备，如核反应堆的燃料棒、燃气轮机的叶片等。这些设备需要在高温和高压力下工作，因此需要具有良好的耐久性和稳定性。通过热变形加工，可以制造出具有这些特性的能源设备。

6. 兵器制造

在兵器制造中，热变形加工被用于制造各种武器和弹药。例如，通过热锻和轧制工艺，可以制造出各种形状的弹壳和弹头。此外，热变形加工也被用于制造炮管、枪管等武器部件。这些部件需要具有高强度和耐久性，以确保武器的准确性和可靠性。

7. 压力容器制造

在压力容器制造中，热变形加工被用于制造各种压力容器和管道。这些设备需要在高温和高压力下工作，因此需要具有良好的耐久性和稳定性。通过热变形加工，可以制造出具有这些特性的压力容器和管道。例如，石油化工行业的储罐、反应釜等设备，以及核能领域的核反应堆压力壳等。这些设备的制造需要精确控制材料的形状和尺寸，以确保设备的可靠性和安全性。

学习模块	金属的塑性变形				
学习任务	金属的热变形加工				
客户委托	金属的热变形加工				
学习时间					
姓名		班级		日期	
成绩		教师签名			

任务测试

一、填空题

1. 金属的热变形加工和冷变形加工是根据_____划分的。在再结晶温度以上进行的变形加工称作_____；在再结晶温度以下进行的变形加工称作_____。

二、问答题

1. 金属的热变形加工对金属的组织性能有何影响？

2. 金属的热变形加工在实际生产中有哪些应用？

主题	金属的塑性变形	任务书编号:4-1-1
说明	在技术信息系统中使用现有的专业文献和信息完成相关工作; 在工作组内准备学习作业; 在工作页中完成相关信息。	时间:

工作页 金属的塑性变形

1. 单晶体的塑性变形方式有哪两种,各有什么特点?

2. 多晶体的塑性变形是什么,晶界在多晶体塑性变形中的作用有哪些?

3. 金属产生塑性变形时,金属的组织和性能发生了哪些变化?

4. 加工硬化在生产中有哪些应用?

5. 金属经冷塑性变形后进行加热,变形的金属将发生什么变化?什么是回复?在实际生产中有何应用?什么是再结晶?在实际生产中有何应用?

6. 什么是再结晶温度?以纯铁(熔点1 538 ℃)为例,如何计算其再结晶温度?

7. 什么是金属的热变形加工?金属的热变形加工对金属组织和性能有何影响?

8. 金属的热变形加工有哪些应用?

五、工作过程

(一) 计　划

请各小组讨论，根据表 4-1-3 学习计划表的格式，制定合理的学习计划，并填入表中。

表 4-1-3　学习计划表

序号	工作步骤	工具/材料	组织形式	计划工时
完成本次任务的重点、难点、风险点识别	本次任务重点：单晶体、多晶体和合金塑性变形的规律 难点：回复和再结晶对金属组织和性能的影响 风险点：无。			
思政	滑移、孪生理论的建立和发展需要科学家们的团结协作。在这个过程中，不同领域的专家需要相互交流、合作，共同解决科学问题。这体现了团结协作精神的思想，即只有团结协作，才能实现更大的科学目标。通过学习滑移和孪生理论的发展历程，可以培养我们的团结协作精神，让我们认识到集体力量的重要性。			
时间：		培训师：	学生：	

(二) 决　策

在工作计划中，明确了学习目标，收集必要的信息，筛选出对决策具有重要影响的关键信息。在评估和分析完信息后，下一步是生成一系列的可选方案。这些方案应该能够满足决策的目标，并且基于对信息的评估和分析所得出的结论。在生成可选方案时，可以采用多种方法，如头脑风暴、SWOT 分析、六项思考帽法、思维导图和创新游戏等，以确保获得多样化和创新的方案。

(三) 实　施

按照学习计划表制定的要求进行学习并完成学习目标。

（四）检　查

完成金属材料塑性变形学习后，请根据金属材料塑性变形应用的准确性对本次课程的学习进行相应的检查，将检查结果填入表 4-1-4 中。

表 4-1-4　金属材料塑性变形检查表

编号	任务	分数	比重	评分
1				
2				
3				
4				
5				
6				
总分：				
注：工作页根据学生完成情况打分：全面完成得 91~100 分，基本完成得 81~90 分，部分完成得 60~80 分，未完成得 60 分以下。				

（五）评　估

1. 信息评估

表 4-1-5　信息评估记录表

编号	任务	分数	比重	评分
1				
2				
3				
4				
5				
6				
总分：				
注：工作页根据学生完成情况打分：全面完成得 91~100 分，基本完成得 81~90 分，部分完成得 60~80 分，未完成得 60 分以下。				

2. 学习过程评估

表 4-1-6　学习过程评估记录表

姓名		学号		班级		日期	

练习（试题）名称					
一、学习过程检查　　　　　　　　　　　　　　　评分等级为 10—9—7—5—3—0					
序号	检查内容	评分项目	学生自检评分	教师检查评分	对学生自评的评分
1	课前				
2	课中				
3	课后				
结果					

注：对学生自评的评分标准为：同教师的评分相差一级得 9 分、二级得 5 分、三级得 0 分

二、笔试检查　　　　　　　　　　　　　　　　　　　评分等级为 10—0			
序号	笔试的检查	学生自评	教师检查评分	对学生自评的评分
1	完整性			
2	书写规范性			
3	答案准确性			
4	错误改正			
结果				

总评分							
序号	评分组		结果	因子	得分（中间值）	系数	得分
1	计划、实施（对学生自评的评分）						
2	计划、实施（教师检查评分）						
3	笔试检查（对学生自评的评分）						
4	笔试检查（教师检查评分）						
						总分	

实训师签名：_____　　　　　　　　　学生签名：_____

六、行动结果

（一）学习成果

熟悉金属材料塑性变形的相关知识，掌握金属材料的塑性变形在实际中的应用，学会规划学习步骤。

完成笔试测试题。

（二）成绩评测

"客户订单"的评估基于以下权重：

序号	评估项目	分数	比重	评分
1	信息			
2	工作过程			
	总分			

模块五　铁碳合金相图

任务七　二元合金相图与铁碳合金相图

一、教学大纲

（一）所属学习模块

学习模块	铁碳合金相图
学习情境	二元合金相图
客户委托	二元合金相图
学习时间	

（二）思维导图

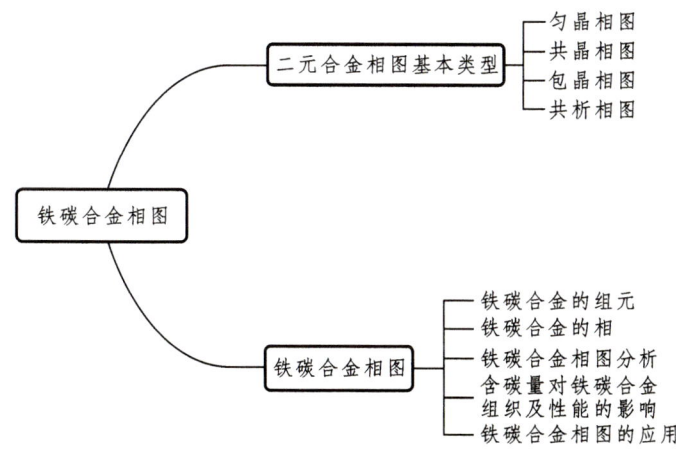

（三）资格培训矩阵

信息	描述		
行动目标	二元合金相图的分析		
学习内容	二元合金相图的应用		
能力	专业能力： 能掌握匀晶相图、共晶相图、包晶相图和共析相图的图形特征及结晶的基本规律； 能掌握杠杆定律的推导和在铁碳合金相图中的应用； 能掌握铁碳合金中典型合金的结晶过程及室温组织； 能掌握含碳量对铁碳合金组织和性能的影响； 能利用所学知识科学解决生产、生活和铁碳合金相图中遇到的实际问题	方法能力： 能够查阅资料； 绘图能力； 能够分析、解决问题； 自我学习； 能自我评估	社会能力： 沟通能力； 团队合作能力； 严谨求实

二、问题或情景说明

什么是二元合金相图以及如何建立二元合金相图？二元合金相图有哪些基本类型？

三、应具备条件

（一）已具备的知识与技能

序号	说明学习所需基本知识点、技能点等
1	金属材料的性能
2	金属结晶
3	金属的结构
4	金属的塑性变形
5	金属的再结晶

（二）专业参考资料

序号	资料来源	说明
1	金属材料及热处理	查询和学习铁碳合金相图的相关知识
2	百度	查询一些新的概念
3	材料学网（微信公众号）	获取材料领域最佳的专业知识
4	材料PLUS（微信公众号）	材料学新发展

四、知识信息

（一）二元合金相图的建立

由于合金成分中有两个以上的组元，因此其结晶过程比纯金属复杂得多，所以通常运用合金相图来分析合金的结晶过程。合金相图是表示合金系在平衡条件下，在不同温度、成分下各相关系的图解，又称作平衡图或状态图。利用合金相图对金相进行分析，可以为制定铸造、锻压、焊接、热处理等加工工艺提供重要依据。

利用相图，可以了解各种成分的合金在不同温度的组织状态及一定温度下发生的结晶和相变，了解不同成分的合金在不同温度下的相组成及相对含量，了解合金在加热和冷却过程中可能发生的转变。在常压下，二元合金的相状态由温度和成分决定，因此，二元合金相图可用温度-成分坐标系的平面图来表示。

通过热分析法可以得到相图，图 5-1-1 所示为热分析法示意图。

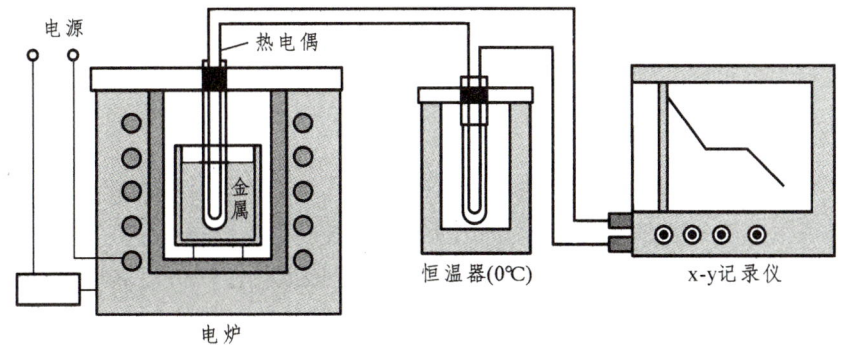

图 5-1-1　热分析法示意图

用热分析法测定 Cu-Ni 合金相图的基本步骤如下：

（1）配制若干成分不同的 Cu-Ni 合金，见表 5-1-1。

表 5-1-1　Cu-Ni 合金的成分及临界点

合金成分/%（质量分数）	Ni	0	20	40	60	80	100
	Cu	100	80	60	40	20	0
结晶开始温度/ ℃		1 083	1 175	1 260	1 340	1 410	1 452
结晶终止温度/ ℃		1 083	1 130	1 195	1 270	1 360	1 452

（2）用热分析法分别测出各组合金的冷却曲线，如图 5-1-2（a）所示。
（3）确定各冷却曲线的相变点。
（4）将确定的相变点标记在对应成分曲线上。
（5）用平滑曲线连接各点，即可获得 Cu-Ni 合金相图，如图 5-1-2（b）所示。

增加配制的合金数目、采用纯度更高的金属、降低热分析时的冷却速度等方法，可以有效提高所测合金相图的精确度。

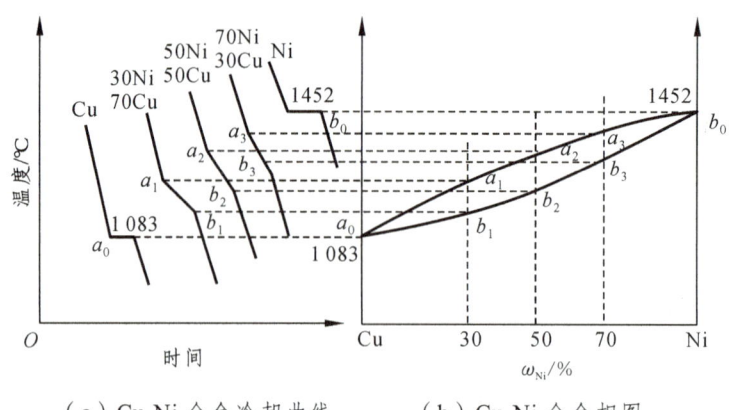

(a) Cu-Ni 合金冷却曲线　　（b) Cu-Ni 合金相图

图 5-1-2　Cu-Ni 合金的冷却曲线及合金相图

（二）二元合金相图的基本类型

根据结晶过程中出现的结晶反应，二元合金相图可以分为匀晶相图、共晶相图、包晶相图和共析相图 4 种基本类型。

1. 匀晶相图

两组元在液态和固态下均能无限互溶时所形成的二元合金相图称作匀晶相图。这类合金结晶时，都是从液相结晶出单相固溶体，这种结晶过程称作匀晶转变或匀晶反应。属于这类相图的合金系主要有 Cu-Ni、Au-Ag、Au-Pt、Fe-Ni、Fe-Cr、Cr-Mo 等。现以 Cu-Ni 二元合金相图为例进行分析。

图 5-1-3 所示为 Cu-Ni 二元合金相图。A 点为 Cu 的熔点（1 083 ℃），B 点为 Ni 的熔点（1 452 ℃），该相图中上面一条是液相线，下面一条是固相线，液相线和固相线把相图分成 3 个区域，即液相区 L、固相区 α 及液固两相区 L+α。

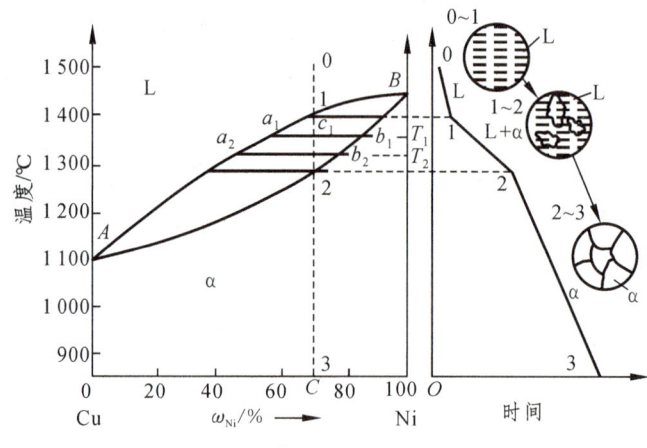

图 5-1-3　Cu-Ni 合金相图及结晶过程示意图

如图 5-1-3 所示，以 c 点成分的 Cu-Ni 合金为例分析结晶过程。在 1 点温度以上，合金为液相 L。缓慢冷却至 1～2 点温度之间时，合金发生匀晶反应：L $\rightleftharpoons$ α，从液相中逐渐结晶出固溶体 α。到 2 点温度时，合金全部结晶为固溶体 α。2 点温度以下，固溶体 α 逐渐冷却。其他合金系结晶过程与此类似。

匀晶结晶的特点如下：

（1）与纯金属一样，固溶体从液相中结晶出来的过程也存在形核与长大的基本规律。

（2）固溶体结晶在一个温度区间内进行，即为一个变温结晶过程。

（3）在两相区内，温度一定时，两相的成分（即 Ni 的质量分数）是确定的。确定相成分的方法是：过指定温度 T_1 作水平线，分别交液相线和固相线于 a_1 点和 b_1 点，则 a_1 点和 b_1 点在成分轴上的投影即相应为 L 相和 α 相的成分。随着温度的下降，液相成分沿液相线变化，固相成分沿固相线变化。温度到 T_2 时，L 相和 α 相的成分分别为 a_2 点和 b_2 点在成分轴上的投影。

（4）在两相区内，温度一定时，两相的质量比是一定的如图 5-1-4 所示。在 T_1 温度时，两相的质量比可表示为

$$\frac{\omega_L}{\omega_\alpha} = \frac{bx}{ax} \tag{5-1}$$

式中　ω_L——L 相的相对质量；
　　　ω_α——α 相的相对质量；
　　　bx、ax——线段长度。

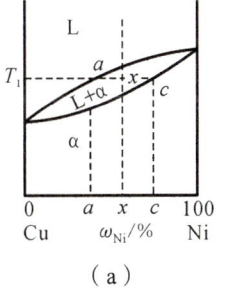
（a）

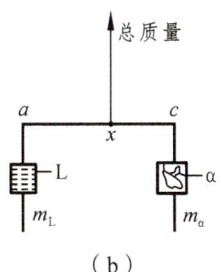
（b）

图 5-1-4　杠杆定律及其力学比喻

式（5-1）还可改写为

$$\omega_L \cdot ax = \omega_\alpha \cdot bx \tag{5-2}$$

式（5-2）与力学中的杠杆定律很相似，故称作杠杆定律。注意：杠杆定律只适用于相图中的两相区，并且只能在平衡状态下使用。杠杆的两个端点为给定温度时两相的成分点，而支点为合金的成分点。

（5）固溶体结晶时成分是变化的，缓慢冷却时，由于原子扩散能充分进行，可形成成分均匀的固溶体。而实际中，由于冷却速度较快，原子扩散不能充分进行，会造成晶粒内成分不均匀，即产生枝晶偏析。枝晶偏析对材料的力学性能、抗腐蚀性能及工艺性能都不利。生产上常将铸件加热到固相线以下 100～200 ℃ 长时间保温，以使原子充分扩散、成分均匀，消除枝晶偏析，这种热处理工艺称作扩散退火。

2. 共晶相图

当两组元在液态下完全互溶，在固态下有限互溶，并在冷却时发生共晶反应的相

图称作共晶相图。属于这类相图的合金系主要有 Pb-Sn、Pb-Sb、Ag-Cu、Al-Si 等，很多合金相图中也都包含共晶部分。现以 Pb-Sn 二元合金相图为例进行分析。

1）相图分析

图 5-1-5 所示为 Pb-Sn 二元合金相图。在此相图中，A 点为 Pb 的熔点，B 点为 Sn 的熔点，AEB 为液相线，$AMNB$ 为固相线。相图中有 3 个单相区，即 L、α 和 β。α 相为 Sn 溶于 Pb 中形成的有限固溶体，β 相为 Pb 溶于 Sn 中形成的有限固溶体，MF、NG 分别为 α 和 β 相的溶解度曲线，又称作固溶线。单相区之间有 3 个两相区，即 L+α、L+β 和 α+β。在 3 个两相区之间还有 1 条三相共存线 MEN，表示 L+α+β 三相共存区。

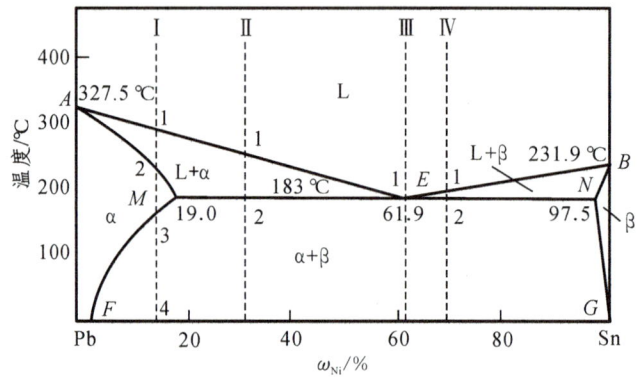

图 5-1-5　Pb-Sn 二元合金相图

在 MEN 线所对应的温度下，成分相当于 E 点的液相同时结晶出 M 点成分的 α 相和 N 点成分的 β 相，即

$$L_E \rightleftharpoons \alpha_M + \beta_N$$

这种由 1 种液相在恒温下同时结晶出两种固相的称作共晶转变或共晶反应，所生成的两相混合物称作共晶体或共晶组织。

相图中，MEN 线称作共晶线，E 点称作共晶点，E 点所对应的温度称作共晶温度，成分对应于共晶点 E 的合金称作共晶合金。成分位于 E 点以左、M 点以右的合金称作亚共晶合金，成分位于 E 点以右、N 点以左的合金称作过共晶合金。

2）典型合金的平衡结晶过程

（1）合金 I。

合金 I 的平衡结晶过程如图 5-1-6 所示。液态合金冷却至 1 点温度后，发生匀晶结晶过程，至 2 点温度时，合金完全结晶成 α 固溶体。在 2～3 点温度之间，α 相不变。从 3 点温度开始，由于 Sn 在 α 相中的溶解度沿 MF 线降低，故从 α 中析出 β 固溶体，至室温时，α 中的 Sn 含量逐渐变为 F 点所示状态。从固态 α 固溶体中析出的 β 相称作次生相（二次相或二次晶），用符号 β_{II} 表示，以区别于直接从液相中结晶出的 β 固溶体。

合金 I 结晶结束后，室温下的组织为 α+β_{II}。成分位于 M 和 F 之间的所有合金，其平衡结晶过程均与合金 I 相似，室温组织都是 α+β_{II}，只是成分不同，各相的相对含量不同，合金成分越接近 M 点，室温下 β_{II} 的含量越多。

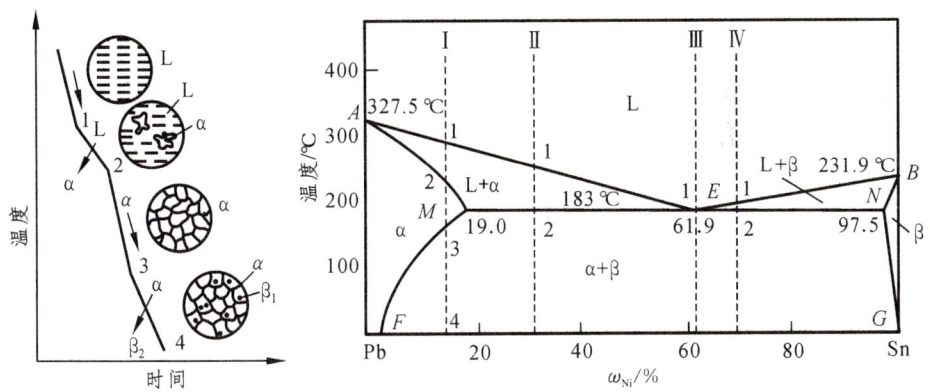

图 5-1-6 合金 I 的平衡结晶过程

（2）合金 II（亚共晶合金）。

合金 II 为亚共晶合金，其平衡结晶过程如图 5-1-7 所示。合金冷却到 1 点温度后，开始结晶出 α 固溶体，称作初生 α 固溶体。从 1～2 点温度的冷却过程中，合金发生匀晶反应。刚冷却到 2 点温度时，合金由 C 点成分的 α 相和 E 点成分的液相组成。然后液相发生共晶反应，初生 α 相不变。经过一定时间到 2' 点共晶反应结束时，合金的组织由初生 α 相和共晶（$α_M+β_N$）组成。在 2 点以下继续冷却时，将从 α 中析出 $β_{II}$，从 β 中析出 $α_{II}$。室温组织为初生 α+$β_{II}$+（$α_M+β_N$）。

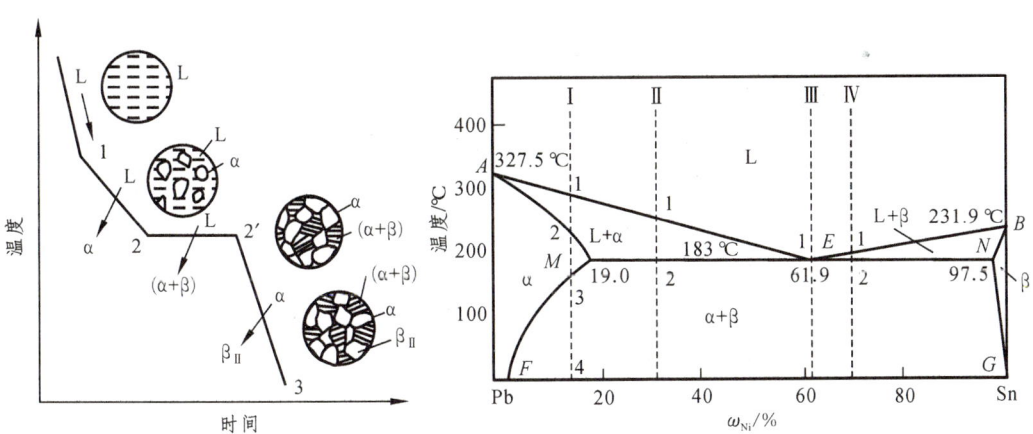

图 5-1-7 亚共晶合金的平衡结晶过程

所有亚共晶合金的结晶过程都相同，室温组织也相同，只是成分不同。成分越靠近共晶点，合金中共晶组织越多。

（3）合金 III（共晶合金）。

合金 III 为共晶合金，其平衡结晶过程如图 5-1-8 所示。合金从液态冷却到 1 点温度时，发生共晶反应，经过一定时间到 1' 时反应结束，液相全部转变为共晶（$α_M+β_N$）。共晶体中 α 相和 β 相的含量可由杠杆定律求得

$$\omega_{\alpha M} = \frac{EN}{MN} \times 100\% = \frac{97.5-61.9}{97.5-19.0} \times 100\% = 45.4\%$$

$$\omega_{\beta M} = \frac{ME}{MN} \times 100\% = \frac{61.9-19.0}{97.5-19.0} \times 100\% = 54.6\%$$

从共晶温度冷却到室温，α 相和 β 相的溶解度分别沿固溶线 MF、NG 变化，二者均发生二次结晶反应，从 α 中析出 β_{II}，从 β 中析出 α_{II}。由于析出的 α_{II} 和 β_{II} 都相应地与 β 和 α 连在一起，且数量较少，因此一般不予考虑，合金的室温组织全部为共晶体，即只含有一种组织组成物，而其组成相仍为 α 相和 β 相。

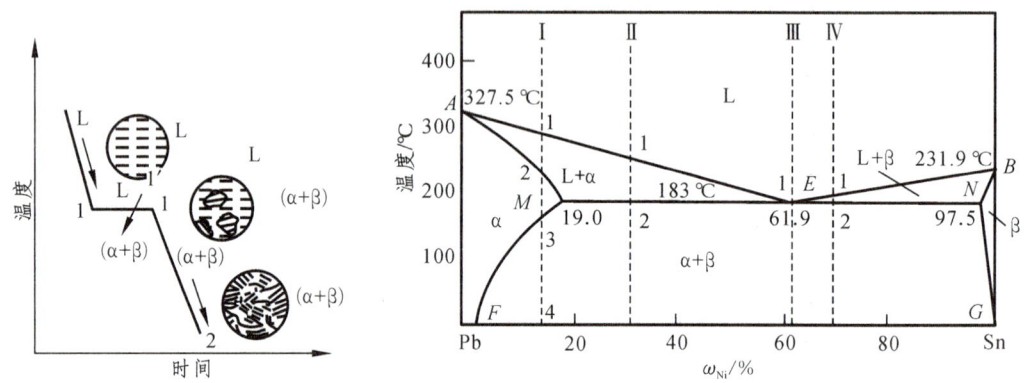

图 5-1-8　共晶合金的平衡结晶过程

（4）合金Ⅳ（过共晶合金）。

过共晶合金的平衡结晶过程与亚共晶合金相似，也包括匀晶反应、共晶反应和二次结晶 3 个阶段，不同的是过共晶合金的先共晶相是 β 相，而不是 α 相，所以其室温组织为初生 $\beta + \alpha_{II} + (\alpha_M + \beta_N)$。

综合以上分析可知，Pb-Sn 合金的结晶组织中仅出现 α、β 两相，因此，α、β 相称作合金的相结构（或相组成物）。而由于合金成分和结晶过程的变化，各种相又以不同的形状、数量和大小组合形成不同的组织。其中，只有 α、β、共晶（α+β）、α_{II}、β_{II} 在显微组织中能够清晰地分辨出来，它们是该合金的组织组成物。故在进行相图分析时，为了方便，常把平衡结晶后合金的组织组成物填到相图中，如图 5-1-9 所示。

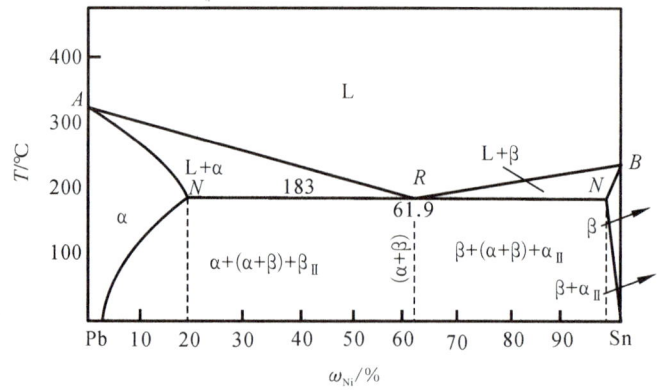

图 5-1-9　标明组织组成物的 Pb-Sn 合金相图

3. 包晶相图

两组元在液态下无限互溶,在固态下有限互溶,并发生包晶转变的相图称为包晶相图。属于这类相图的合金系有 Pt-Ag、Ag-Sn、Al-Pt 等,很多合金相图中也包含包晶部分。现以 Pt-Ag 二元合金相图为例进行分析。

图 5-1-10 所示为 Pt-Ag 二元合金相图。图中 ADB 为液相线,$ACEB$ 为固相线。相图中有三个单相区,即 L、α 和 β。α 相为 Ag 溶于 Pt 中形成的有限固溶体,β 相为 Pt 溶于 Ag 中形成的有限固溶体,CF、EG 分别为 α 和 β 相的固溶线。单相区之间有 3 个两相区,即 L+α、L+β 和 α+β。在三个两相区之间还有一个三相共存线 CED。

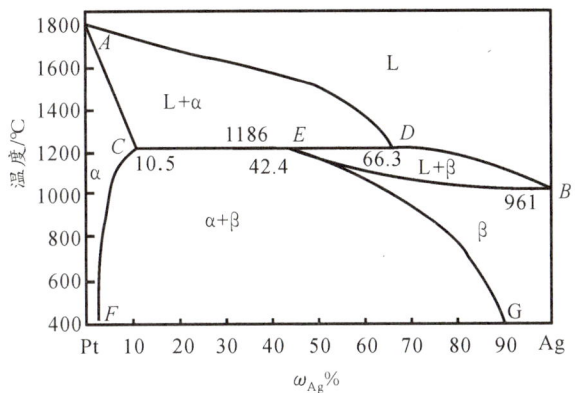

图 5-1-10　Pt-Ag 二元合金相图

CED 线称作包晶线,E 点称作包晶点,E 点所对应的温度称作包晶温度,在包晶线上会发生包晶反应,即 D 点成分的液体和 C 点成分的 α 固溶体反应生成 E 点成分的 β 固溶体,其反应可表示为

$$\alpha_C + L_D \rightleftharpoons \beta_E$$

β 相是在 L 相和 α 相包围下形成的。从 C 点至 D 点成分范围内的合金,在结晶过程中都会发生包晶反应。

现仅以合金 I 为例分析结晶过程。合金冷却到 1 点温度后,开始结晶出 α 固溶体。从 1~2 点温度的冷却过程中,合金发生匀晶反应。刚冷却到 2 点温度时,合金由 C 点成分的 α 相和 D 点成分的 L 相组成。然后发生包晶反应,β 相包围 α 相生成。反应结束后,L 相与 α 相恰好全部耗尽,形成 E 点成分的 β 固溶体。温度继续下降,从 β 中析出 α_{II}。最后室温组织为 β+α_{II}。

4. 共析相图

从一种固相中同时析出两种化学成分和晶体结构完全不同的新固相的转变过程称作共析转变或共析反应。两种新相的混合物称作共析体。图 5-1-11 所示相图的下半部分为共析相图,其形状与共晶相图类似。D 点成分(共析成分)的合金从液相经过匀晶反应生成 γ 相后,继续冷却到 D 点温度(共析温度)时,在恒温下发生共析反应,同时析出 C 点成分的 α 相和 E 点成分的 β,即

$$\gamma_D \rightleftharpoons \alpha_C + \beta_E$$

共析相图中各种成分合金结晶过程的分析与共晶相图相似。由于共析反应是在固态下发生的，转变温度较低，原子扩散困难，因此易于达到较大的过冷度，所以共析产物比共晶产物细密且均匀。

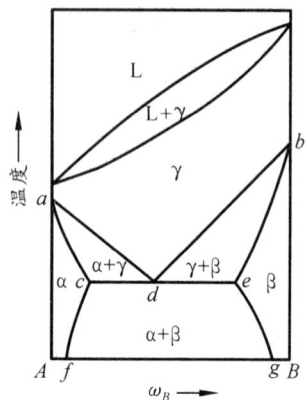

图 5-1-11　含有共析反应的相图

学习模块	铁碳合金相图
学习任务	二元合金相图
客户委托	二元合金相图
学习时间	

姓名		班级		日期	
成绩		教师签名			

任务测试

一、填空题

二元合金相图的基本类型包括_____、_____、_____和_____4类。

二、问答题（每题10分，共60分）

1. 相图有什么作用？

2. 二元合金相图是怎么建立起来的？

3. 什么是匀晶相图？匀晶结晶有何特点？

4. 什么是共晶相图？

5. 什么是包晶相图？

6. 什么是共析转变或反应？

(三)铁碳合金相图

碳钢和铸铁是现代工农业生产中使用最广泛的金属材料,组成碳钢和铸铁的主要元素是铁和碳,所以钢铁又可称作铁碳合金。不同成分的铁碳合金具有不同的组织和性能。为了熟悉铁碳合金成分、组织和性能之间的关系,必须要研究铁碳合金相图。

在铁碳合金中,铁与碳可以形成 Fe_3C、Fe_2C、FeC 等一系列化合物。整个铁碳合金相图由 Fe-Fe_3C、Fe_3C-Fe_2C、Fe_2C-FeC、FeC-C 等部分组成,如图 5-1-12 所示。随着碳质量分数的增加,合金的性能逐渐变脆,当碳的质量分数大于 5% 之后,合金硬而脆,将失去使用价值。而 Fe_3C 的含碳量为 6.69%,因此,工业生产中只需研究铁碳合金相图中的一部分,即 Fe-Fe_3C 相图即可。

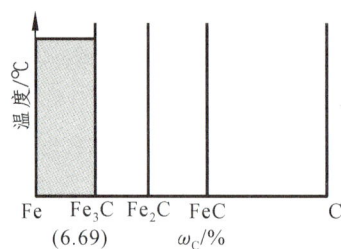

图 5-1-12　Fe-C 相图的组成

1. 铁碳合金的组元

铁碳合金中的主要组元有纯铁和渗碳体两种。

1)纯　铁

纯铁的熔点为 1 538 ℃,纯铁具有同素异构转变特征。纯铁在室温下的力学性能大致为:抗拉强度 R_m=180~230 MPa,断后伸长率 $A_{11.3}$=30%~50%,断面收缩率 Z=70%~80%,布氏硬度为 50~80 HBW。

2)渗碳体

铁与碳形成的金属间化合物 Fe_3C 称作渗碳体,可用 C_m 表示。渗碳体的熔点为 1 227 ℃,它是一种具有复杂晶体结构的间隙化合物。渗碳体硬而脆,其硬度很高(约 800 HBW),但塑性和韧性几乎为零。

2. 铁碳合金中的相

1)铁素体

碳溶于 α-Fe 中形成的间隙固溶体称作铁素体,用符号 F 或 α 表示。铁素体仍保持 α-Fe 的体心立方晶格。铁素体中碳的溶解度极小,室温时约为 0.000 8%,在 727 ℃ 时碳的溶解度最大,仅为 0.021 8%。铁素体的力学性能与工业纯铁相似,即塑性、韧性较好,强度、硬度较低。

2)奥氏体

碳溶于 γ-Fe 中形成的间隙固溶体称作奥氏体,用符号 A 或 γ 表示。奥氏体仍保持 γ-Fe 的面心立方晶格。奥氏体中碳的溶解度较大,在 727 ℃ 时为 0.77%,在 1 148 ℃

时最大,为 2.11%。奥氏体的强度、硬度不高,但塑性很好,因此,钢材的压力加工一般都是加热到奥氏体状态进行的。

3)高温铁素体

碳溶于体心立方晶格 δ-Fe 中形成的间隙固溶体称作高温铁素体或 δ 固溶体,用符号 δ 表示。高温铁素体与铁素体的本质相同,两者的区别仅在于高温铁素体存在的温度范围较铁素体高。

4)Fe_3C 相

Fe_3C 相是一个化合物相,它是钢中的主要强化相,在铁碳合金中的存在形式有粒状、球状、网状和细片状,其形状、数量、大小及分布对钢的性能有很大影响。

渗碳体是一种亚稳相,在一定条件下会分解为铁和石墨,即 $Fe_3C \rightleftharpoons 3Fe+C$(石墨)。这一过程对铸铁具有重要意义。

3. Fe-Fe_3C 相图分析

Fe-Fe_3C 相图是研究铁碳合金以及热处理的基础,如图 5-1-13 所示。

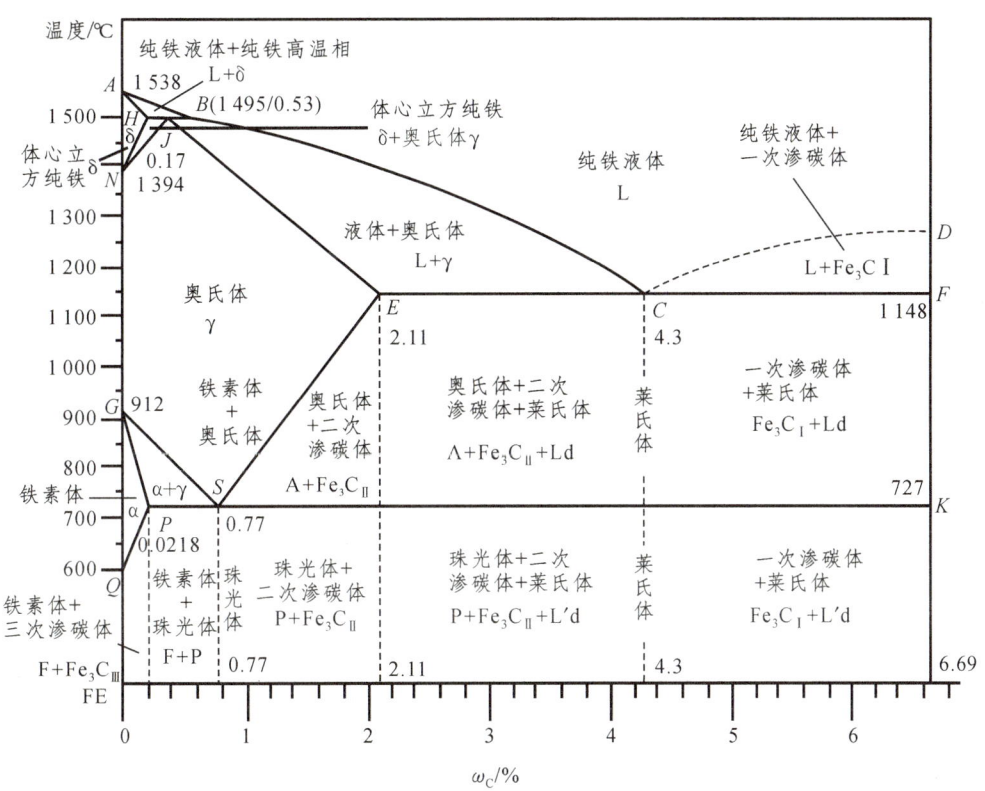

图 5-1-13　Fe-Fe_3C 相图

1)相图中的特性点、特性线

(1)特性点。

表 5-1-1 为 Fe-Fe_3C 相图中各特性点的温度、成分和含义。各代表符号是通用的,不可随意更改。

表 5-1-1　Fe-Fe$_3$C 相图中各特性点的温度、成分和含义

点	温度/°C	含碳量/%	含义
A	1538	0	纯铁熔点
B	1495	0.53	包晶转变时的液相成分
C	1148	4.3	共晶点 $L_C \longrightarrow (A_E + Fe_3C) \equiv L_d$
D	1227	6.69	Fe$_3$C 熔点
E	1148	2.11	C 在 γ-Fe 中的最大溶解度，也是碳钢和白口铸铁的分界点
F	1148	6.69	共晶渗碳体（Fe$_3$C）成分点
G	912	0	γ-Fe $\longrightarrow$ α-Fe 同素异构转变点
H	1495	0.09	C 在 δ-Fe 中的最大溶解度
J	1495	0.17	包晶成分点 $L_B + δ_H \longrightarrow A_J$
K	727	6.69	共析 Fe$_3$C 成分点
N	1394	0	δ-Fe $\longrightarrow$ γ-Fe 同素异构转变点
P	727	0.0218	C 在 α-Fe 中的最大溶解度
S	727	0.77	共析点 $A_S \longrightarrow (F_P + Fe_3C) \equiv P$
Q	室温	0.0008	室温时，碳在 α-Fe 中的溶解度

（2）特性线。

Fe-Fe$_3$C 相图的特性线是不同成分合金具有相同意义相变点的连接线。Fe-Fe$_3$C 相图中各特性线的符号、名称及含义见表 5-1-2。

表 5-1-2　Fe-Fe$_3$C 相图的特性线

特性线	温度/°C	含义
$ABCD$	1538~1227	液相线：从液态合金中分别结晶出奥氏体（ABC 线）和一次渗碳体 Fe$_3$C$_I$（CD 线），此线以上为液相
$AHJECF$	1538~1148	固相线是奥氏体结晶终了线，并在 ECF 线发生共晶转变，即 $L_C \xrightleftharpoons{1148\ °C} (A_E + Fe_3C) \equiv Ld$，此线以下为固相
HJB	1495	包晶转变线：含碳量 0.09%~0.53% 的合金缓慢冷却至此温度时，均发生包晶反应生成奥氏体 A
ECF	1148	共晶线：含碳量 2.11%~6.69% 的合金缓慢冷却至此温度时，均发生共晶反应 $L_C \xrightleftharpoons{1148\ °C} (A_E + Fe_3C) \equiv Ld$，A 和 Fe$_3$C 的机械混合物称作莱氏体（俗称高温莱氏体），用符号 Ld 表示
PSK	727	共析线（A_1 线）：所有含碳量超过 0.0218% 的合金缓慢冷却至此温度时，均发生共析反应 $A_S \xrightleftharpoons{727\ °C} (F_P + Fe_3C) \equiv P$，F 和 Fe$_3$C 的机械混合物称作珠光体，共析反应的温度通常称作 A_1 温度

续表

特性线	温度/°C	含义
ES	1 148～727	碳在 γ-Fe 中的溶解度线（A_{cm}）。在 1 148 °C 时，奥氏体中的碳的质量分数为 0.021 8%，而在 727 °C 时，奥氏体中碳的质量分数为 0.77%。凡是碳的质量分数大于 0.77% 的铁碳合金自 1 148 °C 冷却至 727 °C 时，都会从奥氏体沿晶界析出渗碳体，此渗碳体称作二次渗碳体（Fe_3C_{II}）
PQ	727～室温	碳在 α-Fe 中的溶解度线。在 727 °C 时，铁素体中碳的质量分数为 0.0218%，而在室温下铁素体中碳的质量分数为 0.000 8%。碳的质量分数大于 0.000 8% 的铁碳合金由 727 °C 冷却至室温时，将由铁素体中析出渗碳体，此渗碳体称作三次渗碳体（Fe_3C_{III}）。在质量分数较高的合金中，因其数量极少，可忽略不计
GS	912～727	奥氏体 A 向铁素体 F 转变的开始线（A_3 线）
GP	912～727	奥氏体 A 向铁素体 F 转变的终了线

Fe-Fe_3C 相图中一次、二次、三次渗碳体的含量、晶体结构和性能均相同，没有本质区别，只是来源、分布、形态不同，对铁碳合金的性能影响也不同。

2）典型铁碳合金的平衡结晶过程

在图 5-1-13 所示的 Fe-Fe_3C 相图中，左上角的包晶部分转变温度很高，实际应用很少，而且转变过程对随后的低温转变影响不大，所以，在一般的研究中，常将此部分省略简化。简化后的 Fe-Fe_3C 相图如图 5-1-14 所示。

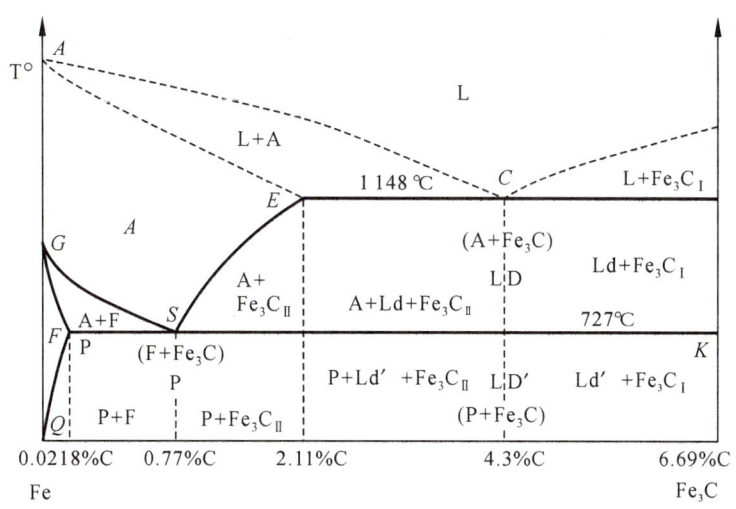

图 5-1-13 x=Re(z)简化后的 Fe-Fe_3C 相图

按碳的质量分数和显微组织不同，铁碳合金可以分为工业纯铁、钢和白口铸铁三大类，具体如图 5-1-15 所示。

由图 5-1-14 可以看出，工业纯铁的室温组织为铁素体和少量渗碳体，其强度、硬度较低，在实际中应用较少。因此，下面仅对钢和铸铁平衡凝固时的转变过程和室温组织进行分析。

（1）共析钢。

在图 5-1-15 中，含碳量 0.77%的铁碳合金为共析钢，在 1 点以上为液相，温度缓慢降至 1 点时开始从液相中结晶出 A，温度降至 2 点时液相全部结晶为 A。2～3 点之间 A 没有成分变化，继续缓慢冷却至 3 点时，A 发生共析反应生成由铁素体 α 和渗碳体 Fe_3C 两相组成的 P。继续冷却至室温，P 中的铁素体将有极少量三次渗碳体析出，可忽略不计。因此，共析钢的室温组织全部为 P。图 5-1-15 所示为共析钢的结晶过程示意图。

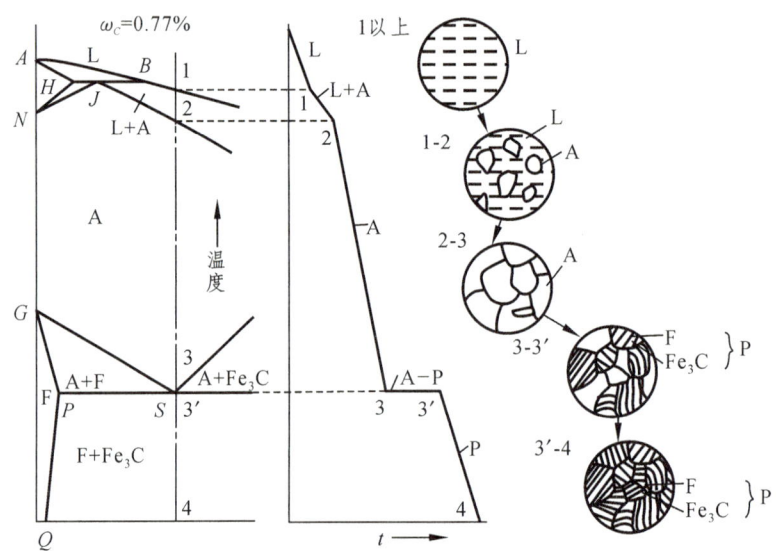

图 5-1-15　共析钢结晶过程示意图

珠光体在光学显微镜下呈层片状，如图 5-1-16 所示。相变结束时，珠光体中两相的相对质量百分比为：

$$Q_\alpha = \frac{SK}{PK} = \frac{6.69\% - 0.77\%}{6.69\% - 0.0218\%} \times 100\% = 88.8\%$$

$$Q_{Fe_3C} = \frac{PS}{PK} = \frac{0.77\% - 0.0218\%}{6.69\% - 0.0218\%} \times 100\% = 11.2\%$$

它的力学性能介于铁素体和渗碳体之间，R_m=770 MPa，$A_{11.3}$=20%～30%，布氏硬度为 180 HBW。

（2）亚共析钢。

含碳量为 0.0218%<ω_C<0.77%的铁碳合金都是亚共析钢，现以图 5-1-17 中的 ω_C=0.45%亚共析钢折为例，其结晶过程如图 5-1-17 所示。当温度降到 1 点时，开始从液相中析出 A，降到 2 点时液相全部结晶为 A。温度降至 3 点时，开始从 A 中析出 F，称作先共析铁素体。温度继续降低，F 的量不断增加，F 的成分沿 GP 线变化，A 的成

分沿 GS 线变化。冷却至 4 点时，剩余 A 中碳的质量分数达到共析成分（ω_C=0.77%），发生共析反应，A 转变为 P。温度继续下降，铁素体中将会析出极少量的三次渗碳体，可忽略不计。因此，室温组织为先共析 F+P。两相的相对质量百分比是：

$$Q_F = \frac{6K}{QK} = \frac{6.69\% - 0.4\%}{6.69\% - 0.0008\%} \times 100\% = 94\%$$

$$Q_{Fe_3C} = \frac{Q6}{QK} = \frac{0.4\% - 0.0008\%}{6.69\% - 0.0008\%} \times 100\% = 6\%$$

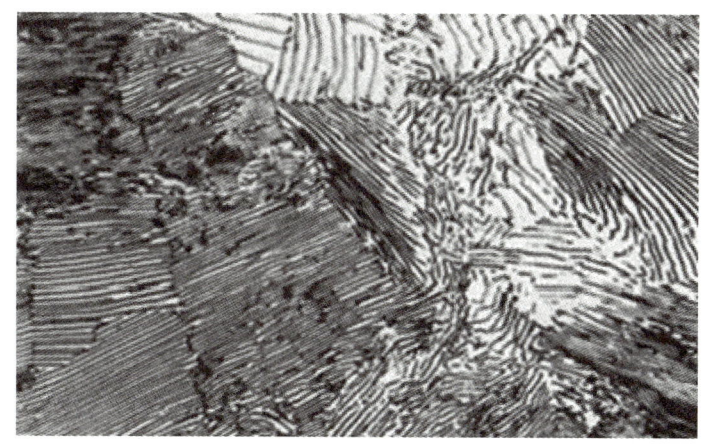

图 5-1-16　珠光体室温下的显微组织

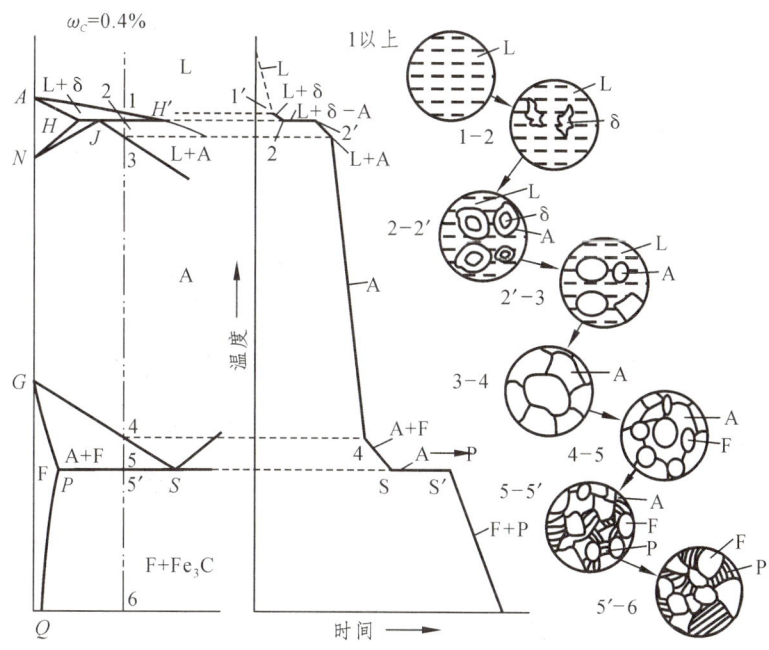

图 5-1-17　亚共析钢结晶过程示意图

图 5-1-18 所示为 40 钢室温下的显微组织，铁素体 F 呈白色块状，珠光体呈层片状，放大镜倍数不高时呈黑色块状。所有亚共析钢的室温组织都是 F+P，只是随含碳量的增加，F 越来越少，P 越来越多，含碳量达到共析钢时，全部是 P 组织。

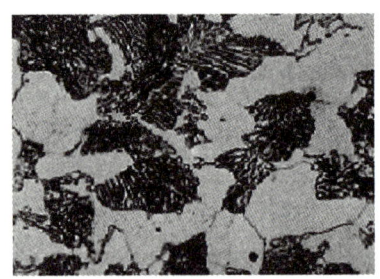

图 5-1-18 室温下 40 钢的显微组织

(3) 过共析钢。

含碳量为 0.77%<ω_C≤2.11% 的铁碳合金都是亚共析钢,现以图 5-1-19 中的 ω_C=1.2% 亚共析钢为例,其结晶过程如图 5-1-19 所示。当温度降到 1 点时,开始从液相中析出 A,降到 2 点时液相全部结晶为 A。温度降至 3 点时,开始从 A 中析出二次渗碳体 (Fe$_3$C$_{II}$)。温度继续降低,Fe$_3$C$_{II}$ 的量不断增多,并呈网状沿奥氏体晶界分布。剩余 A 的成分沿 ES 线变化,冷却至 4 点时,其中碳的质量分数达到共析成分,发生共析反应,转变为 P。继续冷却,合金组织不变。因此,其室温组织为 P+网状 Fe$_3$C$_{II}$。两相的相对质量百分比为

$$Q_F = \frac{5K}{QK} = \frac{6.69\% - 1.2\%}{6.69\% - 0.0008\%} \times 100\% = 82\%$$

$$Q_{Fe_3C} = \frac{Q5}{QK} = \frac{1.2\% - 0.0008\%}{6.69\% - 0.0008\%} \times 100\% = 18\%$$

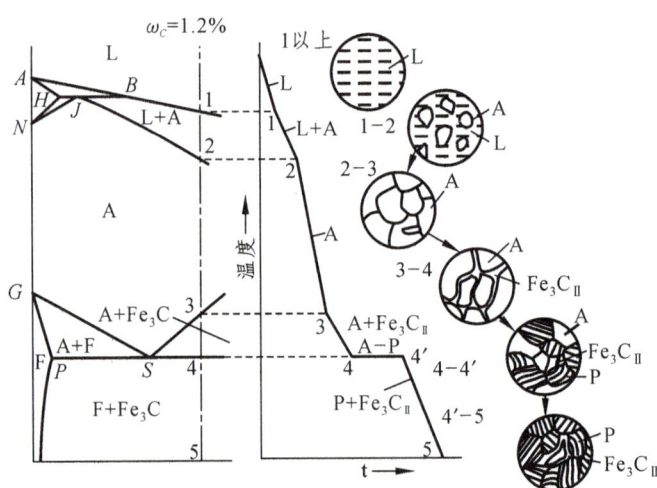

图 5-1-19 过共析钢结晶过程示意图

图 5-1-20 所示是 ω_C=1.2% 钢室温下的显微组织。所有过共析钢的室温组织都是 P+网状 Fe$_3$C$_{II}$,只是随含碳量的增加,P 越来越少,网状 Fe$_3$C$_{II}$ 越来越多,含碳量为 2.11% 时,Fe$_3$C$_{II}$ 的相对质量百分比最大为

$$Q_{Fe_3C_{II}} = \frac{2.11\% - 0.77\%}{6.69\% - 0.77\%} \times 100\% = 22.6\%$$

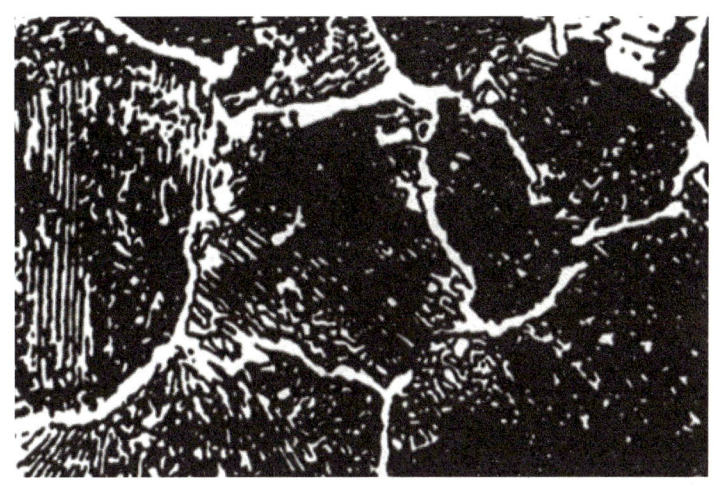

图 5-1-20 过共析钢室温下的显微组织

（4）共晶白口铸铁。

图 5-1-21 中的合金 V 的含碳量为 $\omega_C=4.3\%$ 的共晶白口铸铁，其结晶过程如图 5-1-21 所示。温度在 1 点以上时为液相，温度降到 1 点时开始发生共晶反应，生成由 A 和 Fe_3C 组成的高温莱氏体（Ld）。高温莱氏体的性能与渗碳体类似，硬度很高，塑性极差。温度继续冷却，从 A 中不断析出二次渗碳体，剩余 A 中碳的质量分数沿 ES 线变化。温度降至 2 点时，A 中碳的质量分数达到共析成分，发生共析反应，生成 P。温度继续冷却，合金组织不再变化。因此，其室温组织由 P、共晶渗碳体和二次渗碳体组成，即变态莱氏体（俗称低温莱氏体），用符号 Ld' 表示。

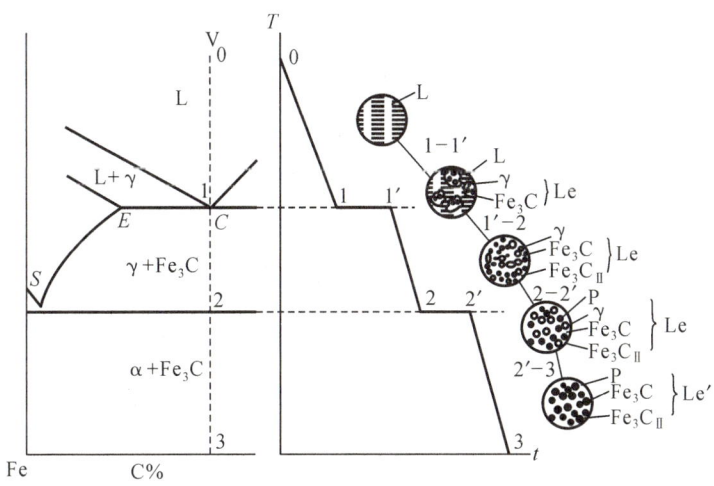

图 5-1-21 共晶白口铸铁的结晶示意图

共晶白口铸铁室温下的显微组织如图 5-1-22 所示。图中黑色部分为 P，白色基体为渗碳体（共晶渗碳体和二次渗碳体混在一起，无法分辨）。

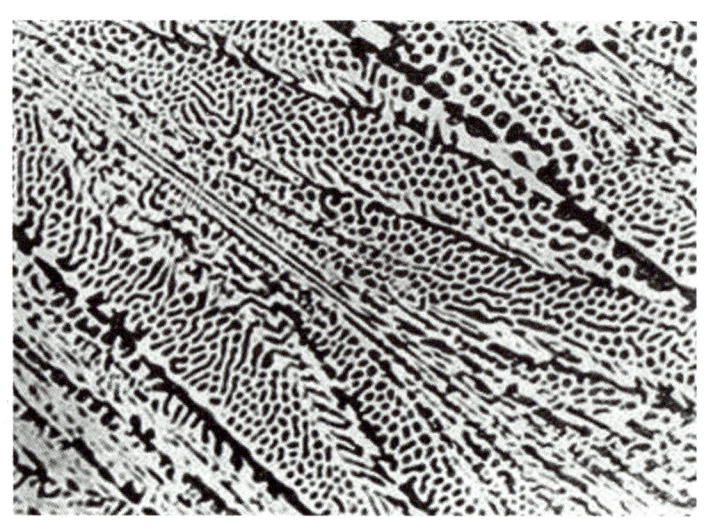

图 5-1-22　共晶白口铸铁室温下的显微组织

（5）亚共晶白口铸铁。

图 5-1-23 中合金Ⅵ为含碳量 $\omega_C=3.0\%$ 的亚共晶白口铸铁，其结晶过程如图 5-1-23 所示。当温度降至 1 点时，开始结晶出 A。随着温度的继续降低，A 不断增多，其成分沿 AE 线变化；液相不断减少，其成分沿 AC 线变化。冷却至 2 点时，剩余液相成分达到共晶成分，发生共晶反应，生成莱氏体。在 2~3 点之间冷却时，A 的成分沿 ES 线变化，并不断析出二次渗碳体。冷却至 3 点温度时，A 达到共析成分，发生共析反应，生成 P。因此，其室温组织为 $P+Fe_3C_Ⅱ+Ld'$。

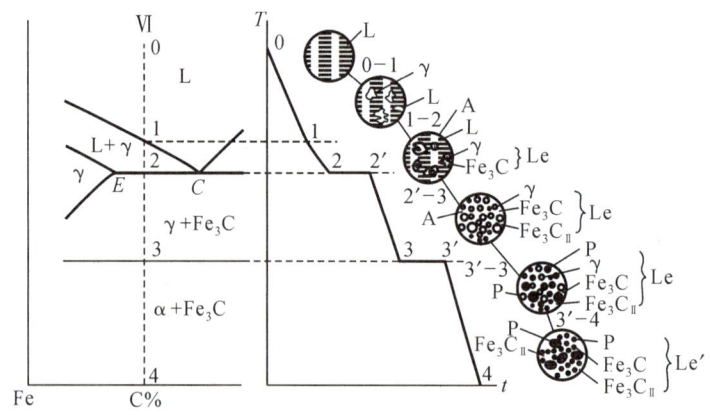

图 5-1-23　亚共晶白口铸铁结晶过程示意图

图 5-1-24 所示为亚共晶白口铸铁室温下的显微组织，图中黑色块状或树枝状为 P，黑白相间的基体为 Ld'，二次渗碳体和共晶渗碳体混在一起，无法分辨。所有亚共晶白口铸铁的室温组织均为 $P+Fe_3C_Ⅱ+Ld'$，只是随碳含量的增加，Ld'越来越多，其他量越来越少。

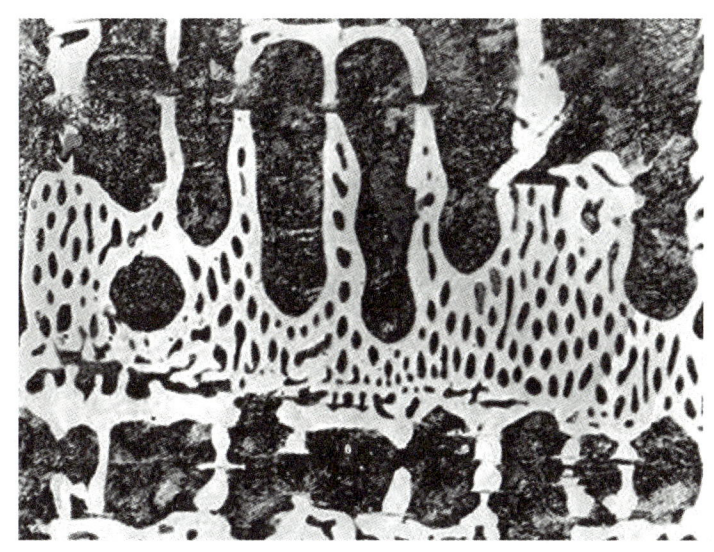

图 5-1-24 亚共晶白口铸铁室温下的组织

(6) 过共晶白口铸铁。

图 5-1-25 中合金Ⅶ为含碳量 $\omega_C=5.0\%$ 的过共晶白口铸铁,其结晶过程如图 5-1-25 所示。当温度降至 1 点时,开始结晶出一次渗碳体(Fe_3C_I)。随着温度的继续降低,Fe_3C_I 不断增多,液相不断减少,其成分沿 DC 线变化。冷却至 2 点时,液相成分达到共晶成分,发生共晶反应,生成 Ld。温度继续降低,Fe_3C_I 的成分和结构不再变化,而莱氏体则会在 3 点温度后转变为 Ld'。因此,其室温组织为 Ld'+Fe_3C_I。

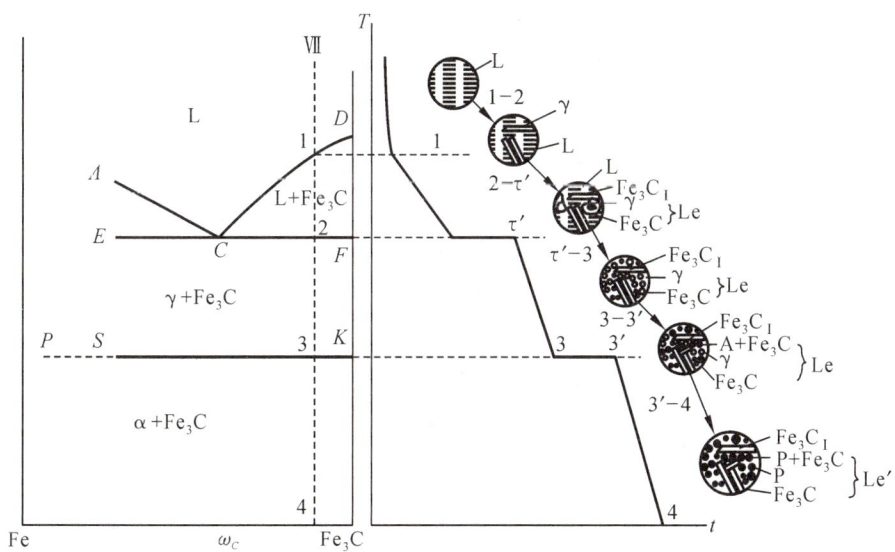

图 5-1-25 过共晶白口铸铁的结晶过程示意图

过共晶白口铸铁室温下的显微组织如图 5-1-26 所示,图中白色条状为 Fe_3C_I,黑白相间的基体为 Ld'。所有过共晶白口铸铁的室温组织均为 Ld'+Fe_3C_I,只是随碳含量的增加,Fe_3C_I 量增加。

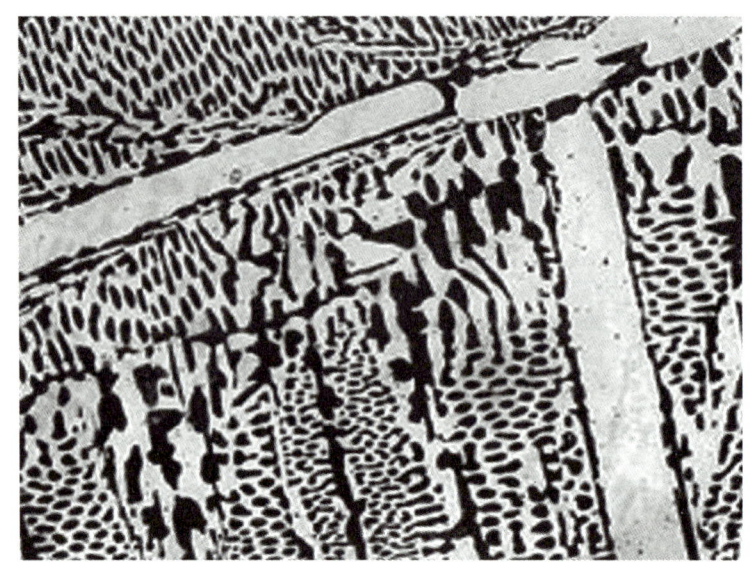

图 5-1-26　过共晶白口铸铁室温下的显微组织

4. 含碳量对铁碳合金平衡组织及性能的影响

1）含碳量对铁碳合金平衡组织的影响

由铁碳合金相图 5-1-27 可知，随着碳含量的增加，铁碳合金显微组织发生如下变化：$F+Fe_3C_{III} \rightarrow F+P \rightarrow P \rightarrow P+Fe_3C_{II} \rightarrow P+Fe_3C_{II}+Ld' \rightarrow Ld' \rightarrow Ld'+Fe_3C_{I}$。

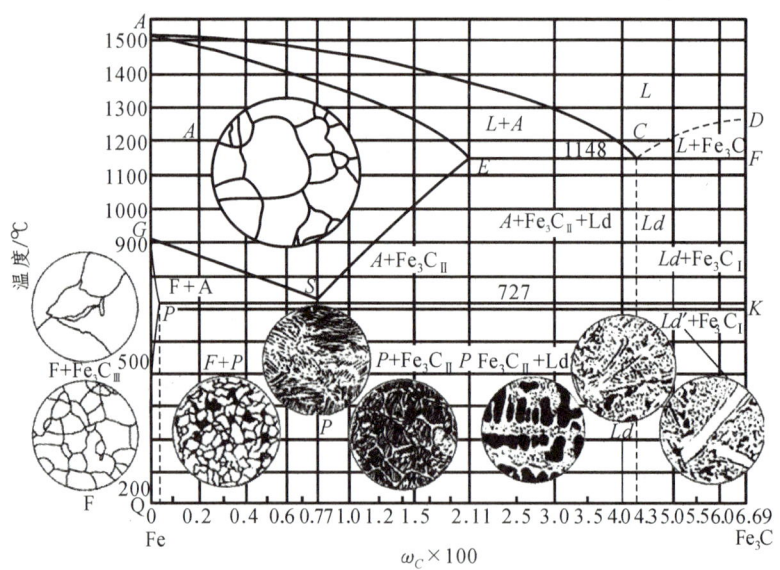

图 5-1-27　组织组成物及显微组织在相图上的标注

如图 5-1-28 所示，从相组成物的情况来看，铁碳合金在室温下的平衡组织都是由铁素体和渗碳体两相组成的，且随着含碳量的增加，铁素体相减少，渗碳体相增多，当含碳量达到 6.69% 时，全部由渗碳体相组成。

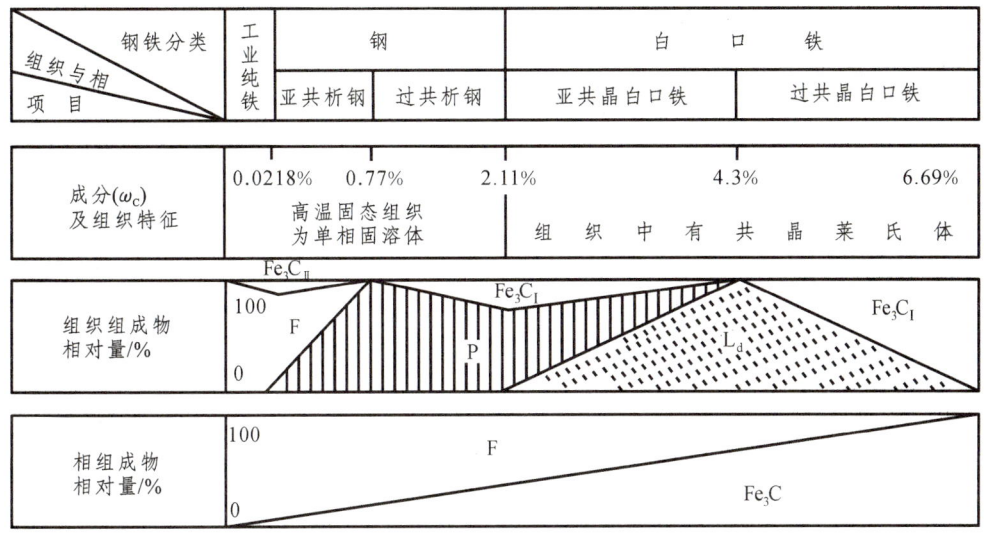

图 5-1-28 Fe-Fe3C 成分与组织

在铁碳合金组织中,随含碳量的增加,不仅渗碳体的数量相应增加,渗碳体的形态和分布也在发生变化,即 Fe_3C_{III}(点状或沿铁素体晶界分布的小片状)→共析 Fe_3C(呈层片状分布在珠光体中)→Fe_3C_{II}(沿奥氏体晶界呈网状分布)→共晶 Fe_3C(为莱氏体的基体)→Fe_3C_I(呈条状分布在莱氏体上)。

可见,铁碳合金含碳量的变化,不仅会引起相的相对数量的变化,还会引起组织形态的变化,从而引起铁碳合金性能的变化。

2)含碳量对铁碳合金性能的影响

如图 5-1-29 所示,当 $\omega_C<0.9\%$ 时,随含碳量的增加,钢的强度和硬度不断上升,而塑性和韧性不断下降。当 $\omega_C>0.9\%$ 时,由于网状渗碳体的存在,钢的强度开始明显下降,塑性和韧性进一步下降,而硬度仍在升高。

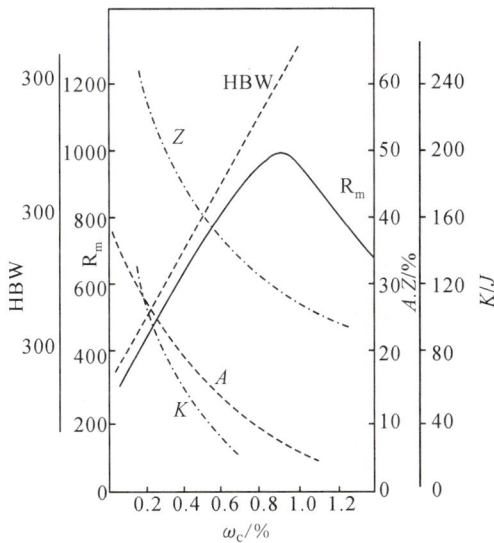

图 5-1-29 含碳量对铁碳合金性能的影响

为保证工业用钢具有足够的强度、一定的塑性和韧性，钢的含碳量一般不超过 1.3%。ω_C>2.11%的白口铸铁，由于组织中有大量的渗碳体，硬度高，塑性和韧性极差，既难以切削，又不能用锻压方法加工，故工业上很少直接应用。

5. 铁碳合金相图的应用

1）在选材方面的应用

铁碳合金相图所表明的成分、组织与性能之间的关系，为合理选用钢铁材料提供了依据。建筑用钢和各种型材需要塑性、韧性好的材料，应选用低碳钢（ω_C<0.25%）。各种机械零件需要强度、塑性及韧性都较好的材料，应选用中碳钢（ω_C=0.25%~0.6%）。各种工具需要硬度高、耐磨性好的材料，应选用高碳钢（ω_C=0.6%~1.3%）。

纯铁的强度低，不宜用作结构材料，但由于其磁导率高，矫顽力低，可作软磁材料使用，如作电磁铁的铁芯等。白口铸铁硬度高、脆性大，不能切削加工，也不能锻造，但其耐磨性好，铸造性能优良，适用于作要求耐磨、不受冲击、形状复杂的铸件，如拔丝模、冷轧轮等。

2）在铸造方面的应用

根据 Fe-Fe$_3$C 相图可以确定合金的浇注温度，浇注温度一般在液相线以上 50~100 ℃。由相图可知，共晶成分的合金熔点最低，结晶温度范围最小，故其铸造性能最好。所以，在铸造生产中，共晶成分附近的铸铁得到了广泛的应用。常用铸钢的含碳量规定在 0.15%~0.6%之间，因在此范围内，钢的结晶温度范围较小，铸造性能较好。

3）在锻造方面的应用

钢处于单相奥氏体状态时，塑性好、变形抗力小，便于锻造成型。因此，钢材在热轧、锻造时要加热到单相奥氏体区。始锻、始轧温度一般为 1 150~1 250 ℃，温度不能太高，以免钢材氧化烧损严重；终锻、终轧温度一般为 750~850 ℃，温度不能过低，以免钢材因塑性差而发生锻裂或轧裂。

4）在焊接方面的应用

焊接时，由于局部区域（焊缝）被快速加热，故从焊缝到母材各处的温度是不同的。温度不同，冷却后的组织、性能也不同。为了获得均匀一致的组织、性能，可通过焊后热处理来调整和改善。

5）在热处理方面的应用

Fe-Fe$_3$C 相图对于制定钢的热处理工艺有重要的意义。一些热处理工艺如退火、正火、淬火等的加热温度都是根据 Fe-Fe$_3$C 相图确定的。这将在项目六中详细介绍。

使用 Fe-Fe$_3$C 相图时，应注意以下两点：

（1）Fe-Fe$_3$C 相图只反映铁碳二元合金中的平衡状态，而实际生产中使用的钢和铸铁，除了铁和碳外，往往含有或有意加入了其他元素。当其他元素含量较高时，相图将发生变化。

（2）Fe-Fe$_3$C 相图反映的是平衡条件下铁碳合金中相的状态，而实际生产的加热或冷却速度都较快，其组织转变就不能只用相图来分析了。

学习模块	铁碳合金相图				
学习任务	铁碳合金相图				
客户委托	铁碳合金相图				
学习时间					
姓名		班级		日期	
成绩		教师签名			

任务测试

一、填空题

1. 简化的铁碳合金相图由_____、_____和_____基本相图组成。

2. 铁碳合金中的主要组元有_____和_____。

3. 纯铁在室温下具有_____晶格类型。

4. 在室温下铁碳合金中有_____和_____两个基本相。

5. 在室温下共析钢的组织是_____。

6. 亚共析钢的室温组织是_____和_____。

7. 过共析钢的室温组织是_____和_____。

二、问答题

1. 含碳量对铁碳合金的平衡组织有何影响？

2. 含碳量对铁碳合金的性能有何影响？

3. 铁碳合金相图有哪些应用？

主题	二元合金相图	任务书编号：5-1-1
说明	在的技术信息系统中使用现有的专业文献和信息完成相关工作； 在工作组内准备学习作业； 在工作页中完成相关信息。	时间：

工作页　二元合金相图

1. 二元合金相图有哪些基本类型？

2. 匀晶结晶有哪些特点？

3. 什么是共晶相图？请绘出它的图形特征。什么是共析相图？请绘出它的图形特征。它与共晶相图相比有哪些不同？

4. 铁碳合金相图的组元是什么？在室温下铁碳合金的基本相有哪些？

5. 铁碳合金的基本组织有哪些？是怎么形成的？

6. 铁碳合金相图包括哪些基本相图？请绘制出简化的铁碳合金相图，并在每个区域里标好组织。

7. 含碳量对铁碳合金的平衡组织和性能有何影响？

8. 铁碳合金相图有哪些应用？

五、工作过程

（一）计　划

请各小组讨论，根据表 5-1-2 学习计划表的格式，制定合理的学习计划，并填入表中。

表 5-1-2　学习计划表

序号	工作步骤	工具/材料	组织形式	计划工时
完成本次任务的重点、难点、风险点识别	本次任务重点：铁碳合金相图的应用； 难点：铁碳合金相图的分析； 风险点：无。			
思政要点	学习铁碳合金相图需要严谨的科学态度和实事求是的精神。铁碳合金相图是经过大量实验和实践验证的理论体系，在学习和应用过程中必须坚持实事求是的原则，尊重实验数据和事实，避免主观臆断。这有助于培养我们严谨的治学态度和实事求是的精神。			
时间：	培训师：		学生：	

（二）决　策

在工作计划中，明确了学习目标，收集必要的信息，筛选出对决策具有重要影响的关键信息。在评估和分析完信息后，下一步是生成一系列的可选方案。这些方案应该能够满足决策的目标，并且基于对信息的评估和分析所得出的结论。在生成可选方案时，可以采用多种方法，如头脑风暴、SWOT 分析、六项思考帽法、思维导图和创新游戏等，以确保获得多样化和创新的方案。

（三）实　施

按照学习计划表制定的要求进行学习并完成学习目标。

（四）检　查

完成本次课的学习后，请根据本次课程的学习要求进行相应的检查，将检查结果填入表中。

表 5-1-3　铁碳合金相图检查表

编号	任务	分数	比重	评分
1				
2				
3				
4				
5				
6				
总分：				

注：工作页根据学生完成情况打分：全面完成得 91～100 分，基本完成得 81～90 分，部分完成得 60～80 分，未完成得 60 分以下。

（五）评　估

1. 信息评估

表 5-1-4　信息评估记录表

编号	任务	分数	比重	评分
1				
2				
3				
4				
5				
6				
总分：				

注：工作页根据学生完成情况打分：全面完成得 91～100 分，基本完成得 81～90 分，部分完成得 60～80 分，未完成得 60 分以下。

2. 学习过程评估

表 5-1-5　学习过程评估记录表

姓　名		学　号		班　级		日　期	
练习（试题）名称							

一、学习过程检查　　　　　　　　　　　　　　　评分等级为　10—9—7—5—3—0

序号	检查内容	评 分 项 目	学生自检评分	教师检查评分	对学生自评的评分
1	课前				
2	课中				
3	课后				
	结　　果				

注：对学生自评的评分标准为：同教师的评分相差一级得 9 分、二级得 5 分、三级得 0 分

二、笔试检查　　　　　　　　　　　　　　　　　评分等级为　10—0

序号	笔试的检查	学生自评	教师检查评分	对学生自评的评分
1	完整性			
2	书写规范性			
3	答案准确性			
4	错误改正			
结　果				

总评分							
序号	评分组	结果	因子	得分 （中间值）	系数	得分	
1	计划、实施（对学生自评的评分）						
2	计划、实施（教师检查评分）						
3	笔试检查（对学生自评的评分）						
4	笔试检查（教师检查评分）						
						总分	

实训师签名：_____　　　　　　　　　　　学生签名：_____

六、行动结果

（一）学习成果

熟悉铁碳合金相图的分析及应用，学会规划学习步骤。
完成笔试测试题。

（二）成绩评测

"客户订单"的评估基于以下权重：

序号	评估项目	分数	比重	评分
1	信息			
2	工作过程			
	总分			

模块六　钢的热处理

任务八　钢在加热和冷却时的组织转变

一、教学大纲

（一）所属学习模块

学习模块	钢的热处理
学习情景	钢的热处理
客户委托	钢的热处理
学习时间	

（二）思维导图

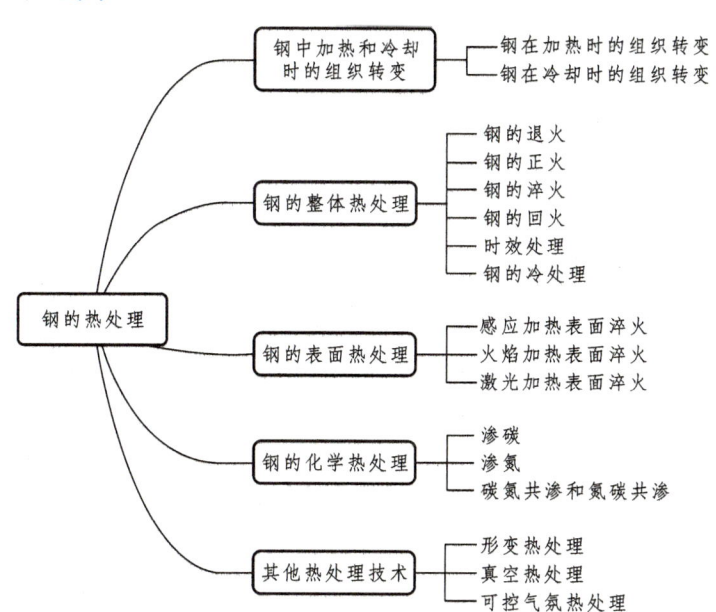

（三）资格培训矩阵

信息	描述		
行动目标	钢的热处理		
学习内容	钢在加热和冷却时的组织转变		
能力	专业能力： 能掌握钢在加热和冷却时的组织转变规律及其影响因素； 能初步掌握钢的普通热处理工艺的目的、工艺参数、冷却介质的选择原则； 能初步掌握表面热处理的目的及其应用； 能利用所学知识科学解决生产、生活中遇到的实际问题	方法能力： 能够查阅资料； 能够分析； 解决问题； 自我学习； 能自我评估	社会能力： 精益求精的能力； 创新能力； 追求卓越； 团队合作能力

二、问题或情景说明

热处理是对固态的金属或合金采用适当的方式进行加热、保温和冷却，以获得所需要的组织结构与性能的工艺。热处理中钢在加热和冷却的过程中组织会发生变化，从而改变性能，那么在加热和冷却的过程中，组织会发生什么样的变化？

三、应具备条件

（一）已具备的知识与技能

序号	说明学习所需基本知识点、技能点等
1	金属材料的性能
2	金属结晶
3	金属的结构
4	金属的塑性变形
5	金属的再结晶
6	二元合金相图

（二）专业参考资料

序号	资料来源	说明
1	金属材料及热处理	查询和学习钢的热处理相关知识
2	百度	查询一些新的概念
3	材料学网（微信公众号）	获取材料领域最佳的专业知识
4	材料PLUS（微信公众号）	材料学新发展

四、知识信息

热处理是对固态的金属或合金采用适当的方式进行加热、保温和冷却,以获得所需要的组织结构与性能的工艺。

特别提示:

> 与铸造,锻造、焊接和切削加工等不同,热处理不改变工件的形状和尺寸,只改变工件的性能,如提高材料的强度和硬度,增加耐磨性,或者改变材料的塑性、韧性和加工性等。

根据工艺方法的不同,热处理工艺可分为整体热处理、表面热处理、化学热处理和其他热处理 4 种。

(1)整体热处理包括退火、正火、淬火、回火等。

(2)表面热处理包括感应加热表面淬火、火焰加热表面淬火、激光加热表面淬火、化学气相沉积、物理气相沉积等。

(3)化学热处理包括渗碳、渗氮、碳氮共渗等。

(4)其他热处理包括形变热处理、真空热处理、可控气氛热处理、离子热处理等。

根据其在零件加工中的工序位置不同,热处理工艺可分为预备热处理和最终热处理。预先热处理是指为后续加工(如切削、冲压成型等)或热处理作准备的热处理工艺;最终热处理是指使工件获得所需性能的热处理工艺。

(一)钢在加热和冷却时的组织转变

1. 钢在加热时的组织转变

大多数热处理工艺都要将钢加热到临界温度以上,并保温一段时间,以获得全部或部分奥氏体组织,并使其成分均匀化,即进行奥氏体化。加热和保温时形成的奥氏体晶粒大小及成分均匀性对冷却转变过程及产物的组织、性能都有极大影响。

1)加热温度的确定

钢加热时的奥氏体化温度,一般需根据 $Fe-Fe_3C$ 相图来确定。在 $Fe-Fe_3C$ 平衡相图中,A_1、A_3 和 A_{cm} 3 条相变线分别代表共析钢、亚共析钢和过共析钢完全转变为奥氏体时的临界温度。而实际热处理中,加热和冷却时的相变是在不平衡条件下进行的,相变温度与平衡相变温度之间有一定的差异,即加热时实际相变温度偏高,冷却时实际相变温度偏低。

如图 6-1-1 所示,为了与平衡条件下的相变线作区别,通常将加热时的相变线称作 Ac_1,Ac_3 和 Ac_{cm},将冷却时的相变线称作 Ar_1,Ar_3 和 Ar_{cm} 线。

特别提示:

> 实际的临界温度是不固定的,它随含碳量、合金元素含量、奥氏体化温度、加热和冷却速率等因素的变化而变化。

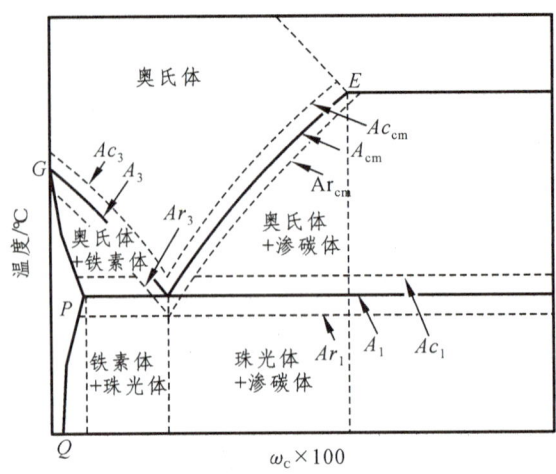

图 6-1-1　加热和冷却对临界点 A_1、A_3 和 A_{cm} 的影响

2）奥氏体的形成

钢在加热到 Ac_1 温度以上时，会发生珠光体向奥氏体的转变（即奥氏体化）。下面以共析钢为例，分析奥氏体的形成过程。

奥氏体的形成遵循结晶过程的普遍规律，是一个形核和长大的过程，一般包括晶核的形成、晶核的长大、残余渗碳体的溶解和奥氏体成分的均匀化4个阶段，如图 6-1-2 所示。

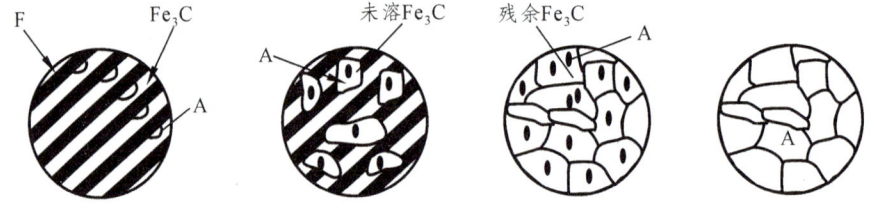

图 6-1-2　共析钢奥氏体的形成过程示意图

① 奥氏体晶核的形成：奥氏体晶核优先在铁素体和渗碳体的两相界面上形成，这是因为相界面处成分不均匀，原子排列不规则，晶格畸变大，能为产生奥氏体晶核提供成分和结构两方面的有利条件。

② 奥氏体晶核的长大：奥氏体晶核形成后，通过铁、碳原子的扩散，相邻的铁素体晶格将不断改组成奥氏体晶格，相邻的渗碳体将不断地向奥氏体中溶解，因此，奥氏体晶核将向铁素体和渗碳体两个方向不断长大。同时，新的奥氏体晶核也将不断形成并长大，直至铁素体全部转变为奥氏体为止。

③ 残余渗碳体的溶解：由于渗碳体的晶体结构和含碳量与奥氏体相差较大，所以，当铁素体全部消失后，仍有部分渗碳体尚未溶解，称作残余渗碳体。随着保温时间的延长，残余渗碳体将逐渐溶入奥氏体中，直至完全消失。

④ 奥氏体成分的均匀化：残余渗碳体全部溶解后，奥氏体中的碳浓度是不均匀的，原来是渗碳体的区域碳浓度高，而原来是铁素体的区域碳浓度低。只有保温一段时间，通过碳原子的扩散，才能使奥氏体的成分趋于均匀。

特别提示

亚共析钢和过共析钢的奥氏体形成过程与共析钢基本相同，不同的是，当加热到 Ac_1 以上时，亚共析钢中会存在先共析铁素体，过共析钢中会存在二次渗碳体，该过程称作不完全奥氏体化；只有加热到 A_3 和 A_{cm} 以上，才能得到单一的奥氏体，即完全奥氏体化。

3）奥氏体的晶粒度及其影响因素

奥氏体的形成是通过形核与长大过程进行的，整个过程受原子扩散所控制。因此，一切影响扩散、影响形核与长大的因素都将影响奥氏体的转变速度。影响奥氏体转变速度的因素主要有加热温度、加热速度、原始组织和化学成分等。

① 加热温度：加热温度越高，铁、碳原子的扩散速度越快，铁素体的晶格改组也越快，因此，奥氏体的形成速度也越快。

② 加热速度：加热速度越快，奥氏体转变开始温度越高，转变终了温度也越高，完成转变所需的时间越短，即奥氏体转变速度越快。

③ 原始组织：在化学成分相同的钢材中，原始组织越细，相界面越多，形核机会越多，奥氏体的形成速度就越快。

④ 化学成分：钢中含碳量增大，渗碳体数量增多，铁素体与渗碳体的相界面增大，奥氏体的形核位置增多，形核率增大同时，含碳量增大会提高碳原子在奥氏体中的扩散速度，加快奥氏体的形成速度。

合金元素的加入并不改变奥氏体的形成机制，但会影响奥氏体的形成速度。合金元素一般会改变珠光体向奥氏体转变的临界点，并影响碳在奥氏体中的扩散速度，从而影响奥氏体的形成速度。

4）奥氏体的晶粒度及其影响因素

奥氏体晶粒大小是评定钢加热质量的重要指标之一。奥氏体晶粒大小对钢的冷却转变及转变产物的组织和性能都有重要影响。一般来说，奥氏体晶粒越细小，钢热处理后的强度越高，塑性、韧性越好。

奥氏体晶粒大小用晶粒度来表示。目前，世界各国对钢铁产品几乎统一使用与标准金相图片相比较的方法来确定晶粒度的级别。晶粒度可分为 8 级，各级晶粒度的晶粒大小如图 6-1-3 所示。通常，1~4 级为粗晶粒，5~8 级为细晶粒，8 级以外的晶粒称作超粗或超细晶粒。

特别提示

工业上常用的细晶粒是 7~8 级，尺寸为 0.022 mm 左右。

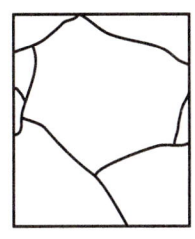 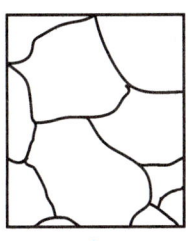 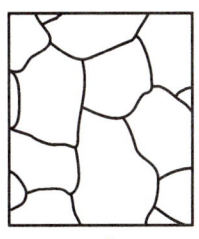 

1　　　　　　　2　　　　　　　3　　　　　　　4

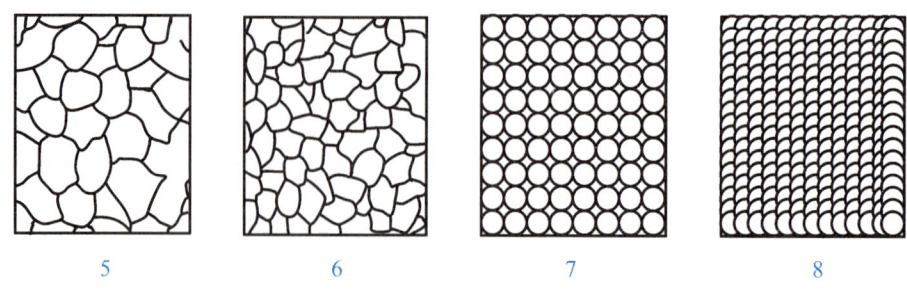

图 6-1-3 标准晶粒度等级示意图

研究钢在热处理中奥氏体晶粒度的变化时,需区分以下 3 个概念。

① 起始晶粒度:奥氏体形成过程刚刚结束时的奥氏体晶粒大小称作奥氏体的起始晶粒度。起始晶粒总是比较细小而均匀的。

② 实际晶粒度:钢在某一具体的加热条件下获得的奥氏体实际晶粒大小称作奥氏体的实际晶粒度。它主要取决于具体的加热温度和保温时间,实际晶粒一般比起始晶粒大。

③ 本质晶粒度:它表示钢在一定条件下奥氏体晶粒长大的倾向性,只表示钢在一定的温度范围内,即在 930 ℃ 以下奥氏体晶粒长大的倾向。

随着温度的升高,钢中奥氏体晶粒长大的倾向有两种情况:一种是随加热温度的升高,奥氏体晶粒迅速长大,称作本质粗晶粒钢;另一种是随加热温度的升高,奥氏体晶粒长大速度很缓慢,称作本质细晶粒钢。

本质细晶粒钢的淬火加热温度范围较宽,生产上易于操作,其在 920 ℃ 渗碳后可直接淬火,而不引起奥氏体晶粒粗化。但对于本质粗晶粒钢,则必须严格控制加热温度,以免引起奥氏体晶粒粗化。

特别提示

当超过某一温度(950~1 000 ℃)以后,本质细晶粒钢的晶粒也会迅速长大,其晶粒尺寸甚至会超过本质粗晶粒钢。

影响奥氏体晶粒度的因素如下:

① 加热温度和保温时间:加热温度越高,保温时间越长,奥氏体晶粒长得越大。通常,加热温度对奥氏体晶粒长大的影响比保温时间更显著。

特别提示

钢在热处理加热后必须有保温阶段。这不仅能使工件热透,还能使组织转变完全,以及保证奥氏体成分均匀。

② 加热速度:加热温度确定后,加热速度越快,奥氏体晶粒越细小。因此,快速高温加热和短时保温是生产中常用的一种晶粒细化方法。

③ 含碳量:在一定的含碳量范围内,随着含碳量的增加,奥氏体晶粒长大的倾向增大,但当含碳量超过某一限度时,由于未熔碳化物会阻碍奥氏体晶界的迁移,奥氏体晶粒反而会变得细小。

④ 合金元素:若在钢中加入适量的 Ti、Zr、V、Nb 等元素,它们将在钢中形成高熔点的弥散碳化物和氮化物,阻碍奥氏体晶粒长大。

2. 钢在冷却时的组织转变

钢经加热形成奥氏体化后,采用不同的方式冷却,将获得不同的组织和性能。所以,冷却过程是热处理的关键环节。

当以极其缓慢的速度冷却时,奥氏体在 A_1 线发生转变。但当冷却速度较快时,奥氏体常需过冷到 A_1 线以下才能发生转变。我们把在共析温度以下存在的奥氏体称作过冷奥氏体。过冷奥氏体的冷却方式有等温冷却和连续冷却两种。

① 等温冷却:将已奥氏体化的钢迅速冷却到临界点以下的某一给定温度进行保温,使其在该温度下发生组织转变。

② 连续冷却:将已奥氏体化的钢以某种冷却速度连续冷却,使其在临界点以下的不同温度进行组织转变。

1)过冷奥氏体的等温冷却转变

现以共析钢为例详细说明过冷奥氏体的等温转变。

(1)共析钢过冷奥氏体等温转变曲线

过冷奥氏体等温转变曲线是表示过冷奥氏体在不同过冷度下的等温过程中,转变温度、转变时间和转变产物之间的关系曲线。因其形状与字母"C"相似,所以又称作 C 曲线,也称作 TTT 曲线(Time Temperature Transformation)。图 6-1-4 所示为共析钢的过冷奥氏体等温转变曲线。

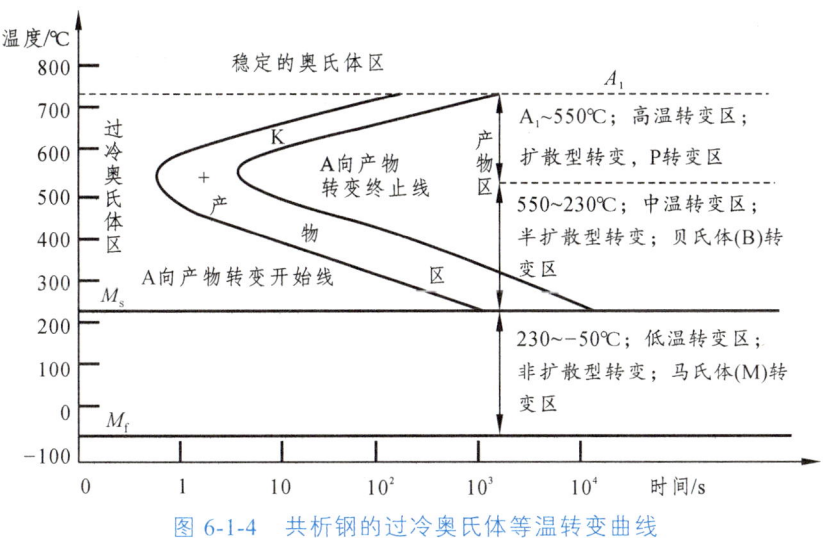

图 6-1-4 共析钢的过冷奥氏体等温转变曲线

分析等温转变曲线图可知,图中有两条曲线、3 条水平线、6 个区域、1 个特征和 3 种类型转变。

① 2 条曲线:左边的一条曲线为等温转变开始线,右边的一条曲线为等温转变终了线。

② 3 条水平线:A_1 线为稳定奥氏体与过冷奥氏体分界线;M_s 线的温度是过冷奥氏体转变为马氏体的开始温度;M_f 线的温度是过冷奥氏体转变为马氏体的终了温度。

③ 6 个区域:A_1 线以上为奥氏体稳定区;A_1 线以下、转变开始线以左、M_s 线以上

为过冷奥氏体区,在此区域内,奥氏体不发生转变;两曲线之间为过冷奥氏体转变区,在此区域内,过冷奥氏体向珠光体或贝氏体转变;转变终了线以右为转变产物区;M_s 线以下、M_f 线以上为马氏体转变区;M_f 线以下为马氏体和残余奥氏体两相共存区。

④ 1 个特征:即"鼻尖",C 曲线上最突出、距纵坐标最近的部分。鼻尖以上或以下,随着温度的升高或降低,孕育期(过冷奥氏体转变之前所经历的时间)增长,过冷奥氏体稳定性增加;鼻尖处,过冷奥氏体的孕育期最短,最不稳定,最易分解,转变速度也最快。

⑤ 3 种类型转变分别是高温珠光体转变、中温贝氏体转变和低温马氏体转变。其中,高温珠光体转变和中温贝氏体转变属于等温转变,而低温马氏体转变则属于连续冷却转变。

(2)共析钢过冷奥氏体等温转变产物的组织和特征。

① 高温转变。

高温转变的转变温度为 550 ℃ ~ A_1,转变产物为珠光体。过冷奥氏体向珠光体的转变是扩散型相变,会发生铁、碳原子的扩散和晶格改组,其转变过程也是通过形核和长大完成的。

珠光体是铁素体和渗碳体的机械混合物,渗碳体呈层片状分布在铁素体基体上。转变温度越低,片层间距越小。按层间距不同,转变产物可分为珠光体(P)、索氏体(S)、屈氏体(T)。它们并无本质区别,也没有严格界限,只是层片粗细不同,如图 6-1-5 所示。它们的大致形成温度及性能见表 6-1-1。

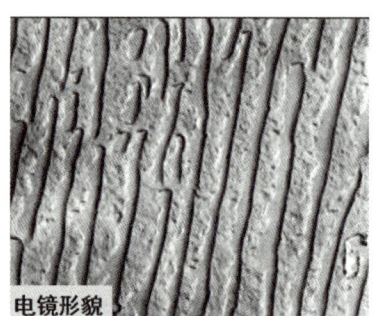
(a)珠光体

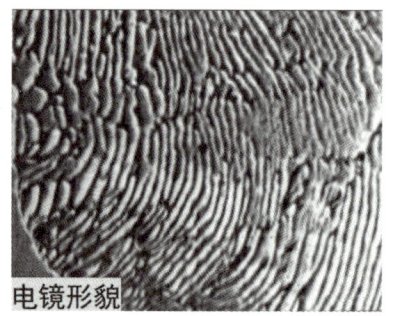
(b)索氏体

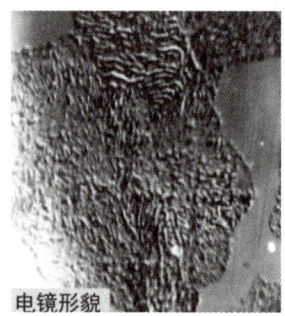
(c)屈氏体

图 6-1-5　共析钢过冷奥氏体高温转变组织

表 6-1-1　共析钢过冷奥氏体高温转变产物的形成温度及性能

组织名称	表示符号	形成温度范围/℃	硬度	能分辨片层的放大倍数
珠光体	P	$650 \sim A_1$	170~200 HBW	500 倍金相显微镜
索氏体	S	600~650	25~35 HRC	800~1 000 倍金相显微镜
屈氏体	T	550~600	35~40 HRC	高倍电子显微镜

② 中温转变。

中温转变的转变温度为 $M_s \sim 550$ ℃，转变产物为贝氏体，用符号 B 表示。由于此温度范围内过冷度较大，铁原子难以扩散，仅有碳原子扩散，因此，过冷奥氏体向贝氏体的转变为半扩散型相变。

贝氏体是过饱和铁素体和碳化物的两相混合物。按转变温度和组织形态的不同，贝氏体可分为上贝氏体（$B_上$）和下贝氏体（$B_下$）两种。上贝氏体的形成温度范围为 350~550 ℃，其金相组织呈羽毛状，如图 6-1-6 所示。

下贝氏体的形成温度范围为 $M_s \sim 350$ ℃，其金相组织呈黑色针状或棒状，如图 6-1-7 所示。

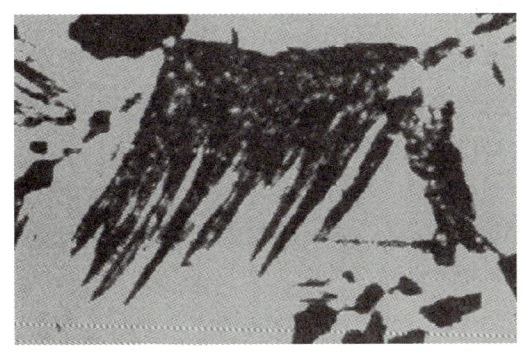 

图 6-1-6　上贝氏体形态　　　　图 6-1-7　下贝氏体形态

贝氏体的性能与其形态有关。上贝氏体强度低，脆性大，易引起脆断，实用性较差。在下贝氏体中，铁素体片细小，且无方向性，碳的过饱和度大，碳化物分布均匀，弥散度大，因此，下贝氏体具有较高的强度和硬度，良好的塑性和韧性，综合力学性能好，生产中常采用等温转变获得下贝氏体组织。

（3）影响 C 曲线的因素。

影响 C 曲线的因素含碳量、合金元素、加热温度和保温时间。

① 含碳量。

亚共析钢和过共析钢的过冷奥氏体在转变为珠光体之前，分别有先析出铁素体和先析出二次渗碳体（Fe_3C_{II}）的结晶过程，所以，与共析钢相比，它们的过冷奥氏体等温转变图中多了一条先析相的析出线，如图 6-1-8 所示。

在正常加热条件下，亚共析钢的 C 曲线位置随着含碳量的减少往左移；过共析钢的 C 曲线位置随着含碳量的增加也往左移。因此，共析钢的过冷奥氏体最稳定。

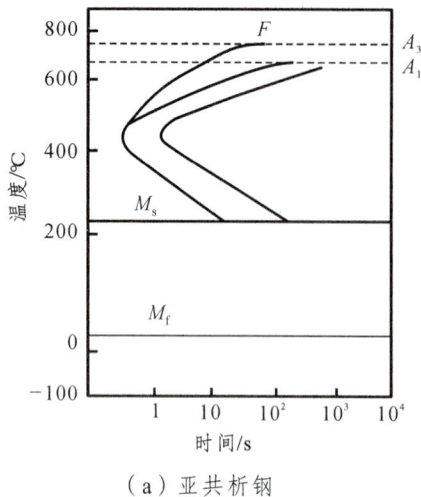
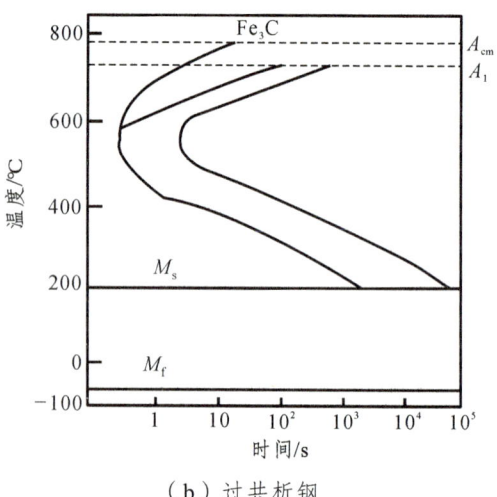

(a)亚共析钢　　　　　　　　　(b)过共析钢

图 6-1-8　亚共析钢和过共析钢的等温转变图

② 合金元素。

除 Co 以外，所有的合金元素溶入奥氏体后均能增大过冷奥氏体的稳定性，使 C 曲线右移。其中，能形成碳化物的元素如 Cr、Mo、W、V 等，不仅可使 C 曲线右移，而且还可改变 C 曲线的形状，使其产生两个鼻尖，C 曲线分裂成上下两条。

需要指出的是，合金元素只有溶入奥氏体中，才能增强过冷奥氏体的稳定性。如果碳化物形成元素含量较多，形成了较为稳定的碳化物，且在奥氏体化时未能全部溶解，则会使等温转变图左移，降低过冷奥氏体的稳定性。

③ 加热温度和保温时间。

加热温度越高，保温时间越长，奥氏体成分越均匀，晶粒越粗大，晶界面积越小，这些都有利于降低奥氏体分解时的形核率，增大转变的孕育期，使 C 曲线右移。

2）过冷奥氏体的连续冷却转变

在生产中，奥氏体的转变大多是在连续冷却过程中进行的。因此，分析过冷奥氏体连续冷却转变曲线具有重要的实用意义。现以共析钢为例进行详细说明。

（1）共析钢过冷奥氏体连续冷却转变曲线。

图 6-1-9 所示为共析钢连续冷却转变曲线图，又称作 CCT 曲线（Continuous Cooling Transformation）。由图可知，连续冷却曲线只有 C 曲线的上半部分，没有下半部分，即连续冷却转变时不形成贝氏体组织；连续冷却曲线较 C 曲线还向右下方偏移了。

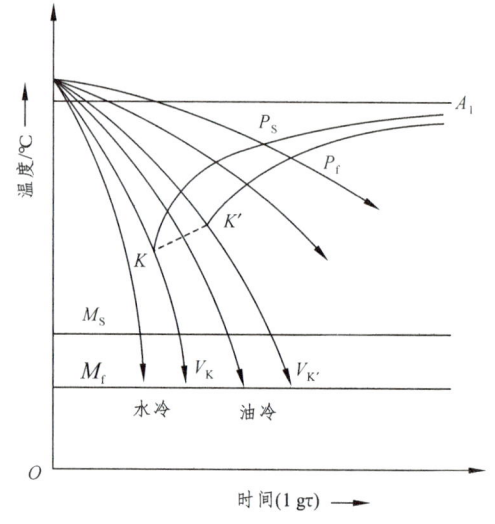

图 6-1-9　共析钢连续冷却转变曲线图

在图 6-1-9 中，P_s、P_f 线分别为珠光体转变开始和转变终了线，P_k 线为珠光体转变中止线。当冷却曲线碰到 P_k 线时，过冷奥氏体向珠光体的转变将被中止，残留奥氏体将一直过冷至 M_s 线以下转变为马氏体组织。

共析钢过冷奥氏体连续冷却转变过程分析如下：

① 炉冷：当过冷奥氏体以炉冷的冷却速度缓慢冷却时，冷却曲线分别与珠光体转变开始线和终了线相交，交点位于 C 曲线珠光体转变区域上部，转变产物为珠光体。

② 空冷：当过冷奥氏体以空冷的冷却速度冷却时，冷却曲线分别与珠光体转变开始线和终了线相交，交点位于 C 曲线珠光体转变区域中下部，转变产物为索氏体。

③ 油冷：当过冷奥氏体以油冷的冷却速度冷却时，冷却曲线分别与珠光体转变开始线和中止线相交，没有与转变终了线相交，即仅有一部分过冷奥氏体转变为屈氏体，其余部分在冷却至 M 线以下后转变为马氏体组织，冷却至室温后，还会有少量的残余奥氏体存在。因此，转变产物为屈氏体+马氏体+残余奥氏体。

④ 水冷：当过冷奥氏体以水冷的冷却速度冷却时，冷却曲线不与 C 曲线相交，过冷奥氏体将直接冷却至 M 线以下进行马氏体转变，冷却至室温后，还会保留部分残余奥氏体。因此，转变产物为马氏体+残余奥氏体。

由以上分析可知，v_k 和 v_k' 以为两个临界冷却速度。v_k 是过冷奥氏体在连续冷却中不发生分解，全部冷至 M_s 线以下发生马氏体转变的最小冷却速度，称作上临界冷却速度或临界淬火速度；v_k' 是过冷奥氏体全部转变为珠光体的最大冷却速度，称作下临界冷却速度。

探索活动

> 将两根一样的细弹簧钢丝（直径 1 mm 左右）同时放到酒精灯上加热到赤红色，然后将一根放在空气中冷却，另一根放到水中冷却。冷却完成后，用手将两根钢丝弯折，你会发现，放在水中冷却的钢丝硬而脆，很容易折断；放在空气中冷却的钢丝较软，具有较好的塑性，可以卷成任意形状而不断裂。这正是由于两者使用了不同的冷却方式，冷却速度不一样，钢的内部组织发生的变化也不一样，于是出现了不同的力学性能。

（2）马氏体转变。

当冷却速度大于 v_k 时，奥氏体将会很快被过冷至 M_s 线以下，转变为马氏体，用符号 M 表示。

① 马氏体转变的特点。

因转变温度很低，铁、碳原子都不能进行扩散，因此，马氏体转变是一种非扩散型相变。铁原子沿奥氏体一定晶面，集中地（不改变相互位置关系）作一定距离的移动（不超过一个原子间距），使面心立方晶格转变为体心立方晶格，碳原子原地不动，过饱和地留在新晶胞中。因此，马氏体是碳在 α-Fe 中的过饱和固溶体。过饱和碳使 α-Fe 的晶格发生很大的畸变，形成很强的固溶强化。

马氏体的转变速度极快。过冷奥氏体冷却至 M_s 线以下后，瞬间转变为马氏体。随着温度的下降，过冷奥氏体不断转变为马氏体，是一个连续冷却的转变过程。

马氏体转变是不彻底的，总会残留少量奥氏体。残余奥氏体的含量与 M_s 和 M_f 线的位置有关。奥氏体的含碳量越高，M_s 和 M_f 线就越低，残余奥氏体含量就越高。通常，含碳量高于 0.6% 时，在转变产物中应标上残余奥氏体；含碳量低于 0.6%，残余奥氏体可忽略。

马氏体形成时体积膨胀，在钢中会造成很大的内应力，严重时将使被处理零件开裂。

② 马氏体的形态。

马氏体的形态因其成分和形成条件而异，通常分为板条马氏体和片状（针状）马氏体两种。

含碳量在 0.25% 以下时，形成板条马氏体（低碳马氏体）。板条马氏体由一束束平行排列的细板条组成，在光学显微镜下观察到的只是边缘不规则的块状，故板条马氏体又称作块状马氏体，如图 6-1-10 所示。

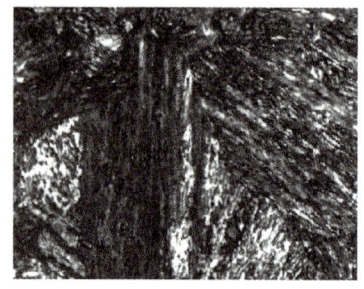 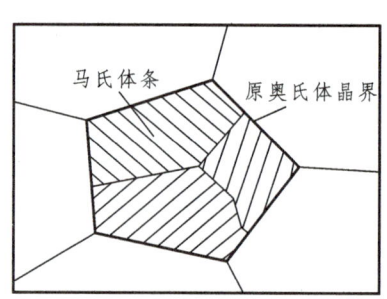

（a）板条马氏体显微组织　　　　　（b）板条马氏体示意图

图 6-1-10　板条马氏体的组织形态

含碳量大于 1.0% 时，形成片状马氏体（高碳马氏体）。片状马氏体单个晶体的立体形态呈双凸透镜形的片状，观察金相磨片，其断面是针状。一个奥氏体晶粒内，先形成的马氏体片较为粗大，贯穿整个奥氏体晶粒，而后形成的马氏体片则不能穿越先形成的马氏体片。因此，越晚形成的马氏体片尺寸越小，整个组织是由长短不一的马氏体片组成的，如图 6-1-11 所示。

 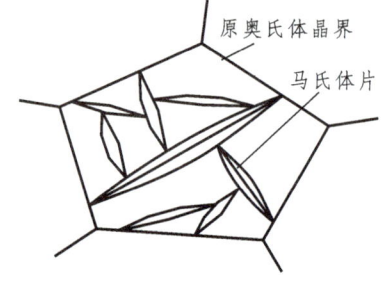

（a）片状马氏体显微组织　　　　　（b）片状马氏体示意图

图 6-1-11　片状马氏体的组织形态

③ 马氏体的性能特点。

马氏体具有很高的硬度和强度。马氏体的硬度主要取决于其含碳量，含碳量越高，其硬度越高。马氏体具有高强度的原因主要包括固溶强化、相变强化、时效强化及晶界强化等 4 种。

马氏体的塑性和韧性主要取决于其组织。板条马氏体具有较高的硬度、强度及较好的塑性和韧性，综合力学性能较好。片状马氏体具有比板条马氏体更高的硬度，但脆性较大，塑性和韧性较差。

探索发现

请同学们在课余时间尝试吹气球，感受一下气球的充气量对气球硬度和柔韧性的影响，借此来对比感受马氏体性能与含碳量的关系。

学习模块	钢的热处理
学习任务	钢在加热和冷却时的组织转变
客户委托	钢在加热和冷却时的组织转变
学习时间	

姓名		班级		日期	
成绩		教师签名			

任务测试

一、填空题

1. 热处理是对固态的金属或合金采用适当的方式进行_____、_____和_____，以获得所需要的组织结构与性能的工艺。

2. 整体热处理包括_____、_____、_____、_____等。

3. 共析钢过冷奥氏体连续冷却的方式常有_____、_____、_____、_____等。

二、问答题

1. 钢在加热时奥氏体是怎么形成的？

2. 影响奥氏体转变速度的因素有哪些？

3. 什么是奥氏体的晶粒度？影响奥氏体晶粒度的因素有哪些？

4. 什么是过冷奥氏体？过冷奥氏体的冷却方式有哪两种？

5. 以共析钢为例，过冷奥氏体等温转变为珠光体的温度范围是多少？其性能如何？

6. 以共析钢为例，过冷奥氏体等温转变为贝氏体的温度范围是多少？其性能如何？

7. 什么是马氏体？马氏体转变有何特点？马氏体具有什么性能？

(二) 钢的整体热处理

1. 钢的退火

退火是指将工件加热到适当温度，保持一定时间，然后缓慢冷却（一般为随炉冷却）的热处理工艺。根据处理的目的不同，钢的退火可分为完全退火、等温退火、球化退火、扩散退火、去应力退火和再结晶退火等 6 种。各种退火的加热温度范围和工艺曲线如图 6-1-12 所示。

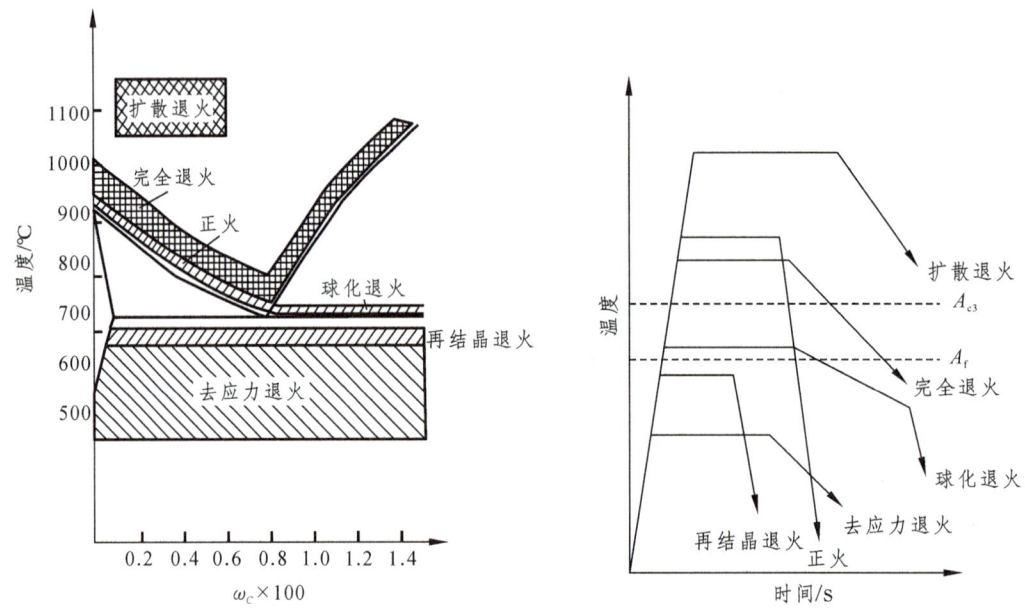

图 6-1-12　退火和正火的加热温度范围和工艺曲线

1）完全退火

完全退火是指将工件完全奥氏体化后缓慢冷却，获得接近平衡组织的退火工艺，其加热温度为 A_c 以上 30～50 ℃。完全退火后的组织一般为 F+P。

完全退火的目的是细化晶粒，消除内应力与组织缺陷，降低硬度，提高韧性，为随后的切削和淬火做好组织准备。

完全退火主要用于亚共析钢的铸件、锻件、热轧型材和焊件等，不能用于过共析钢，因为过共析钢加热到 A_{ccm} 线以上缓慢冷却时，会沿奥氏体晶界析出网状二次渗碳体，降低钢材的力学性能。

2）等温退火

完全退火所需时间很长，为缩短退火时间，生产中常采用等温退火的方法。等温退火是指将钢件加热到 A_{c3}（或 A_{c1}）以上 30～50 ℃，保温适当时间后，以较快速度冷却到珠光体转变温度区间的适当温度，并等温保持，使奥氏体转变为珠光体组织，然后出炉空冷的退火工艺。

等温退火不仅可以有效地缩短退火时间，提高生产率，而且因工件内外在同一温度下发生组织转变，故能获得均匀的组织与性能。

3）球化退火

球化退火是指将共析钢或过共析钢加热到 A_{c1} 以上 20~30 ℃，保温一定时间后，随炉缓冷至室温，或快冷到略低于 A_{r1} 温度，保温后出炉空冷，使钢中碳化物球状化的退火工艺。

过共析钢及合金工具钢热加工后，组织中常出现粗片状珠光体和网状二次渗碳体，硬度高，切削加工性能较差，且淬火时易产生变形和开裂。为消除上述缺陷，可采用球化退火，使珠光体中的片状渗碳体和钢中的网状二次渗碳体均呈球状（或粒状）。这种在铁素体基体上弥散分布着粒状渗碳体的复相组织称作粒状珠光体。若钢的原始组织中存在严重网状二次渗碳体，可先进行一次正火，将渗碳体网破碎，然后再进行球化退火。

4）扩散退火

扩散退火又称作均匀化退火，是指将铸件加热至钢熔点以下 100~200 ℃ 并长时间保持（一般为 10~15 h），然后随炉缓慢冷却至 600 ℃（高合金钢为 350 ℃）左右出炉空冷的退火工艺。

扩散退火的目的是消除晶内偏析，使化学成分和组织均匀化。扩散退火后，钢的晶粒很粗大，因此一般还需再进行完全退火或正火处理。

扩散退火需要时间长，耗费能量大，成本高，主要用于质量要求高的合金钢铸锭和铸件。

5）去应力退火

去应力退火是指将工件缓慢加热到 500~600 ℃，保温一定时间，然后随炉缓慢冷却至 200 ℃，再出炉空冷的退火工艺。由于加热温度低于 A_1，因此去应力退火过程中不发生相变。

去应力退火的目的是去除由于塑性变形加工、切削加工或焊接造成的应力以及铸件内存在的残余应力。它可消除 50%~80% 的内应力，对形状复杂及壁厚不均匀的零件尤为重要。

6）再结晶退火

再结晶退火是指将冷变形后的金属加热到再结晶温度以上，保持适当时间，使形变晶粒重新结晶为均匀的等轴晶粒，以消除形变强化和残余应力的退火工艺。

2. 钢的正火

正火是指将钢加热到 A_{c3} 或 A_{ccm} 以上 30~50 ℃，保温适当时间后，在空气中冷却的热处理工艺。正火的加热温度范围和工艺曲线如图 6-1-13 所示。

正火与退火的主要区别是正火的冷却速度稍快，得到的组织较细小，强度和硬度也较高。正火操作简便，生产周期短，成本较低，因此，在工业生产中应尽量用正火代替退火。

正火的主要应用有：作为普通结构零件的最终热处理；作为低、中碳结构钢的预备热处理，可获得合适的硬度，便于切削；用于过共析钢消除网状二次渗碳体，为球化退火做好组织准备。

3. 钢的淬火

淬火是指将钢加热到 A_{c3} 或 A_{c1} 以上某一温度，保持一定时间，然后以适当的速度冷却获得马氏体或贝氏体组织的热处理工艺。淬火是钢最重要的强化方法。淬火需与适当的回火工艺相配合，才能使钢具有不同的力学性能，以满足各类零件或工、模具的使用要求。

1）淬火工艺

（1）淬火加热温度。

淬火加热温度是淬火工艺的主要参数。一般情况下，淬火加热温度应限制在临界点以上30～50 ℃范围内，如图6-1-14所示。

亚共析钢的淬火加热温度为 A_{c3}+(30～50) ℃，这样可获得均匀而细小的马氏体组织。

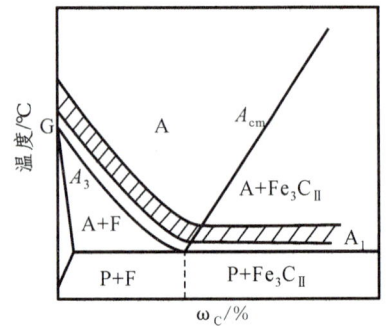

图6-1-14　碳钢的淬火加热温度范围

若加热温度在 A_{c1}～A_{c3} 之间，淬火后的组织中会保留铁素体，使钢的硬度降低。若加热温度过高，不仅会出现粗大的马氏体组织，还会导致淬火钢严重变形。

共析钢和过共析钢的淬火加热温度为 A_{c1}+(30～50) ℃。淬火后，共析钢可获得均匀而细小的马氏体和少量残余奥氏体；过共析钢可获得均匀而细小的马氏体、粒状二次渗碳体和少量残余奥氏体。

过共析钢的这种淬火组织，有利于获得最佳硬度和耐磨性。若过共析钢的淬火加热温度过高，则会得到较粗大的马氏体和较多的残余奥氏体，这不仅会降低淬火钢的硬度和耐磨性，还会增大淬火应力，使变形和开裂几率增大。若过共析钢的淬火加热温度低于 A_{c1} 点，则组织不发生相变，达不到淬火目的。

（2）淬火加热时间。

淬火加热时间是指达到加热温度和获得奥氏体均匀化的时间，包括升温和保温时间。加热时间不能过长，也不能过短，其受工件形状和尺寸、装炉方式、装炉量、加热炉类型、炉温和加热介质等影响。

探索发现

我国河北易县出土的战国时期的铜剑、辽宁三道壕出土的西汉钢剑、满城刘胜墓出土的刀剑等都具有淬火马氏体组织。可见，我国是应用马氏体组织和淬火技术最早的国家。但人类认识淬火组织内部的变化规律则是19世纪以后的事情。1878年，人类观察到高碳针状马氏体组织；1940年，人类发现低碳板条状马氏体组织；20世纪下半叶，透射电子显微镜、扫描电镜、隧道扫描显微镜等设备问世及应用后，才进一步揭示了马氏体组织结构的真实面貌。

（3）淬火冷却介质。

理想的淬火冷却介质应该能使零件通过快速冷却转变成马氏体，但又不会引起太大的淬火应力。理想的冷却速度如图6-1-15所示。在650 ℃以上时，过冷奥氏体较稳定，冷却速度可以慢一些，以减少零件内外温差引起的热应力；在500～650 ℃之间时，过冷奥氏体很不稳定,冷却速度应大于 v_k,以避免过冷奥氏体转变成其他组织;在 200~300 ℃ 之间时,冷却速度应慢一些,以减小组织转变应力。

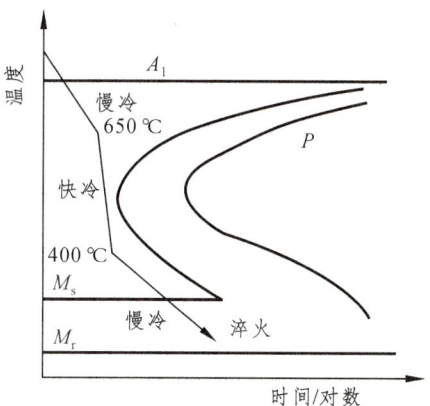

图 6-1-15　理想冷却曲线

生产中常用的淬火冷却介质为水和油。

水在 500~650 ℃ 范围内需要快冷时,冷却速度相对较小;而在 200~300 ℃ 范围内需要慢冷时,冷却速度又相对较大。但因水价廉且安全,故常用于形状简单、截面较大的碳钢件的淬火。若在水中加入盐或碱性盐或碱的水溶液,可增加 500~650 ℃ 范围内的冷却速度,但基本上不改变 200~300 ℃ 范围内的冷却速度。

常用的淬火用油主要为各种矿物用油,如机油、柴油、变压器油等。油在 200~300 ℃ 范围内的冷却速度很慢,有利于减少工件变形和开裂;但在 500~650 ℃ 范围内的冷却速度也很慢,不利于过冷奥氏体稳定性差的非合金钢的淬硬。因此,油一般作为合金钢的淬火冷却介质。

（4）淬火方法。

常用的淬火方法有单介质淬火、双介质淬火、马氏体分级淬火和贝氏体等温淬火等,如图 6-1-16 所示。

① 单介质淬火是指奥氏体化后的工件在一种介质（水或油）中连续冷却至室温的淬火方法。此法操作简单,易于实现机械化和自动化,但淬火应力大,工件容易变形和开裂。对碳素钢而言,单介质淬火只适用于形状较简单的工件。

② 双介质淬火是指将工件奥氏体化后,先在冷却能力较强

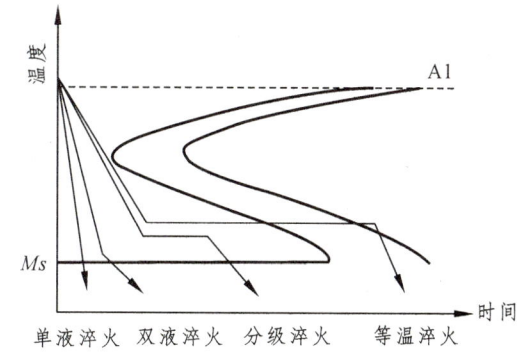

图 6-1-16　不同淬火方法示意图

的介质中冷却,再组织即将发生马氏体转变时,立即转入冷却能力较弱的介质中冷却的淬火方法,如先水后油、先水后空气等。此方法可有效减少工件变形和开裂,但操作不好掌握,主要用于形状复杂的高碳钢件和尺寸较大的合金钢件。

③ 马氏体分级淬火是指将奥氏体化后的工件浸入温度稍高于或稍低于 M_s 点的碱浴或盐浴中保持适当时间,在工件整体达到介质温度后取出空冷,以获得马氏体组织的淬火方法。此方法显著降低了淬火应力,因此能更有效地减小或防止淬火工件的变形和开裂,主要用于尺寸较小的工件。

④ 贝氏体等温淬火是指将工件奥氏体化后,随之快冷到贝氏体转变温度区间等温保持,使奥氏体转变为贝氏体的淬火方法。此法淬火后应力和变形很小,工件强度高、韧性好,多用于形状复杂、尺寸较小的零件。

2)钢的淬透性

(1)钢的淬透性概念。

钢的淬透性是指钢件在淬火时形成马氏体的能力,一般以圆柱体试样的淬硬层深度或沿截面的硬度分布曲线来表示。

因半马氏体组织(马氏体和非马氏体组织各占一半)较容易由显微镜或硬度的变化来确定,所以,一般规定,从工件表面向里至半马氏体组织的深度为钢的淬硬层深度。在同样的淬火条件下,淬硬层深度越大,钢的淬透性越好。

一般来说,奥氏体的稳定性越好,形成马氏体所需要的临界冷却速度也就越小,钢的淬透性越好。因此,凡是影响奥氏体稳定性的因素,如合金元素、碳含量、奥氏体化温度和钢中的第二相等,均影响钢的淬透性。

此外,还需弄清楚淬透性和淬硬性的区别。淬硬性是指钢在理想条件下进行淬火硬化所能达到的最高硬度值。淬火后,硬度值越高,淬硬性越好。淬硬性主要取决于马氏体的含碳量;合金元素含量对淬硬性没有显著影响,但对淬透性却有很大影响,所以,淬透性好的钢,其淬硬性不一定高。

(2)淬透性的测定方法。

淬透性的测定方法很多,目前普遍应用的是末端淬火法,其详细内容参见国家标准 GB/T 225—2006。其要点是:将 $\Phi 25\,mm \times 100\,mm$ 的标准试样加热到奥氏体化后,用专用末端淬火试验机对其一个端面喷水冷却,如图 6-1-17 所示。国家标准中对喷水管内径、水柱自由高度及水温等都有详细规定。

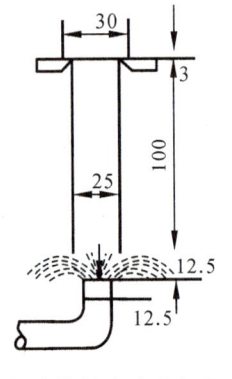

(a)试样尺寸及冷却方法

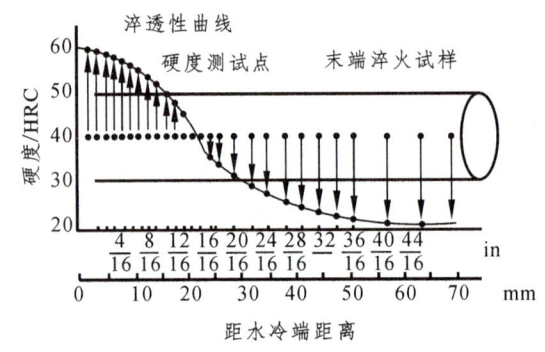

(b)淬透性曲线的测定

图 6-1-17　末端淬火法

冷却后，在试样沿长度方向磨深度为 0.4～0.5 mm 的窄条平面，然后从末端开始，每隔一定距离测量一个硬度值，即可得到沿试样长度方向的硬度分布曲线，该曲线称作淬透性曲线，如图 6-1-17 所示。淬透性曲线越平坦，表示钢的淬透性越好。

GB/T 225—2006 规定，钢的淬透性值用 $J\dfrac{\text{HRC}}{d}$ 表示。其中，J 表示末端淬火的淬透性；HRC 表示该处测得的硬度值；d 表示从测量点至淬火断面的距离，单位为 mm。例如，$J\dfrac{40}{6}$ 表示距离末端 6 mm 处硬度平均值为 40 HRC。

此外，在热处理生产中，还常用临界直径（D_c）来衡量钢的淬透性。临界直径是指圆形工件在某种介质中淬火后，心部得到全部马氏体或半马氏体组织时的最大直径。在相同条件下，临界直径越大，钢的淬透性越好。几种常用钢的临界直径见表 6-1-2。

表 6-1-2　几种常用钢的临界直径

牌号	$D_{c水}$/mm	$D_{c油}$/mm	心部组织
45	10～18	6～8	50%M
60	20～25	9～15	50%M
40Cr	20～36	12～24	50%M
20CrMnTi	32～50	12～20	50%M
T8～T12	15～18	5～7	95%M
GCr15		30～35	95%M
9SiCr		40～45	95%M
Cr12		200	90%M

（3）淬透性的应用。

钢的淬透性是机械设计制造过程中合理选材和正确进行热处理的重要依据。钢的淬透性好坏对热处理后的力学性能影响很大，如图 6-1-18 所示，当工件整个截面被淬透时，回火后表面和心部可得到完全一致的组织和性能；若不能全部淬透，表面和心部的组织就不同，回火后整个截面的硬度虽然基本一致，但未淬透部分的屈服强度和韧性却显著降低。

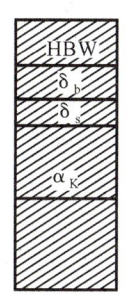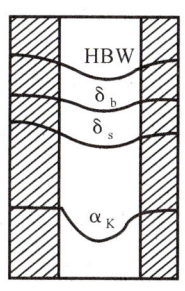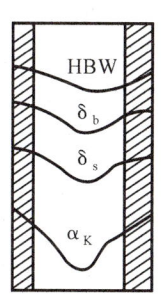

图 6-1-18　淬透性对回火后力学性能的影响

机械制造中，许多在重载、动载下工作及承受拉应力的重要零件，如连杆螺栓、拉杆、锻模、锤杆等，常要求工件表面和心部的力学性能均匀一致，故应选用淬透性好的钢；而对于应力主要集中在工件表面、心部应力不大的零件，则可选用淬透性低的钢；焊接件一般不选用淬透性好的钢，否则易在焊缝和热影响区出现淬火组织，造成焊件变形和开裂。

3) 常见的淬火缺陷及其防止措施

由于淬火加热温度高，冷却剧烈，因此容易产生一些缺陷。在机械制造中，淬火工序通常安排在零件的工艺路线的后期。常见的淬火缺陷有硬度不足和软点、过热过烧、氧化脱碳、变形与开裂等。大多数缺陷是可以返修的，但过烧、严重的变形及开裂无法返修。在生产中，为避免或减少缺陷的产生，应采取一些预防和补救措施。

常见的淬火缺陷主要有以下几种：

(1) 硬度不足和软点。

硬度不足是指工件整体或大部分区域的硬度达不到技术要求。软点是指工件内许多小区域的硬度偏低。软点常是工件磨损或疲劳裂纹的中心，显著影响工件的使用寿命。

产生硬度不足和软点的主要原因是工件淬火方式不当，工件表面有氧化皮或锈斑，保温时间及淬火介质选择不当引起的。如淬火冷却速度不够；淬火加热温度过低或保温时间过短；表面脱碳；淬火前原始组织不均匀；操作不当。

当出现硬度不足和软点时，应找出原因，有针对性地解决。如合理选择保温时间和淬火介质；淬火前清除工件表面的氧化皮、锈斑等。

(2) 过热和过烧。

零件在热处理时，加热温度过高或在高温下保温时间过长，引起奥氏体晶粒显著长大的现象称作过热。过热会影响零件随后热处理的力学性能，一般可用正火校正。如果加热温度过高，使钢的晶界严重氧化或熔化，这种现象称作过烧。过烧会严重降低钢的力学性能，且不能用其他方法补救，使零件报废，因此必须严格控制加热温度。

产生过热和过烧的主要原因是淬火加热温度过高，保温时间过长。过热工件可以经正火和退火后重新淬火加以补救，而过烧工件则无法挽救。

(3) 氧化和脱碳。

钢在氧化介质中加热时，氧原子与零件表面或晶界的铁原子形成 FeO 的现象称作氧化。氧化使工件表面金属烧损，影响了工件的尺寸和表面粗糙度，降低了钢的强度。在介质中加热，使钢中溶解的碳形成 CO 或 CH_4 而降低含碳量的现象称作脱碳。脱碳使工件表面贫碳，工件硬度和耐磨性下降。

氧化和脱碳不仅降低零件的表面硬度和疲劳强度，还会影响零件尺寸，增加淬火开裂危险性。防止氧化和脱碳的措施有：向炉内通往可控气氛（保护气），或通入防氧化剂；用盐浴加热；装箱加热；涂保护涂料。

当出现氧化和脱碳时，应采取措施防止氧化和脱碳，对重要受力零件和精密零件，通常在盐浴炉内加热，但这种方法只能减轻氧化和脱碳，不能完全避免。要求更高时，可用有效涂料保护或在保护气氛及真空炉中加热。

(4) 变形和开裂。

淬火时最易产生的缺陷是变形和开裂。如只产生变形，虽然有些零件可设法校正，或靠预先留出加工余量，通过随后的机械加工（如磨削）使之达到技术条件要求，但这样却使生产工艺复杂化，且降低了劳动生产率，增加了成本。有些零件，如带型腔的模具、成形刀具或高强度钢制零件（如飞机大梁等），淬火后不便于或不可能进行校正或机械加工，一旦变形超差就导致报废。至于零件淬裂，自然更无法挽救，从而给生产带来损失。

在实际生产中，应合理选用淬火工艺，以防止变形和开裂。

阅读材料

> **淬火和固溶的关系**
>
> 对钢铁材料而言，淬火和固溶在工艺上基本一致，都是加热到能令析出相完全溶解的温度，然后以大于析出临界冷却速度的方式冷却到析出温度以下，但是两者的目的不同，淬火是为了得到马氏体或贝氏体组织，以提高钢的力学性能；固溶的目的是消除析出物，使钢的强度和硬度提高。例如，将超低碳马氏体时效钢加热到单一奥氏体相区，随后进行空冷处理，得到单一的马氏体组织，此过程从工艺上称作淬火，但是从目的上就可以称作固溶处理。

4. 钢的回火

回火是指将淬火钢重新加热到 A_{c1} 以下的某一温度，保温一定时间，然后冷却到室温的热处理工艺。回火一般在淬火后随即进行。淬火与回火常作为零件的最终热处理。

回火可减小和消除淬火时产生的应力和脆性，防止和减小工件变形和开裂；获得所需的稳定组织，保证工件在使用中形状和尺寸不发生改变；获得工件所要求的使用性能。

1）钢在回火时组织与性能的变化

淬火后的马氏体和残余奥氏体都是不稳定的组织，具有自发向稳定状态转变的倾向。根据回火温度和回火组织的相应变化，组织转变可分为以下 4 个阶段。

（1）马氏体分解（80~200 ℃）。

回火温度高于 80 ℃ 时，马氏体开始分解，其中过饱和的碳将从固溶体中析出，并形成过渡碳化物（ε 碳化物）分布在马氏体基体上，这种组织称作回火马氏体。该阶段工件的淬火应力减小，韧性改善，但硬度并未明显降低。

（2）残余奥氏体分解（200~300 ℃）。

由于碳原子的不断析出，马氏体的体积缩小，降低了对残余奥氏体的压力，使其在此温度区间内转变为下贝氏体。在此温度下，虽然马氏体连续分解会降低钢的硬度，但是由于软的残余奥氏体转变成了较硬的下贝氏体，所以，钢的硬度并不显著降低。

（3）回火屈氏体的形成（250~400 ℃）。

250 ℃ 以上时，ε 碳化物逐渐向稳定的渗碳体转变，到 400 ℃ 时全部转变为高度弥散分布、极细小的粒状渗碳体。因 ε 碳化物不断析出，α 相的含碳量将降到平衡成分，即实际上已转变成铁素体，但形态仍为针状。于是得到由针状铁素体和极细小粒状渗碳体组成的复相组织，称作回火屈氏体。此时，淬火应力基本消除，硬度降低。

（4）α 相的再结晶与渗碳体的聚集长大（400 ℃ 以上）。

400 ℃ 以上时，高度弥散分布的极细小粒状渗碳体逐渐转变为较大粒状渗碳体，在约 600 ℃ 时开始粗化。同时，在 450 ℃ 以上，铁素体发生再结晶，其形态由针状转变为块状（多边形）。这种在多边形铁素体基体上分布着粗粒状渗碳体的复相组织称作回火索氏体。此时，淬火应力完全消除，硬度明显下降，塑性、韧性升高，具有良好的综合力学性能。

通过以上分析可知，回火组织转变是在不同温度范围内发生的，但大多数又是交叉重叠进行的。在同一温度回火，可能进行着几种不同的变化，回火后所得的组织和性能是这些变化的综合结果。淬火钢回火后的力学性能取决于组织变化，随着回火温度的升高，强度、硬度降低，塑性、韧性升高。

2）回火的种类及应用

按回火温度范围不同，回火可分为低温回火、中温回火和高温回火 3 种。

（1）低温回火（150～250 ℃）。

回火后得到回火马氏体组织，还有残留奥氏体和下贝氏体。其目的是保持高硬度和高耐磨性，降低淬火内应力和脆性。主要用于各种高碳钢的切削工具、冷冲模具、滚动轴承、渗碳零件等，回火后硬度可达 58～64 HRC。

（2）中温回火（350～500 ℃）。

回火后得到回火托氏体组织。其目的是获得高屈服强度、弹性极限和较高的韧性，主要用于各种弹簧和模具的处理。回火后硬度一般为 35～50 HRC。

（3）高温回火（500～650 ℃）。

回火后得到回火索氏体组织。通常将淬火+高温回火称作调质处理。其目的是获得强度、硬度、塑性和韧性都较好的综合力学性能。广泛用于飞机、汽车、拖拉机、机床等重要的结构零件，如连杆、螺栓、齿轮和各种轴等，回火后硬度一般为 200～330 HBW。钢经调质处理后不仅强度较高，而且塑性与韧性更显著超过正火状态。因此，重要的结构零件均进行调质而不用正火。表 6-1-3 为 45 钢调质和正火后力学性能的比较。

表 6-1-3　45 钢调质和正火后力学性能

热处理状态	R_m/MPa	A/%	KV/J·cm^2	HBW	组织
正火	700～800	15～20	50～80	162～220	细珠光体、铁素体
调质	750～850	20～25	80～120	210～250	回火索氏体

有人误认为，回火温度较低，又没有相变，在热处理中是一个不重要的工序。实际上，回火具有重要意义：

① 回火后的组织是零件使用时的组织，决定了零件的使用性能。

② 通过回火可以调整强度，使其与韧性良好配合，且可消除应力，防止开裂。

但是必须指出，粒状渗碳体调质组织，只有在完全淬透得到马氏体组织的条件下才能经调质得到。相比之下，正火工艺简单、经济。因此，在零件性能要求不高，或零件过大和形状复杂的情况下，均采用正火处理。

对飞机和航天工业，为了减少零件变形，简化最终热处理操作，通常采用等温淬火来代替调质，并可获得优良性能。

对某些精密零件，如精密量具和精密轴承等，为了保持淬火后的高硬度，常采用 100~150 ℃ 加热，并保温 10~15 h，这种操作称作时效处理。

5. 时效处理

金属和合金（钢铁等）经过冷、热加工或热处理后，在室温下保持（放置）或适当升高温度时常发生力学和物理性能随时间而变化的现象，统称作时效。在时效过程中，金属和合金的显微组织并不发生明显变化。工业上常用的时效方法主要有自然时效和人工时效等。

1）自然时效

自然时效是指经过冷、热加工或热处理的金属材料，于室温下发生性能随时间而变化的现象。如钢铁铸件、锻件或焊接件于室温下长期堆放在露天或室内，经过半年或几年后可以减轻或消除部分残余应力（约 10%~12%），并稳定工件尺寸。其优点是不用任何设备，不消耗能源，即能达到消除部分内应力的效果；但周期太长，应力消除率不高。

2）人工时效

（1）热时效。

随温度不同，α-Fe 中碳的溶解度会发生变化，使钢的性能发生改变的过程称作热时效。

低碳钢加热到 650~750 ℃（A_1 附近）并迅速冷却时，使来不及析出的 Fe_3C_{III} 可以保持在固溶体（铁素体）内成为过饱和固溶体。在室温放置过程中，碳有从固溶体中析出的自然趋势。由于碳在室温下有一定的扩散速度，长时间放置（保存）时，碳又呈 Fe_3C_{III} 析出，使钢的硬度、强度上升，而塑性、韧性下降。虽然低碳钢中含碳量不高，但硬度的提高可达 50%，这对低碳钢压力加工性能是不利的。在热时效过程中，加热温度越高，碳的扩散速度越快，则热时效时间也大为缩短。

就某些使用性能和工艺性能而言，热时效现象并不总是有利的，需要加以控制和利用。例如，经过淬火回火或未经淬火回火的钢铁零件（包括铸锻焊件），长时间在低温（一般低于 200 ℃）加热，可以稳定尺寸和性能；但是冷变形（冷轧等）后的低碳钢板，加热到 300 ℃ 左右发生的热时效过程，却使钢板的韧性降低，这对低碳钢板的成形十分有害。

（2）形变时效。

钢在冷变形后进行的时效称作形变时效。在室温下进行自然时效一般需要保持（放置）15~16 天（大型工件需放置半年甚至 1~2 年）；而热时效（一般在 200~350 ℃）仅需几分钟，大型工件需几小时。

在冷塑性变形时，α-Fe（铁素体）中的个别体积被碳、氮所饱和，在放置过程析出碳化物和氮化物。形变时效可降低钢板的冲压性能，因此低碳钢板（特别是汽车用钢板）要进行形变时效倾向试验。

（3）振动时效。

振动时效即通过机械振动的方式来消除、降低或均匀工件内应力的一种工艺。主要是使用一套专用电动机设备、测试仪器和装夹工具对需要处理的工件（铸、锻、焊件等）施加周期性的运动载荷，迫使工件（材料）在共振频率范围内振动并释放出内部残余应力，提高工件的抗疲劳强度和尺寸精度的稳定性。工件在振动（一般选在亚共振区）过程中，材料各点的瞬时应力与工件固有残余应力相叠加，当这两项应力幅值之和不小于材料屈服强度时，在该点的材料就会产生局部微塑性变形，使工件中原来处于不稳定状态的残余应力向稳定状态转变，经一定时间振动（从十几分钟到 1 h）后，整个工件的内应力得到重新分布（均匀），使之在较低的能量水平上达到新的平衡。其主要优点是：① 不受工件尺寸和重量限制（大到几百吨），可以露天就地处理；② 节能率达 98%以上；③ 内应力消除率达 30%以上；④ 一般可以代替人工时效和自然时效。

6. 钢的冷处理

高碳钢及一些合金钢，由于 M_f 点位于零度以下，淬火后组织中有大量残留奥氏体。若将钢继续冷却到零度以下，会使残留奥氏体转变为马氏体，称这种操作为冷处理。

冷处理应当紧接着淬火操作之后进行，如果相隔时间过久，冷处理的效果下降。冷处理的温度应由 M_f 决定，一般是在干冰（固态 CO_2）和酒精的混合物或冷冻机中冷却，温度为-70~-80 ℃。这种方法主要用来提高钢的硬度和耐磨性（例如，合金钢渗碳后的冷处理）。为了提高工具的寿命和稳定精密量具的尺寸，往往也进行冷处理。冷处理时体积要增大，所以这种方法也用于恢复某些高度精密件（如量规）的尺寸。冷处理后可进行回火，以消除应力，避免裂纹。

目前，-130 ℃ 以下（用液氮）的深冷处理，在工具及耐磨零件获得应用，显著延长了它们的寿命。此外，还用于各种量具、枪杆等要求尺寸准确、稳定的零件。

学习模块	钢的热处理				
学习任务	钢的整体热处理				
客户委托	钢的整体热处理				
学习时间					
姓名		班级		日期	
成绩		教师签名			

任务测试

一、填空题

1. 根据处理的目的不同，钢的退火可分为_____、_____、_____、_____和_____等。

2. 按回火温度范围不同，回火可分为_____、_____和_____3种。

3. 工业上常用的时效方法主要有_____和_____等。

4. 通常将淬火+高温回火称作_____。

二、问答题

1. 什么是完全退火？完全退火的目的是什么？

2. 什么是扩散退火？扩散退火的目的是什么？

3. 什么钢的正火？钢的正火与退火有何区别？钢的正火主要应用在哪些地方？

4. 什么是钢的淬火？钢的淬火方法有哪些？

5. 什么是钢的淬透性？

6. 常见的淬火缺陷有哪些？有哪些预防措施？

7. 什么是钢的回火？为什么钢淬火之后要进行回火？

8. 钢在回火时组织和性能会发生哪些变化？

9. 什么是钢的冷处理？冷处理应用在哪些领域？

(三) 钢的表面热处理

表面热处理是指为改变工件表面的组织和性能,仅对工件表层进行的热处理工艺。表面淬火是一种常用的表面热处理,是指仅对工件表层进行淬火的工艺。工件经表面淬火后,表层得到马氏体组织,具有高的硬度和耐磨性,而心部仍保留着韧性和塑性较好的原始组织。

根据加热方法的不同,表面淬火主要分为感应加热表面淬火、火焰加热表面淬火、激光加热表面淬火、电接触加热表面淬火等,其中最常用的是感应加热表面淬火和火焰加热表面淬火两种。

1. 感应加热表面淬火

感应加热表面淬火是指利用感应电流通过工件时所产生的热量,使工件表层、局部或整体加热并快速冷却的淬火工艺。

1) 感应加热表面淬火的基本原理

如图 6-1-19 所示,工件放入用空心纯铜管绕成的感应器内,给感应器通入一定频率的交流电,周围便产生同频率的交变磁场,于是在工件内部就产生了同频率的感应电流(涡流)。由于感应电流的集肤效应(电流集中分布在工件表面)和热效应,使工件表层迅速加热到淬火温度,而心部仍处于相变点温度以下,随即快速冷却,从而达到表面淬火的目的。

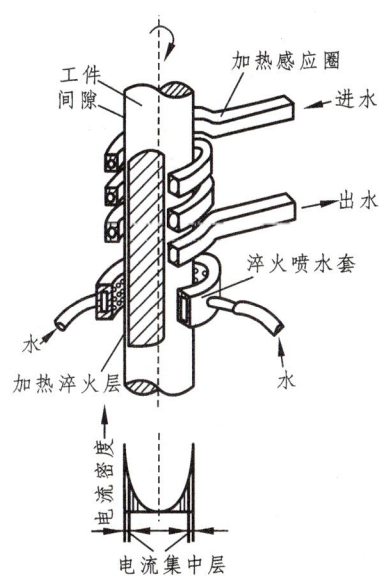

图 6-1-9 感应加热表面淬火示意图

根据所用电流的频率不同,感应加热可分为高频感应加热、中频感应加热和工频感应加热 3 种,见表 6-1-4。

表 6-1-4 感应加热表面淬火的分类及应用范围

分类	频率范围	淬硬层深度/mm	应用范围
高频感应加热	200～300 kHZ	0.5～2	要求淬硬层较薄的中、小模数齿轮和中、小尺寸轴类零件
中频感应加热	2 500～8 000 HZ	2～8	大、中模数齿轮和较大直径轴类零件
工频感应加热	50 HZ	10～15	大直径零件，如轧辊、火车轮等

2）感应加热表面淬火的特点及应用

与普通淬火相比，感应加热表面淬火速度快，加热时间短；淬火质量好，表面硬度高，淬硬层深度易于控制；劳动条件好，生产率高，适用于大批量生产。但感应加热设备较昂贵，调整、维修比较困难，工件形状复杂时感应器制造困难，且不适合单件小批生产。

感应加热表面淬火最适宜的钢种是中碳钢（如 40 钢、45 钢）和中碳合金钢（如 40Cr 钢、40MnB 钢），也可用于高碳工具钢、含合金元素较少的合金工具钢及铸铁等。

2. 火焰加热表面淬火

火焰加热表面淬火是指采用氧乙炔（或其他可燃气体）火焰，对零件表面进行加热，随之淬火冷却的工艺，如图 6-1-20 所示。其淬硬层深度一般为 2～6 mm。

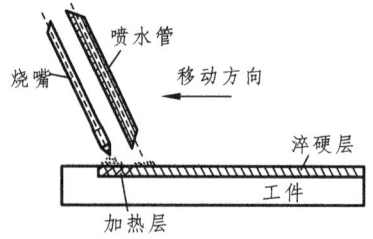

图 6-1-20 火焰加热表面淬火示意图

火焰加热表面淬火操作简便，设备简单，成本低，灵活性大；但加热温度不易控制，工件表面易过热，淬火质量不稳定，主要用于单件、小批生产以及大型零件。

3. 激光加热表面淬火

激光加热表面淬火是指利用高能量密度的激光扫描工件表面，将其迅速加热到钢的相变点以上，然后依靠零件本身的传热来实现快速冷却淬火。

激光加热表面淬火加热速度极快（千分之几秒至百分之几秒）；不用冷却介质，变形极小；表面光洁，不需要再进行表面加工就可直接使用；细化晶粒，可显著提高工件表面硬度和耐磨性；对任何复杂工件均可局部淬火，不影响相邻部位的组织和表面质量。激光加热表面淬火主要用于精密零件的局部淬火。

（四）钢的化学热处理

化学热处理是指将金属或合金工件置于一定温度的活性介质中保温，使一种或几种元素渗入它的表层，以改变其化学成分、组织和性能的热处理工艺。

化学热处理的方法很多，包括渗碳、渗氮和碳氮共渗等。但无论哪种方法，都是通过以下3个基本过程来完成的。

① 分解：化学介质在一定温度下分解，产生能够渗入工件表面的活性原子。

② 吸收：活性原子被工件表面吸收，即活性原子溶入铁的晶格形成固溶体，或与钢中某元素形成化合物。

③ 扩散：被吸收的活性原子由工件表面逐渐向内部扩散，形成一定深度的扩散层。上述基本过程都与温度有关，温度越高，过程进行得越快，扩散层越厚，但温度过高会引起奥氏体晶粒粗化，使钢变脆。

1. 渗 碳

渗碳是指将工件在渗碳介质中加热并保温，使碳原子渗入表层的化学热处理工艺。其目的是提高钢件表层的含碳量和形成一定的碳浓度梯度，以及经淬火和回火后提高工件表面硬度和耐磨性，并使心部保持良好的韧性。

为保证工件渗碳后表层具有高的硬度和耐磨性，而心部具有良好的韧性，渗碳用钢一般为含碳量为 0.1%～0.25% 的低碳钢和低碳合金钢。

1）渗碳方法

按所用的渗碳剂不同，渗碳方法可分为气体渗碳、固体渗碳和液体渗碳等 3 种。其中，气体渗碳生产率高，渗碳过程容易控制，渗碳层质量好，在生产中应用最广泛。

气体渗碳是指工件在气体渗碳介质中进行渗碳的工艺，如图 6-1-21 所示。将装挂好的工件放在密封的渗碳炉中，滴入煤油、丙醇或甲醇等渗碳剂并加热到 900～950 ℃，渗碳剂在高温下分解，产生的活性碳原子渗入工件表面并向内部扩散形成渗碳层，从而达到渗碳的目的。

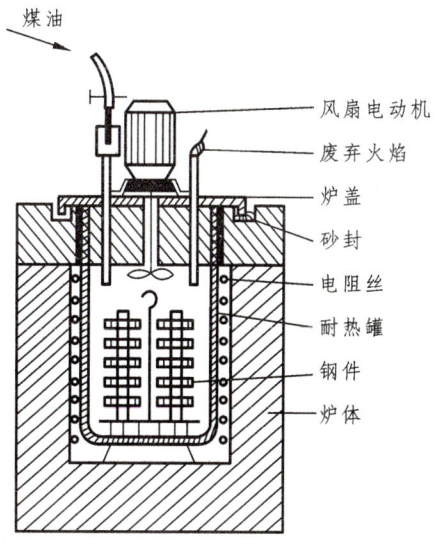

图 6-1-21　气体渗碳示意图

渗碳层深度主要取决于渗碳时间，生产中一般按每小时 0.10～0.15 mm 估算，或用试棒实测确定。

2）渗碳后的组织

工件渗碳后，含碳量从表面到心部逐步减少，表面含碳量可达 0.8%～1.05%，心部仍为原来的低碳成分。若工件渗碳后缓慢冷却，则从表面到心部的组织依次为过共析组织（珠光体和网状二次渗碳体）、共析组织（珠光体）、亚共析组织（珠光体和铁素体）、原始组织（铁素体和少量珠光体）。

一般规定，从渗碳工件表面向内至规定碳含量处的垂直距离为渗碳层深度。渗碳层深度取决于工件尺寸和工作条件，一般为 0.5～2.5 mm。

3）渗碳后的热处理

工件渗碳后必须进行淬火处理，通常根据工件材料和性能要求，采用直接淬火或一次淬火，如图 6-1-22 所示。工件经渗碳淬火及低温回火后，表层组织为回火马氏体和细粒状碳化物，表面硬度可高达 58～64 HRC；心部组织为低碳马氏体或珠光体型组织，硬度较低。因此，工件经渗碳淬火及低温回火后，表面具有高的硬度和耐磨性，而心部具有良好的韧性。

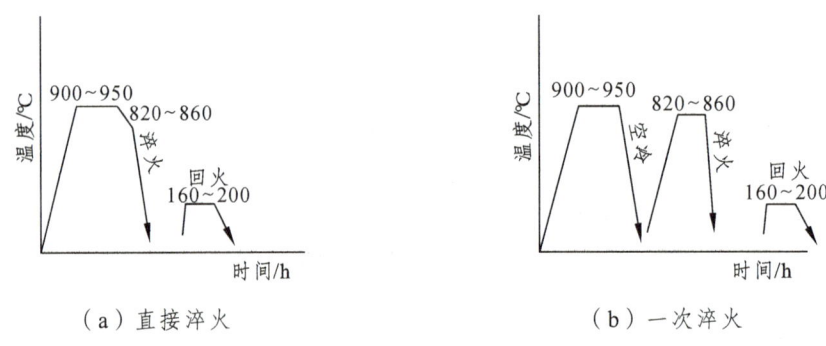

图 6-1-22　渗碳工件的热处理

2. 渗　氮

渗氮也称作氮化，是指在一定温度下（一般在 A_{c1} 温度以下）使活性氮原子渗入工件表层的化学热处理工艺。其目的是提高表面硬度、耐磨性、疲劳强度和耐腐蚀性。

对于以提高耐蚀性为主的渗氮，可选用优质碳素结构钢，如 20 钢、30 钢、40 钢等；对于以提高疲劳强度为主的渗氮，可选用一般合金结构钢，如 40Cr、42CrMn 等；而对于以提高耐磨性为主的渗氮，一般选用渗氮专用钢 38CrMoAlA。

1）渗氮方法

常用的渗氮方法有气体渗氮和离子渗氮等两种，其中在工业生产中应用最广泛的是气体渗氮。气体渗氮要在专门的氮化炉中进行，氨气在 500～600 ℃ 下分解，产生的活性氮原子被工件表面吸收，并向内部扩散，形成一定深度的渗氮层。当达到要求的渗氮层深度后，工件随炉降温到 200 ℃，停止供氨，出炉空冷。

为保证工件心部的力学性能，渗氮前，工件应进行调质处理。

2）渗氮的特点与应用

与渗碳相比，渗氮后工件无需淬火便具有高的硬度、耐磨性、热硬性和疲劳强度，良好的耐蚀性，同时渗氮温度低，工件变形小。但渗氮生产周期长，一般要得到 0.3～0.5 mm 的渗氮层，气体渗氮时间需 30～50 h，成本较高；渗氮层薄而脆，不能承受冲击。因此，渗氮主要用于要求表面硬度高、耐磨、耐蚀、耐高温的精密零件，如精密机床主轴、丝杠、阀门等。

3. 碳氮共渗和氮碳共渗

1）碳氮共渗

碳氮共渗是指在一定温度下同时将碳、氮渗入工件表层并以渗碳为主的化学热处理工艺。目前常采用气体碳氮共渗。气体碳氮共渗工艺与渗碳基本相似，常用渗剂为煤油+氨气等，加热温度为 820～860 ℃。碳氮共渗后工件还要进行淬火和低温回火，其表面组织为含氮马氏体。

与渗碳相比，碳氮共渗加热温度低，零件变形小，生产周期短，渗层具有较高的硬度、耐磨性和疲劳强度，常用于汽车变速箱齿轮和轴类零件。

2）氮碳共渗

氮碳共渗即低温碳氮共渗，是指使工件表层渗入氮和碳，并以渗氮为主的化学热处理工艺。它所用渗剂为尿素、甲酰胺或三乙醇胺等，加热温度为 560～570 ℃，时间仅为 1～4 h，然后缓冷至室温。

与一般渗氮相比，氮碳共渗的渗层硬度较低，脆性小，故也称作软氮化。氮碳共渗不仅适用于碳钢和合金钢，还可用于铸铁，常用于模具、高速钢刃具及轴类零件等。

学习模块	钢的热处理				
学习任务	钢的化学热处理				
客户委托	钢的化学热处理				
学习时间					
姓名		班级		日期	
成绩		教师签名			

任务测试

问答题

1. 什么是钢的化学热处理？化学热处理由哪几个基本过程组成？

2. 什么是渗碳？渗碳后的组织是怎么分布的？渗碳后要进行哪些热处理？

3. 什么是渗氮？渗氮的目的是什么？

4. 渗氮有哪些特点？主要应用于哪些地方？

5. 什么是碳氮共渗？并有何特点？主要应用于哪些地方？

(五)其他热处理技术

1. 形变热处理

形变热处理是指将塑性变形和热处理有机结合在一起,以提高工件力学性能的复合热处理方法。它能同时发挥形变强化和相变强化的作用,提高材料的强韧性,还可简化工序,降低成本,减少能耗和材料烧损。

形变热处理的方法较多,按形变温度的不同,形变热处理可分为低温形变热处理和高温形变热处理。

低温形变热处理是指将工件奥氏体化保温后,快冷至 A_{r1} 温度以下,进行大量塑性变形,随即淬火、回火的工艺。其主要特点是在保持塑性、韧性不降低的情况下,可显著提高钢的强度和耐磨性。这种工艺主要用于刀具、模具、板簧、飞机起落架等。

高温形变热处理是指将工件奥氏体化保温后进行塑性变形,然后立即淬火、回火的热处理工艺。其特点是在提高强度的同时,还可明显改善塑性、韧性,减小脆性,增加钢件的使用可靠性。但其形变通常是在再结晶温度以上进行的,故强化程度不如低温形变热处理大。这种工艺多用于调质钢和机械加工量不大的锻件,如曲轴、连杆、叶片、弹簧等。

2. 真空热处理

真空热处理是指在正常大气压以下的减压空间中进行加热的热处理工艺,包括真空淬火、真空退火、真空回火、真空化学热处理等。

真空热处理的工件不氧化、不脱碳;升温慢,热处理变形小;表面氧化物、油污等在真空加热时分解,被真空泵排出,使工件表面光洁美观;可显著提高疲劳强度、耐磨性和韧性;劳动条件好。但真空热处理设备复杂,投资较高。真空热处理目前多用于模具和精密零件。

3. 可控气氛热处理

可控气氛热处理是指在炉气成分可控的炉内进行的热处理。可控气氛热处理能减少或避免钢件在加热过程中的氧化和脱碳,提高工件质量;可实现光亮热处理,保证工件的尺寸精度;可进行控制表面碳浓度的渗碳和碳氮共渗,且可使已脱碳的工件表面复碳,确保工件质量。

学习模块	钢的热处理				
学习任务	其他热处理技术				
客户委托	其他热处理技术				
学习时间					
姓名		班级		日期	
成绩		教师签名			

任务测试

问答题

1. 什么是形变热处理？按形变温度的不同，形变热处理可分为哪几种？主要应用于哪些地方？

2. 什么是真空热处理？真空热处理有哪些特点并应用于什么地方？

3. 什么是可控气氛热处理？有何特点？

（六）热处理零件的结构工艺性

零件的结构工艺性是指所设计的零件在能满足使用要求的前提下实施制造的可行性和经济性，即制作零件结构的难易程度。零件的结构工艺性是评定零件结构优劣的主要指标之一。

热处理零件的结构工艺性是指在设计需要进行热处理的零件，特别是需淬火的零件时，既要考虑保证零件的使用性能要求，又要考虑热处理工艺对零件结构的要求。如果零件的结构工艺性不合理，则可能造成淬火变形、开裂等缺陷。因此，在设计时，必须充分考虑淬火零件的结构、形状、各部分的尺寸以及加工工艺与热处理工艺性的关系。

1. 避免尖角和棱角

零件的尖角和棱角是淬火应力集中的地方，容易成为淬火裂纹源，一般应尽量将其设计成圆角、倒角，如图 6-1-23 所示。

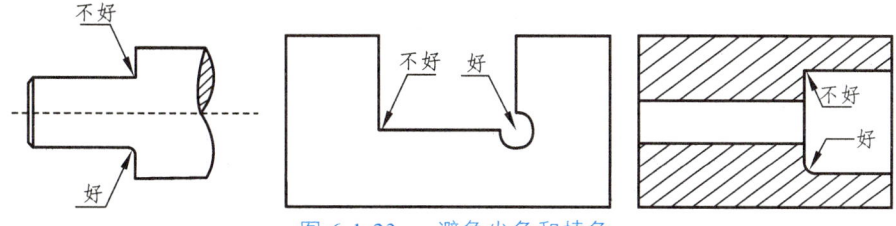

图 6-1-23　避免尖角和棱角

2. 避免截面厚薄悬殊，合理安排槽孔结构

截面厚薄悬殊的零件淬火冷却时，由于冷却不均匀会造成零件变形和开裂。为使壁厚尽量均匀，并使截面均匀过渡，可采取开工艺孔，加厚零件截面过薄处，合理安排孔洞和槽的位置，变盲孔为通孔等措施，如图 6-1-24 所示。

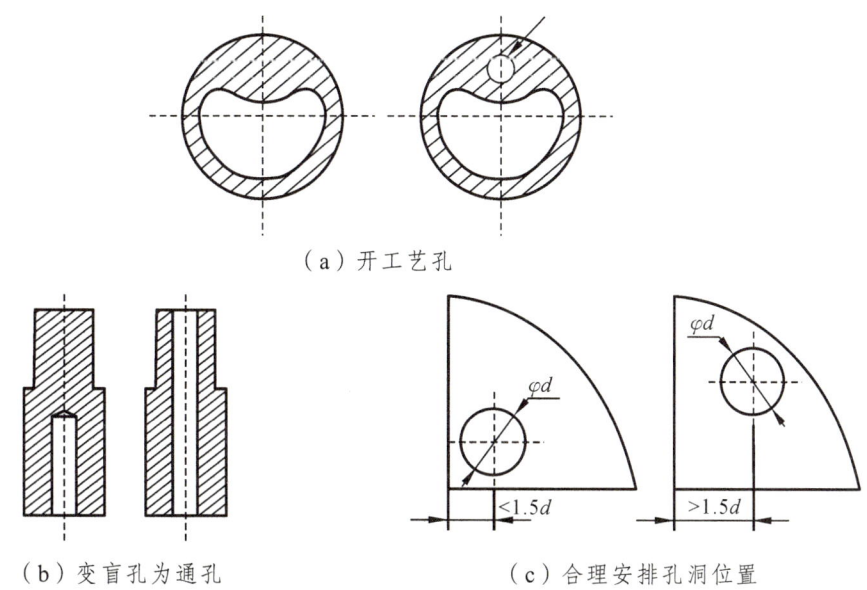

图 6-1-24　避免截面厚度悬殊

3. 尽量采用对称或封闭结构

开口或不对称结构零件淬火时，应力分布不均匀，容易引起变形，应尽量采用封闭或对称结构，如图 6-1-25 所示。

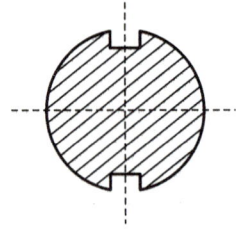

图 6-1-25　对称结构

4. 尽量采用组合结构

山字形硅钢片冲模若做成整体，热处理变形较大，如图 6-1-26（a）中双点画线所示；若改为四块组合件，每块单独进行热处理，磨削后组合装配，可避免整体变形，如图 6-1-26（b）所示。

（a）　　　　　　　　　　（b）

图 6-1-26　山字形硅钢片冲模

学习模块	钢的热处理
学习任务	热处理零件的结构工艺性
客户委托	热处理零件的结构工艺性
学习时间	

姓名		班级		日期	
成绩		教师签名			

任务测试

问答题

热处理零件在设计时要考虑哪些结构？为什么？

（七）热处理技术条件的标注及工序位置的安排

1. 热处理技术条件的标注

根据零件性能要求，在零件图样上应标出热处理技术条件，其内容包括最终热处理方法及应达到的力学性能指标等，作为热处理生产及检验时的依据。

力学性能指标一般只标出硬度值。标定的硬度值应有一定的允许范围，如布氏硬度值为 30~40 个单位，洛氏硬度值为 5 个单位。例如，调质 220~250 HBW，淬火回火 40~45 HRC。但对力学性能要求较高的重要零件，如主轴、曲轴、齿轮等，还应标出强度、塑性和韧性指标，有时还应对金相组织提出要求。

对于渗碳或渗氮件，应标出渗碳或渗氮部位、渗层深度，渗碳淬火回火或渗氮后的硬度等。表面淬火零件应标明淬硬层的深度、硬度及部位等。

在图样上标注热处理技术条件时，可用文字在图样标题栏上方作简要说明，也可按 GB/T 12603—2005《金属热处理工艺分类及代号》的规定进行标注。热处理工艺代号标记规定如图 6-1-27 所示。

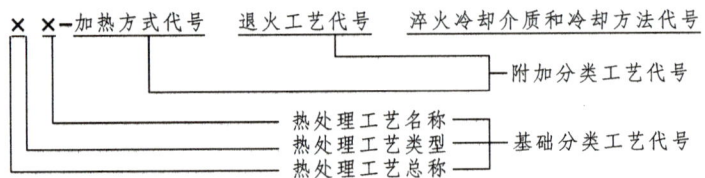

图 6-1-27　热处理工艺代号标记

热处理工艺代号由基础分类工艺代号和附加分类工艺代号组成。基础分类工艺代号由三位数字组成，第一位数字 5 表示机械制造工艺分类与代号中热处理的工艺代号；第二、三位数字分别表示工艺类型、工艺名称的代号；附加分类工艺代号中的加热方式代号采用两位数字，退火工艺、淬火冷却介质和冷却方法代号采用英文字母。热处理工艺分类及代号见表 6-1-5。

表 6-1-5　热处理工艺分类及代号

工艺总称（代号）	工艺类型（代号）	工艺名称（代号）	加热方式（代号）	退火工艺（代号）	淬火冷却介质和冷却方法（代号）
热处理（5）	整体热处理（1）	退火　　　　（1）	可控气氛(气体)(01)	去应力退火(St)	空气　　（A）
		正火　　　　（2）	真空　　　（02）	均匀化退火(H)	油　　　（O）
		淬火　　　　（3）	盐浴（液体）（03）	再结晶退火(R)	水　　　（W）
		淬火和回火　（4）	感应　　　（04）	石墨化退火(G)	盐水　　（B）
		调质　　　　（5）	火焰　　　（05）	脱氢退火　(D)	有机聚合物水溶液（Po）
		稳定化处理　（6）	激光　　　（06）	球化退火　(Sp)	
		固溶处理，水韧处（7）	电子束　　（07）	等温退火　(I)	盐浴　　（H）
		固溶处理+时效（8）	等离子体　（08）	完全退火　(F)	加压淬火（Pr）
			固体装箱　（09）	不完全退火(P)	双介质淬火（I）

续表

工艺总称（代号）	工艺类型（代号）	工艺名称（代号）	加热方式（代号）	退火工艺（代号）	淬火冷却介质和冷却方法（代号）
热处理（5）	表面热处理（2）	表面淬火和回火（1） 物理气相沉积（2） 化学气相沉积（3） 等离子增强化学气相沉积（4） 离子注入（5）	流态床（10） 电接触（11）		分级淬火（M） 等温淬火（At） 形变淬火（Af） 气冷淬火（G） 冷处理（C）
	化学热处理（3）	渗碳（1） 碳氮共渗（2） 渗氮（3） 氮碳共渗（4） 渗其他非金属（5） 渗金属（6） 多元共渗（7）			

2. 热处理工序位置的安排

热处理可分为预先热处理和最终热处理两种，其工序位置安排如下。

1）预先热处理工序位置

预先热处理包括退火、正火、调质等，一般安排在毛坯生产之后、切削加工之前，或粗加工之后、半精加工之前。

（1）退火、正火工序位置。

退火、正火的工序位置均安排在毛坯生产之后、切削加工之前。对于精密零件，为了消除切削加工的残余应力，在切削加工之间还应安排去应力退火。

退火、正火零件的加工路线为：毛坯生产→退火或正火→切削加工。

（2）调质工序位置。

调质工序一般安排在粗加工之后、精加工或半精加工之前。若粗加工之前调质，对于淬透性差的碳钢零件，表面调质层的优良组织很可能大部分在粗加工中被切除掉，失去调质作用。调质零件的加工路线为：下料→锻造退火或正火→粗加工→调质→半精加工或精加工。

2）最终热处理

最终热处理包括淬火、回火、渗碳、渗氮等 4 种。零件经最终热处理后，硬度较高，除磨削外，不宜再进行其他切削加工，因此，其工序位置一般安排在半精加工之后，磨削之前。

（1）淬火工序位置。

淬火分为整体淬火和表面淬火两种。

整体淬火零件的加工路线一般为：下料→锻造退火或回火→粗加工、半精加工→

淬火、回火（低、中温）→磨削。

　　表面淬火零件的加工路线一般为：下料→锻造→退火或回火+粗加工调质半精加工→表面淬火、低温回火→磨削。

　　（2）渗碳工序位置。

　　渗碳分整体渗碳和局部渗碳两种。当渗碳件局部不允许有高硬度时，应在设计图样上予以注明。该部位可镀铜以防渗碳，或采用多留余量的方法，待零件渗碳后、淬火前，再去掉该部位的渗碳层。

　　渗碳件的加工路线一般为：下料→锻造正火→粗、半精加工（留防渗余量或镀铜）→渗碳（或渗碳后切除防渗余量）→淬火、低温回火→磨削。

　　（3）渗氮工序位置。

　　渗氮温度低，变形小，渗氮层硬而薄，因此其工序位置应尽量靠后。通常渗氮后不再磨削，对个别质量要求高的零件，应进行精磨、研磨或抛光。为保证渗氮件心部有良好的综合力学性能，在粗加工和半精加工之间进行调质。为防止因切削加工产生残余应力，使渗氮件变形，渗氮前应进行去应力退火。

　　渗氮零件的加工路线一般为：下料→锻造→退火→粗加工→调质→半精加工→去应力退火（俗称高温回火）→粗磨→渗氮→精磨、研磨或抛光。

学习模块	钢的热处理					
学习任务	热处理工序位置的安排					
客户委托	热处理工序位置的安排					
学习时间						
姓名		班级		日期		
成绩		教师签名				

任务测试

问答题

1. 在零件图样上为什么要标出热处理技术要求？在图样上标注热处理技术条件时可用哪些方法？

2. 热处理可分为预先热处理和最终热处理，其工序位置是如何安排的？

主题	钢在加热和冷却时的组织转变	任务书编号：6-1-1
说明	在技术信息系统中使用现有的专业文献和信息完成相关工作； 在工作组内准备学习作业； 在工作页中完成相关信息。	时间：

工作页　钢在加热和冷却时的组织转变

1. 什么是钢的热处理，钢的热处理包括哪几个过程？

2. 钢在加热时组织会发生什么变化？

3. 钢在等温冷却时组织会发生什么变化？过冷奥氏体连续冷却时会形成什么组织？

4. 什么是钢的整体热处理，包括哪几种热处理工艺？

5. 什么是钢的退火？根据热处理目的的不同，钢的退火可以分为哪几类？

6. 什么是钢的正火？钢的正火的目的是什么并有哪些应用？

7. 什么是钢的淬火？钢淬火的目的是什么？钢淬火的方法有哪些？常见的淬火缺陷有哪些？

8. 什么是钢的淬透性？

9. 什么是钢的回火？钢的回火目的什么？

10. 什么是时效处理？

11. 什么是钢的冷处理？

12. 什么是钢的表面热处理？根据加热方式的不同可以分为哪几类？分别有何应用？

13. 什么是钢的化学热处理？化学热处理的目的是什么？钢的化学热处理由哪几个基本过程来完成的？

14. 什么是渗碳？什么是渗氮？各具有什么样的工艺过程？什么是碳氮共渗？其目的是什么？

15. 什么是形变热处理？它主要应用于哪些场合？

16. 什么是真空热处理？它有哪些特点？

17. 热处理零件的结构有哪些要求？有哪些注意事项？

18. 预先热处理工序的位置是怎么安排的？

19. 最终热处理工序的位置是怎么安排的？

五、工作过程

(一) 计　划

请各小组讨论，根据表 6-1-6 学习计划表的格式，制定合理的学习计划，并填入表中。

表 6-1-6　学习计划表

序号	工作步骤	工具/材料	组织形式	计划工时
完成本次任务的重点、难点、风险点识别	本次任务重点：钢的热处理的应用和工艺制定； 难点：根据热处理技术要求，初步选择其热处理工艺； 风险点：无。			
思政要点	在钢的热处理过程中，根据不同的工艺要求和钢种特性，需要选择适当的冷却方法。要求深入了解各种冷却方法的原理和特点，并能够根据实际情况进行选择。这体现了具体问题具体分析的哲学思想。 热处理过程中的温度控制和冷却速度的调整，可以有效预防钢的变形。这反映了"精准控制、一丝不苟"的思政观点。在生产过程中，每一个环节都需要精准控制，确保产品质量。 在学习钢的表面淬火时，需要具备创新意识。表面淬火技术的发展是一个不断创新的过程，需要通过自主学习和研究，了解最新的技术动态和发展趋势。同时，还需要在实践中积极探索新的工艺方法和技术路线，提出自己的创新思路和见解。通过创新能力的培养，可以更好地适应未来社会的发展和变化。 在学习和应用热处理技术时进行创新思考，不断探索新的应用领域和方法，培养创新意识和创新能力。 追求卓越品质，通过不断优化热处理工序位置，提高产品质量和生产效率。			
时间：	培训师：		学生：	

(二) 决　策

在工作计划中，明确了学习目标，收集必要的信息，筛选出对决策具有重要影响的关键信息。在评估和分析完信息后，下一步是生成一系列的可选方案。这些方案应该能够满足决策的目标，并且基于对信息的评估和分析所得出的结论。在生成可选方案时，可以采用多种方法，如头脑风暴、SWOT 分析、六项思考帽法、思维导图和创新游戏等，以确保获得多样化和创新的方案。

（三）实　施

按照学习计划表制定的要求进行学习并完成学习目标。

（四）检　查

完成钢的热处理学习后，请根据钢的热处理应用的准确性对本次课程的学习进行相应的检查，将检查结果填入表 6-1-7 中。

表 6-1-7　钢的热处理检查表

编号	任务	分数	比重	评分
1				
2				
3				
4				
5				
6				
总分：				

注：工作页根据学生完成情况打分：全面完成得 91~100 分，基本完成得 81~90 分，部分完成得 60~80 分，未完成得 60 分以下。

（五）评　估

1. 信息评估

表 6-1-8　信息评估记录表

编号	任务	分数	比重	评分
1				
2				
3				
4				
5				
6				
总分：				

注：工作页根据学生完成情况打分：全面完成得 91~100 分，基本完成得 81~90 分，部分完成得 60~80 分，未完成得 60 分以下。

2. 学习过程评估

表 6-1-9 学习过程评估记录表

姓 名		学 号		班 级		日 期	
练习（试题）名称							

一、学习过程检查				评分等级为 10—9—7—5—3—0			
序号	检查内容	评 分 项 目			学生自检评分	教师检查评分	对学生自评的评分
1	课前						
2	课中						
3	课后						
结 果							

注：对学生自评的评分标准为：同教师的评分相差一级得 9 分、二级得 5 分、三级得 0 分

二、笔试检查			评分等级为 10—0	
序号	笔试的检查	学生自评	教师检查评分	对学生自评的评分
1	完整性			
2	书写规范性			
3	答案准确性			
4	错误改正			
结 果				

总评分						
序号	评分组	结果	因子	得分（中间值）	系数	得分
1	计划、实施（对学生自评的评分）					
2	计划、实施（教师检查评分）					
3	笔试检查（对学生自评的评分）					
4	笔试检查（教师检查评分）					
					总分	

实训师签名：_____ 学生签名：_____

六、行动结果

(一)学习成果

熟悉钢的热处理技术,掌握钢的热处理在实际中的应用,学会规划学习步骤。完成笔试测试题。

(二)成绩评测

总成绩的评估基于以下权重:

序号	评估项目	分数	比重	评分
1	信息			
2	工作过程			
总分				

模块七　铸铁及其应用

任务九　铸铁及其应用

一、教学大纲

（一）所属学习模块

学习模块	铸铁
学习情境	铸铁
客户委托	铸铁的应用
学习时间	

（二）思维导图

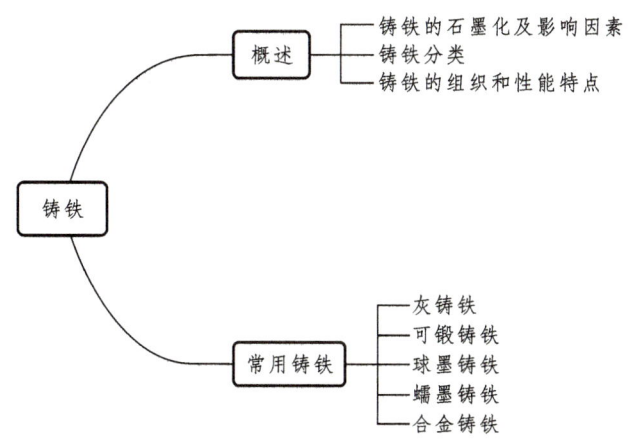

(三)资格培训矩阵

信息	描述		
行动目标	铸铁的概述		
学习内容	铸铁的概述		
能力	专业能力： 能根据铸铁的牌号判别铸铁的分类和用途； 能根据铸铁的石墨形态判别铸铁的种类； 能利用所学知识科学解决生产、生活中遇到的实际问题	方法能力： 能够查阅资料； 能够分析； 解决问题； 自我学习； 能自我评估	社会能力： 沟通能力； 团队合作能力； 责任感

二、问题或情景说明

某铸铁厂生产了一批灰口铸铁管，但是在使用过程中出现了破裂的情况。经过调查发现，这批铸铁管存在严重的石墨化问题，导致其力学性能下降。为了解决这个问题，该铸铁厂采取了一系列措施来控制铸铁的石墨化过程。首先，他们调整了铁液的化学成分，加入了一些促进石墨化的元素，如 Si、Mn 等。其次，在浇注过程中控制冷却速度，以促进石墨化的进行。最后，在热处理过程中采用了适当的加热和保温时间，以获得最佳的石墨化效果。通过这些措施的实施，该铸铁厂成功地解决了石墨化问题，提高了铸铁管的力学性能，使其能够满足客户的需求。

这个案例说明了铸铁石墨化的重要性，以及控制石墨化过程的必要性。通过科学的方法和手段来控制铸铁的生产过程，可以获得高质量的铸件，提高产品的可靠性和使用寿命。同时，也体现了企业对于产品质量和客户需求的重视，以及对于科学管理和技术创新的追求。

什么是铸铁石墨化？对铸铁的性能特点有何影响？

随着城市的飞速发展，市政设施的不断完善已刻不容缓。然而，近年来全国各大城市屡发的井盖被盗及破损事件，不仅给市民带来安全隐患，还给国家带来了巨大的经济损失。为了杜绝以上事故的发生。我公司推出了新一代卡销式球墨铸铁防盗井盖，井盖到底用的什么材料？其性能如何？井盖标准是什么样的？

三、应具备条件

(一)已具备的知识与技能

序号	说明学习所需基本知识点、技能点等
1	金属材料的性能
2	金属结晶

续表

序号	说明学习所需基本知识点、技能点等
3	金属的结构
4	金属的塑性变形
5	金属的再结晶
6	二元合金相图
7	钢的热处理

（二）专业参考资料

序号	资料来源	说明
1	金属材料及热处理	查询和学习铸铁的相关知识
2	百度	查询一些新的概念
3	材料学网（微信公众号）	获取材料领域最佳的专业知识
4	材料 PLUS（微信公众号）	材料学新发展

四、知识信息

（一）概　述

一般将高炉冶炼的铁产品称作生铁，含硅量较少的生铁用作炼钢原料，即炼钢生铁；含硅量较多的生铁为铸造生铁。铸造生铁添加其他金属料重新熔炼、用于生产铸件的铁基合金称作铸铁。铸铁的含碳量大于 2.11%，且含有较多的 Si、Mn、S、P 等元素。

铸铁是一种成本低廉并具有良好性能的金属材料。与钢相比，虽然铸铁的力学性能，特别是韧性、塑性及抗拉强度较低，但由于它具有优良的减振性、耐磨性、耐腐蚀性、铸造性及切削加工性，而且生产设备工艺简单，因此在工业上得到了广泛的应用。

1. 铸铁的石墨化及影响因素

在铁碳合金中，碳能以化合态的渗碳体和游离态的石墨（G）形式存在。石墨为稳定相，渗碳体为亚稳相。在一定条件下，渗碳体能分解为铁素体和石墨。因此，描述铁碳合金的结晶过程有亚稳定平衡的 Fe-Fe$_3$C 相图（它说明了 Fe$_3$C 的析出规律）和稳定平衡的 Fe-G 相图（它说明了 G 的析出规律）。

为了比较和应用，将上述两种相图叠加在一起，便形成了铁碳合金双重相图，如图 7-1-1 所示。图中实线表示 Fe-Fe$_3$C 相图，虚线表示 Fe-G 相图。铁碳合金究竟按哪种相图变化，决定于加热、冷却条件或获得平衡的性质（亚稳平衡还是稳定平衡）。稳定平衡相图的分析方法和亚稳平衡相图相同。

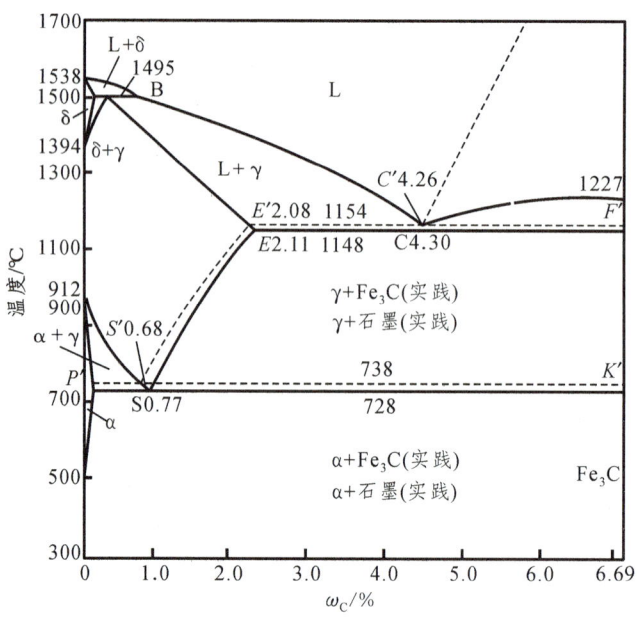

图 7-1-1 铁碳合金双重相图

1）石墨化过程

铸铁中碳原子析出并形成石墨的过程称作石墨化。石墨既可以从液体中结晶出来，也可以从奥氏体中析出，还可以由渗碳体分解得到。根据 Fe-G 相图，过共晶铸铁的石墨化过程可分为三个阶段。

第一阶段石墨化：包括从铸铁液中结晶出一次石墨和在 1154 ℃ 通过共晶反应形成共晶石墨，反应式为

$$L_{C'} \xrightarrow{1154\ ℃} A_{E'} + G_{共晶}$$

第二阶段石墨化：在 1154～738 ℃ 范围内，奥氏体沿 E'S' 线析出二次石墨。

第三阶段石墨化：在 738 ℃ 时，通过共析反应析出共析石墨，反应式为

$$A_{S'} \xrightarrow{738\ ℃} F_{P'} + G_{共析}$$

2）影响石墨化的主要因素

影响石墨化的主要因素有化学成分和冷却速度。

（1）化学成分。

促进石墨化的元素有 C、Si、Al、Cu、Co 等，其中以 C、Si 最为强烈。碳不仅促进石墨化，还影响石墨的数量、大小和分布。实践证明，硅的质量分数在铸铁中每增加 3%，相图共晶点的碳质量分数相应降低 1%，即每三份硅的作用相当于一份碳的作用。为综合考虑碳和硅的影响，通常把硅含量折合成相当作用的碳含量，称作碳当量 CE，即 $CE = \omega_C + \omega_{Si}/3$。一般铸铁中的碳当量控制在 4% 左右。

P 是微弱促进石墨化的元素，它可提高铁液的流动性，但也会增加铸铁的脆性，应谨慎使用。

阻碍石墨化的元素有 Cr、W、Mo、V、Mn、S 等。S 强烈促进铸铁的白口化，并

会使铸铁的力学性能和铸造性能恶化，因此必须严格控制。

（2）冷却速度。

石墨化过程是原子扩散过程。一般来说，铸铁冷却速度越缓慢，就越有利于按稳定平衡的 Fe-G 相图进行结晶转变，充分进行石墨化；反之，则有利于按亚稳定平衡的 Fe-Fe$_3$C 相图进行结晶转变，最终获得白口组织。

2. 铸铁分类

（1）按石墨化程度分。

根据结晶过程中石墨化进行的程度不同，铸铁可分为白口铸铁、灰口铸铁和麻口铸铁 3 种。

白口铸铁是三个阶段的石墨化全部被抑制，完全按照 Fe-Fe$_3$C 相图进行结晶而得到的铸铁，其中的碳几乎全部以 Fe$_3$C 的形式存在，断口呈银白色。白口铸铁的组织中含有大量莱氏体，硬而脆，很难切削加工，所以很少直接用来制造机器零件，主要用作炼钢原料和可锻铸铁的毛坯。

灰口铸铁是第一、第二阶段石墨化充分进行而得到的铸铁，其中的碳主要以石墨形式存在，断口呈暗灰色，在工业上应用很广。

麻口铸铁是第一阶段石墨化部分进行而得到的铸铁，其中一部分碳以石墨形式存在，另一部分碳以 Fe$_3$C 的形式存在，组织介于白口铸铁和灰口铸铁之间，断口呈黑白相间的麻点。这类铸铁硬而脆，切削加工困难，工业上很少应用。

（2）按石墨形态分。

根据石墨的形态不同，灰口铸铁可分为灰铸铁、可锻铸铁、球墨铸铁和蠕墨铸铁 4 种。

灰铸铁中的石墨呈片状，其力学性能不高，但生产工艺简单，成本低廉，工业上应用最广。

可锻铸铁的石墨呈团絮状，其力学性能高于灰铸铁，但生产工艺较复杂，成本高，故只用来制造一些重要的小型铸件。

球墨铸铁的石墨呈球状，其力学性能较好，还可通过热处理进一步提高力学性能，且生产工艺比可锻铸铁简单，故得到了广泛应用。以其优良的性能，在使用中有时可以代替昂贵的铸钢和锻钢，在机械制造工业中得到广泛应用。国际冶金行业过去一直认为球墨铸铁是英国人于 1947 年发明的。西方某些学者甚至声称，没有现代科技手段，发明球墨铸铁是不可想象的。1981 年，我国球铁专家采用现代科学手段，对出土的 513 件古汉魏铁器进行研究，通过大量的数据断定在汉代我国就出现了球状石墨铸铁。有关论文在第 18 届世界科技史大会上宣读，轰动了国际铸造界和科技史界。国际冶金史专家于 1987 年对此进行验证后认为：古代中国已经摸索到了用铸铁柔化术制造球墨铸铁的规律，这对世界冶金史作重新分期划代具有重要意义。

蠕墨铸铁的石墨呈短小的蠕虫状，其强度和塑性介于灰铸铁和球墨铸铁之间，但铸造性、耐热疲劳性比球墨铸铁好，因此可用来制造大型复杂的铸件及在较大温度梯度下工作的铸件。

3. 铸铁的组织和性能特点

（1）铸铁的组织。

石墨化的程度不同，所得铸铁的类型和组织也不同。通常，铸铁的组织可认为是在钢基体上分布着不同形态的石墨，见表 7-1-1。

表 7-1-1　铸铁经不同程度石墨化后得到的组织

名称	石墨化程度			显微组织
	第一阶段	第二阶段	第三阶段	
灰口铸铁	充分进行	充分进行	充分进行	F+G
	充分进行	充分进行	部分进行	F+P+G
	充分进行	充分进行	不进行	P+G
麻口铸铁	充分进行	充分进行	充分进行	Ld′+P+G
白口铸铁	不进行	不进行	不进行	Ld′+P+Fe_3C

（2）铸铁的性能特点。

石墨的数量、形状、大小及分布状态对铸铁的性能有很大影响。石墨的硬度仅为 3～5 HBW，抗拉强度约为 20 MPa，伸长率接近于零，即分布于基体上的石墨可视为空洞或裂纹。它会减小基体的有效截面，并引起应力集中。石墨数量越多，尺寸越大，分布越不均匀，对基体的割裂作用越严重，其抗拉强度、塑性、韧性越低。

石墨的形态对应力集中十分敏感，片状石墨会引起严重的应力集中，团絮状和球状石墨引起的应力集中较轻些。因此，灰铸铁的抗拉强度最低，可锻铸铁的抗拉强度较高，球墨铸铁的抗拉强度最高。

铸铁的抗压强度主要取决于基体，石墨对其影响不大，故铸铁的抗压强度与相同基体的钢相似。

石墨的存在使铸铁具有一些碳钢所没有的性能。例如，石墨使铸铁具有优异的切削加工性能和良好的铸造性能；石墨有良好的润滑作用，并能储存润滑油，使铸铁有很好的耐磨性能；石墨对振动的传递起削弱作用，使铸铁有很好的抗震性能；大量石墨的割裂作用，使铸铁对缺口不敏感。

学习模块	铸铁				
学习任务	铸铁的概述				
客户委托	铸铁的概述				
学习时间					
姓名		班级		日期	
成绩		教师签名			

任务测试

问答题

1. 与钢相比，铸铁有哪些性能特点？

2. 什么是铸铁的石墨化过程？铸铁的石墨化过程分为哪几个阶段？影响石墨化的因素有哪些？

3. 按石墨的形态来分，石墨可分为哪几种？

（二）常用铸铁

1. 灰铸铁

灰铸铁价格便宜，是应用最广泛的铸铁材料。在各类铸铁的总产量中，灰铸铁约占 80% 以上。

1）灰铸铁的成分、组织和性能

灰铸铁的成分一般为 $\omega_C=2.5\%\sim4.0\%$，$\omega_{Si}=1.0\%\sim3.0\%$，$\omega_{Mn}=0.6\%\sim1.2\%$，$\omega_P\leq0.3\%$，$\omega_S\leq0.15\%$。

灰铸铁的显微组织相当于在钢基体上分布着片状石墨。根据基体组织不同，灰铸铁可分为铁素体灰铸铁、铁素体珠光体灰铸铁和珠光体灰铸铁 3 种，如图 7-1-2 所示。

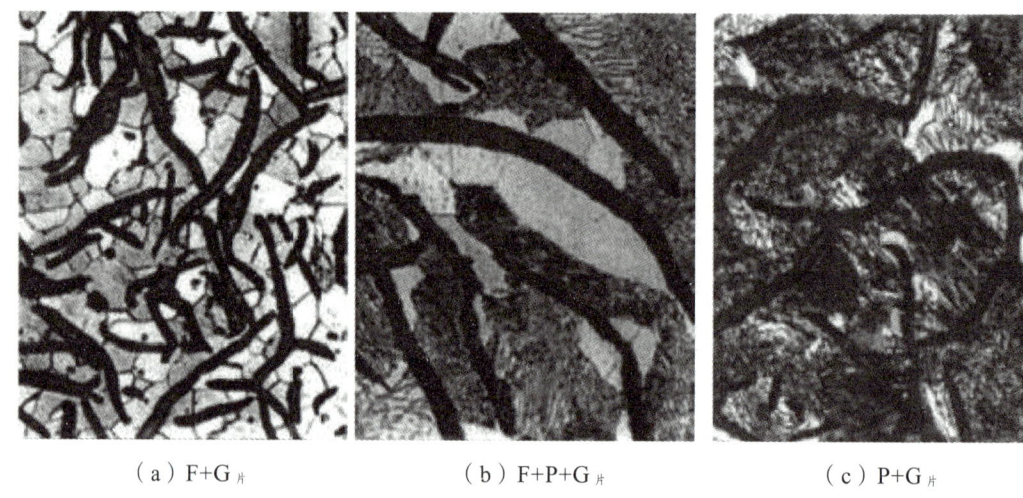

（a）F+G$_片$　　　　（b）F+P+G$_片$　　　　（c）P+G$_片$

图 7-1-2　灰铸铁的显微组织

片状石墨的存在使灰铸铁的抗拉强度明显低于碳钢，塑性、韧性接近于零。石墨越多、越粗大、分布越不均匀，灰铸铁的强度、塑性、韧性就越低。但灰铸铁的抗压强度主要取决于基体组织，与石墨的存在基本无关，其抗压强度与钢相近，因此，灰铸铁主要用于制造受压件。

2）灰铸铁的孕育处理

为提高灰铸铁的力学性能，生产中常采用孕育处理，即在浇注前向铁液中加入一定量的孕育剂（硅铁、硅钙合金），通过这些大量高度弥散的人工晶核，获得细珠光体基体和细小均匀分布的片状石墨组织。经孕育处理后的铸铁称作孕育铸铁。

孕育铸铁具有较高的强度和硬度。同时，孕育剂的加入使结晶过程几乎在整个铁液中同时进行，可以避免铸件边缘及薄壁处出现白口组织，使铸铁各部位截面上的组织与性能均匀一致，即壁厚敏感性较低。因此，孕育铸铁主要用于制造力学性能要求较高、截面尺寸变化较大的大型铸件，如汽缸、曲轴、凸轮、机床床身等。

3）灰铸铁的热处理

由于热处理不能改变石墨的形态和分布，对提高灰铸铁的力学性能作用不大，因此，灰铸铁的热处理主要用来消除铸件内应力和白口组织，改善切削加工性能，提高表面硬度和耐磨性等。灰铸铁的热处理主要有去应力退火、石墨化退火和表面淬火等 3 种。

（1）去应力退火。

铸件的内应力会导致铸件变形或出现裂纹，因此，对于大型、复杂铸件或精度要求较高的铸件，如机床床身等，在切削前须进行去应力退火。退火方法是将铸件加热到 500～600 °C，保温一段时间，随炉冷至 150～200 °C 后出炉空冷。

（2）石墨化退火。

铸件冷却时，表层及薄壁处由于冷却速度较快，易出现白口组织，使铸件的硬度和脆性增加，难以切削加工，需要退火使渗碳体在高温下分解为石墨，以降低硬度。石墨化退火一般是将铸件加热到 850～950 °C，保温 2～5 h，然后随炉冷却至 400～500 °C 后出炉空冷。

（3）表面淬火。

有些铸件，如机床导轨、缸体内壁等，需要提高表面硬度和耐磨性，可进行表面淬火处理，如高频感应表面淬火、火焰加热表面淬火和激光加热表面淬火等。淬火后表面硬度可达 50～55 HRC。

4）灰铸铁的牌号及用途

灰铸铁的牌号由"HT+数字"组成。其中，HT 是"灰铁"二字汉语拼音的首字母大写；后面的数字表示 Φ30 mm 试棒的最低抗拉强度值（MPa）。灰铸铁的牌号、力学性能及用途见表 7-1-2 所示。从表中可以看出，铸件壁厚增加其强度降低，主要是由于壁厚增加使冷却速度降低，造成基体组织中铁素体增多而珠光体减少的缘故。因此，设计铸件时，应根据铸件受力处的主要壁厚或平均壁厚选择铸铁牌号。

表 7-1-2　灰铸铁的牌号、力学性能及用途（摘自 GB/T 9439—2010）

牌号	铸件壁厚/mm		R_m（强制性值）/MPa	硬度/HBW	用途
	>	≤			
HT100	5	40	100	≤170	用于低载荷和不重要的零件，如盖、外罩、手轮、支架、重锤等
HT150	5	10	150	125～205	用于承受中等载荷的零件，如支柱、底座、齿轮箱、工作台、刀架、端盖、阀体、管路附件等
	10	20			
	20	40			
	40	80			
	80	150			
	150	300			
HT200	5	10	200	150～230	用于承受中等载荷的零件，如支柱、底座、齿轮箱、工作台、刀架、端盖、阀体、管路附件等
	10	20			
	20	40			
	40	80			
	80	150			
	150	300			

续表

牌号	铸件壁厚/mm		R_m（强制性值）/MPa	硬度/HBW	用途
	>	≤			
HT250	5	10	250	180~250	用于承受中等载荷的零件，如支柱、底座、齿轮箱、工作台、刀架、端盖、阀体、管路附件等
	10	20			
	20	40			
	40	80			
	80	150			
	150	300			
HT300	5	10	300	200~275	用于承受高载荷、耐磨和高气密性的重要零件，如重型机车，剪床，压力机，自动车床的床身、机座、机架，高压液压件，活塞环，受力较大的齿轮、凸轮、衬套，大型发动机的曲轴、汽缸体、缸套等
	10	20			
	20	40			
	40	80			
	80	150			
	150	300			
HT350	5	10	350	220~290	
	10	20			
	20	40			
	40	80			
	80	150			
	150	300			

2. 可锻铸铁

可锻铸铁是由白口铸铁通过石墨化或脱碳退火处理，改变其金相组织成分而获得的有较高韧性的铸铁。

1）可锻铸铁的成分和组织

可锻铸铁的成分一般为 ω_C=2.2%~2.8%，ω_{si}=1.2%~2.0%，ω_{Mn}=0.4%~1.2，ω_p≤0.1%，ω_s≤0.2%。

可锻铸铁有铁素体和珠光体两种基体，如图 7-1-3 所示。

可锻铸铁中的石墨呈团絮状，其较之片状石墨对基体的割裂作用要小得多，因此，与灰铸铁相比，可锻铸铁的强度高，塑性和韧性好，但仍不能锻造；与球墨铸铁相比，可锻铸铁具有较高的低温冲击韧度和切削性能。

可锻铸铁主要用于制造形状复杂，要求有一定塑性和韧性，承受冲击和振动的薄壁零件，如汽车、拖拉机的后桥外壳，转向机构，低压阀门等。这些零件如用铸钢，则铸造性能差，工艺上难度大；如用灰铸铁，则韧性达不到要求；如用球墨铸铁，则易生成白口，需进行高温退火，故采用可锻铸铁最适宜。

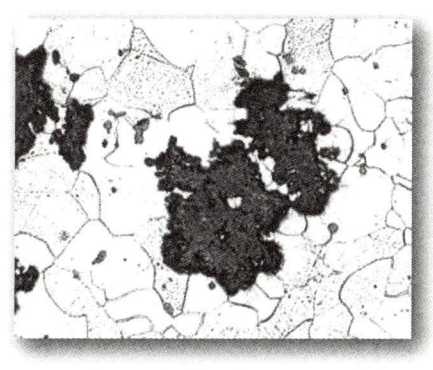
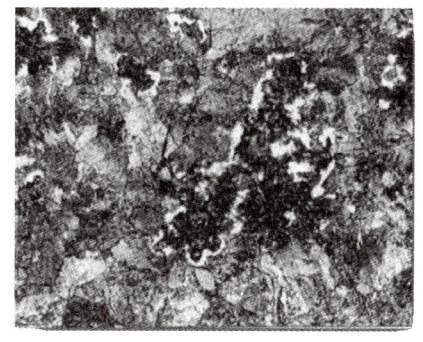

（a）铁素体可锻铸铁　　　　　　（b）珠光体可锻铸铁

图 7-1-3　可锻铸铁的显微组织

2）可锻铸铁的生产及热处理

可锻铸铁的生产分两个步骤。

① 先铸造纯白口铸铁，其组织中不允许有石墨出现，否则在随后的退火中，碳在已有的石墨上沉淀，得不到团絮状石墨。

② 进行长时间的石墨化退火处理。退火过程如图 7-1-4 所示。

将白口铸铁在中性介质中加热到 900～960 ℃，长时间保温，使共晶渗碳体分解为团絮状石墨，完成第一阶段石墨化；随后缓慢冷却，使奥氏体中的过饱和碳充分析出并附在已形成的团絮状石墨表面，完成第二阶段石墨化；并在冷却至 720～760 ℃ 后继续保温，使共析渗碳体充分分解，完成第三阶段石墨化；在 650～700 ℃ 出炉冷却至室温，可以得到铁素体可锻铸铁，如图 7-1-4 中的曲线①。由于其铸件断口心部呈灰黑色，表层呈灰白色，故称作黑心可锻铸铁。

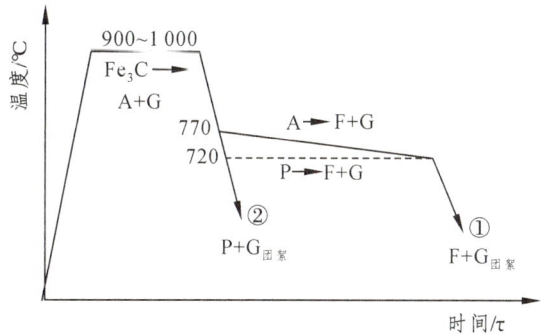

图 7-1-4　可锻铸铁的石墨化退火工艺曲线

若在第一阶段石墨化后，以较快速度冷却通过共析温度转变区，使第二阶段石墨化不能进行，则可得到珠光体可锻铸铁，如图 7-1-4 中的曲线②。

3）可锻铸铁的牌号及用途

可锻铸铁的牌号由"KTH/KTZ+数字-数字"组成。其中，KT 是"可铁"二字汉语拼音的首字母大写，H 表示"黑心"，Z 表示"珠光体"基体；两组数字分别表示其最低抗拉强度和最低伸长率。常用可锻铸铁的牌号、力学性能及用途见表 7-1-3。

表 7-1-3 黑心可锻铸铁和珠光体可锻铸铁的牌号、力学性能及用途（摘自 GB/T 9440—2010）

种类	牌号	试样直径/mm	R_m/MPa	$R_{P0.2}$/MPa	A/%	硬度/HBW	用途
			不小于			≤150	
黑心可锻铸铁	KTH300-06	12 或 15	300	—	6		用于弯头、三通管件、中低压阀门等
	KTH330-08		330	—	8		用于各种扳手、犁刀、犁柱、车轮壳等
	KTH350-10		350	200	10		用于汽车、拖拉机前后轮壳、减速器壳、转向节壳、制动器及铁道零件等
	KTH370-12		370		12		
珠光体可锻铸铁	KTZ450-06		450	270	6	150~200	用于载荷较高和耐磨损的零件，如曲轴、凸轮轴、连杆、齿轮、活塞环、轴套、耙片、万向接头、棘轮、扳手、传动链条等
	KTZ550-04		550	340	4	180~230	
	KTZ650-02		650	430	2	210~260	
	KTZ700-02		700	530	2	240~290	

3. 球墨铸铁

球墨铸铁是铁液经球化处理而不是在凝固后经过热处理，使石墨大部分或全部呈球状，有时有少量为团絮状的铸铁。

将一定量的球化剂加入铁液中使石墨球化的过程称作球化处理。常用的球化剂有镁、稀土和稀土镁合金，我国普遍采用的是稀土镁合金。但镁和稀土元素都强烈阻碍石墨化，为了提高铁液的石墨化能力，避免产生白口，并使石墨细小、均匀分布，在球化处理的同时还必须进行孕育处理。常用的孕育剂为硅铁合金和硅钙合金等。

1）球墨铸铁的成分、组织和性能

球墨铸铁的成分要求比较严格，一般为 $\omega_C=3.6\%\sim3.9\%$，$\omega_{Si}=2.0\%\sim2.8\%$，$\omega_{Mn}=0.6\%\sim0.8\%$，$\omega_P\leq0.1\%$，$\omega_S<0.07\%$，$\omega_{Mg}=0.03\%\sim0.06\%$，$\omega_{RE}=0.02\%\sim0.04\%$。

按基体组织不同，常用的球墨铸铁有铁素体球墨铸铁、珠光体球墨铸铁和铁素体-珠光体球墨铸铁等，如图 7-1-5 所示。通过合金化和热处理，还可获得下贝氏体、马氏体、屈氏体、索氏体和奥氏体等基体组织的球墨铸铁。

由于球状石墨对基体的割裂作用和引起应力集中的现象明显减小，球墨铸铁的抗拉强度、屈服强度、塑性、冲击韧性等大大提高，并具有良好的耐磨性、减振性和工艺性等。石墨球越圆整、直径越细小，分布越均匀，其力学性能越高。

球墨铸铁的屈服强度比钢约高一倍，疲劳强度、抗拉强度一般中碳钢相接近，耐磨性优于表面淬火钢，铸造性能优于铸钢，加工性能几乎可与灰铸铁媲美。因此，球墨铸铁在工农业生产中得到了越来越广泛的应用，可代替铸钢、锻钢、可锻铸铁等制造一些受力复杂、性能要求较高的重要零件。

（a）铁素体球墨铸铁

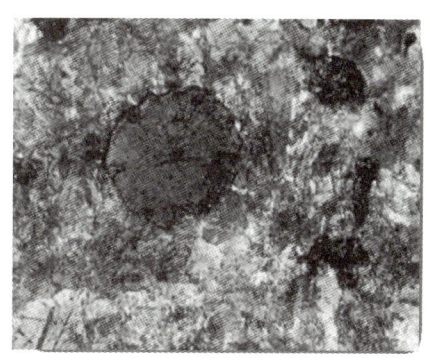
（b）珠光体球墨铸铁

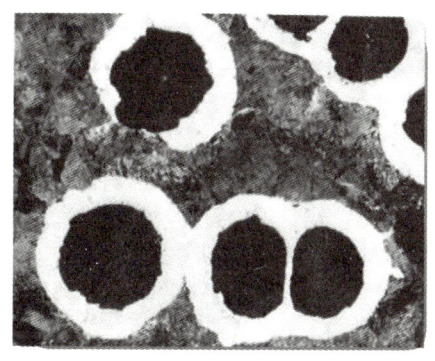
（c）铁素体-珠光体球墨铸铁

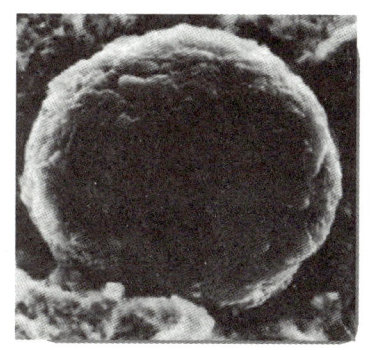
（d）球墨铸铁中的石墨球

图 7-1-5　常用球墨铸铁的显微组织

但球墨铸铁的过冷倾向较大，易产生白口组织，且其液态收缩和凝固收缩较大，易形成缩孔和缩松，故其熔炼工艺和铸造工艺都比灰铸铁要求高。

2）球墨铸铁的热处理

因球状石墨对基体的割裂作用较小，故球墨铸铁的力学性能主要取决于基体组织，于是，可通过热处理改善球墨铸铁的力学性能。目前，几乎所有的钢所采用的热处理方法都能用于球墨铸铁，但因其含碳、硅量较多，所以热处理需要较高的加热温度和较长的保温时间。

球墨铸铁的常用热处理有退火、正火、调质和等温淬火等。

（1）退火。

退火的目的是获得铁素体基体。因球化剂可增大铸件的白口化倾向，当铸件薄壁处出现渗碳体和珠光体时，为了获得铁素体基体，并改善切削性能，消除铸造应力，根据铸件铸造组织的不同，可采用以下两种退火工艺。

① 高温退火：铸态组织中存在渗碳体时，进行高温退火。工艺为加热至 900～950 ℃，保温 2～5 h，随炉冷至 600 ℃ 左右出炉空冷。

② 低温退火：铸态组织为铁素体、珠光体和石墨，没有渗碳体时，进行低温退火。工艺为加热至 720~760 ℃，保温 3~6 h，随炉冷至 600 ℃ 左右出炉空冷。

（2）正火。

正火的目的是增加基体中珠光体的数量（使其占基体组织的 75% 以上），并细化组织，提高球墨铸铁的强度和耐磨性。根据加热温度的不同，球墨铸铁的正火可分为高温正火（完全奥氏体化正火）和低温正火（不完全奥氏体化正火）两种。

① 高温正火：工艺为加热至 880~920 ℃，保温 3 h，然后空冷。为了提高基体中珠光体的含量，还常采用风冷、喷雾冷却等加快冷却速度的方法，以保证铸件的强度。

② 低温正火：工艺为加热至 820~860 ℃，保温一定时间，使基体部分转变为奥氏体，部分保留为铁素体，空冷后得到珠光体和少量破碎铁素体的基体。这种组织的球墨铸铁强度稍低一些，但塑性和韧性较好。

因正火会产生一定的应力，故正火后均应进行一次去应力退火（也可称作回火），其工艺是加热至 550~600 ℃，保温定时间，然后出炉空冷。

（3）调质。

对要求综合力学性能较高的球墨铸铁件，如连杆、曲轴等，可采用调质处理。其工艺为：加热至 850~900 ℃，使基体全部转变为奥氏体后，在油中淬火得到马氏体，然后经 550~600 ℃ 回火，空冷，获得回火索氏体基体组织。这种组织的铸件不但强度高，而且塑性和韧性比正火后的珠光体球墨铸铁好，在生产中应用广泛。

调质处理一般只适用于小尺寸球墨铸铁件，尺寸过大时，内部淬不透，调质效果不好。

（4）等温淬火。

对一些综合力学性能要求高、外形比较复杂、热处理易变形或开裂的零件，可采用等温淬火。其工艺为：加热至 840~900 ℃，保温后迅速放入 250~350 ℃ 的盐浴中等温 30~90 min，然后空冷。等温淬火后，球墨铸铁的组织为下贝氏体和球状石墨，其抗拉强度可达 1 200~1 450 MPa，硬度为 38~51 HRC。

因等温盐浴的能力有限，故一般也仅用于截面不大的零件，如齿轮、曲轴、凸轮轴等。

3）球墨铸铁的牌号及用途

球墨铸铁的牌号由 "QT+数字-数字" 组成。其中，QT 是 "球铁" 二字的汉语拼音中首字母大写；两组数字分别表示其最低抗拉强度和最低伸长率。常用球墨铸铁的牌号、力学性能及用途见表 7-1-4。

表 7-1-4　常用球墨铸铁的牌号、单铸试样的力学性能及用途（摘自 GB/T 1348—2009）

牌号	R_m/MPa	$R_{p0.2}$/MPa	A/%	硬度/HBW	主要基体组织	用途
	不小于					
QT350-22L	350	220	22	≤160	F	用于高速电力机车及磁悬浮列车铸件、寒冷地区工作的起重机部件、汽车部件、农机部件等

续表

牌号	R_m/MPa	$R_{p0.2}$/MPa	A/%	硬度/HBW	主要基体组织	用途
	不小于					
QT350-22R	350	220	22	≤160	F	用于核燃料贮存运输器、风电轮毂、排泥阀阀体、阀盖环等
QT350-22	350	220	22	120~175	F	
QT400-18L	400	240	18	120~175	F	用于机床曲轴箱体、发电设备用桨片毂等
QT400-18R	400	250	18	120~175	F	用于农机具零件，汽车、拖拉机牵引杠、轮毂、离合器壳等；阀门的阀体、阀盖、支架等；铁路垫板、齿轮箱等
QT400-18	400	250	18	120~180	F	
QT400-15	400	250	15	160~210	F	
QT450-10	450	310	10	170~230	F	
QT500-7	500	320	7	180~250	F+G	用于机器座驾、传动轴、飞轮、电动机架、内燃机的机油泵齿轮等
QT550-5	550	350	5	190~270	F+G	用于传动轴滑动叉等
QT600-3	600	370	3	225~305	G+F	用于内燃机、汽油机、柴油机的曲轴；部分磨床、铣床、车床的主轴；空压机、气压机、冷冻机、泵的曲轴、缸体、缸套等
QT700-2	700	420	2	245~335	G	
QT800-2	800	480	2	280~360	G 或 S	
QT900-2	900	600	2		回 M 或 T+S	用于汽车的后桥螺旋锥齿轮、传动齿轮，内燃机曲轴、凸轮轴等

注：字母"L"表示该牌号有低温（-20 或 -40 ℃）下的冲击性能要求；字母"R"表示该牌号有室温（23 ℃）下的冲击性能要求。

4. 蠕墨铸铁

1）蠕墨铸铁的成分、组织和性能

蠕墨铸铁的成分一般为 ω_C=3.5%~3.9%，ω_{Si}=2.1%~2.8%，ω_{Mn}=0.4%~0.8%，ω_P<0.1%，ω_s<0.07%。

蠕墨铸铁的组织由金属基体和石墨组成，如图 7-1-6 所示。石墨的形态介于片状和球状之间，形状与片状石墨类似，但片短而厚，端部圆滑。基体组织有铁素体、珠光体和铁素体-珠光体 3 种。

蠕墨铸铁的性能介于灰铸铁和球墨铸铁之间，其强度接近于球墨铸铁，并具有一定的韧性和较高的耐磨性；同时，耐热疲劳性、减振性、铸造性和切削加工性优于球墨铸铁，与灰铸铁相近。蠕墨铸铁主要用于制造形状复杂、要求组织致密、强度高、承受较大热循环载荷的铸件，如柴油机的汽缸盖、进（排）气管、阀体等。

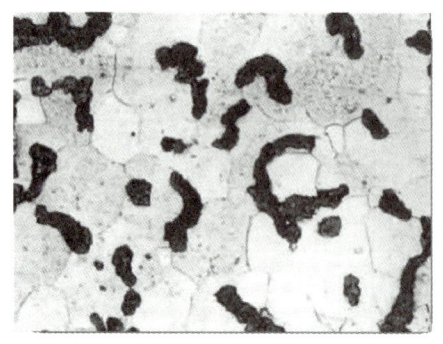　　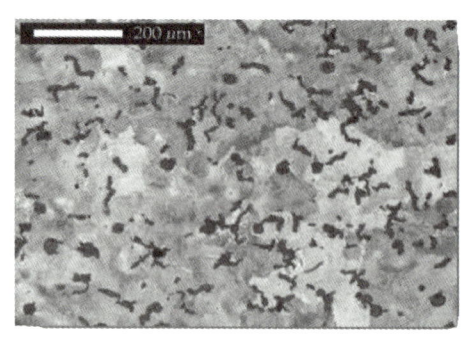

（a）铁素体基体蠕墨铸铁　　　　　（b）珠光体基体蠕墨铸铁

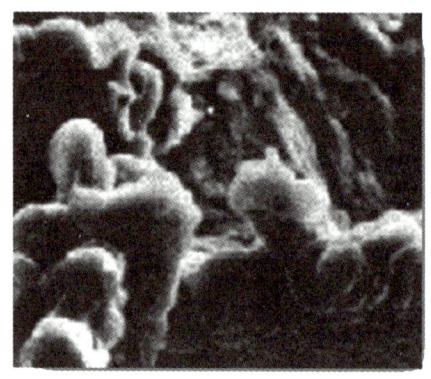

（c）蠕墨铸铁中的石墨

图 7-1-6　蠕墨铸铁的显微组织

2）蠕墨铸铁的牌号及用途

蠕墨铸铁的牌号由"RuT+数字"组成。其中，RuT 为"蠕铁"两字的汉语拼音缩写，数字表示最低抗拉强度。蠕墨铸铁的牌号、性能和用途见表 7-1-5。

表 7-1-5　蠕墨铸铁的牌号、性能和用途（摘自 JB/T 4403—1999）

牌号	R_m/MPa	$R_{p0.2}$/MPa	A/%	硬度/HBW	主要基体组织	用途
	不小于					
RuT420	420	335	0.75	200~280	P	用于活塞环、汽缸套、制动盘、吸於泵体、钢珠研磨盘、玻璃模具等
RuT380	380	300	0.75	193~274	P	
RuT340	340	270	1.0	170~249	P+F	用于重型机床，大型齿轮箱体、盖、座，飞轮，起重机卷筒等
RuT300	300	240	1.5	140~217	P+F	用于排气管、变速箱体、汽缸盖、液压件、纺织机零件等
RuT260	260	195	3	121~197	F	用于增压器废气进气壳体、汽车底盘零件等

5. 合金铸铁

合金铸铁是指在普通铸铁中加入一些合金元素而获得的具有较高力学性能或某些特殊性能的铸铁。按使用性能不同，合金铸铁可分为耐磨铸铁、耐热铸铁和耐蚀铸铁等 3 种。

1）耐磨铸铁

耐磨铸铁可根据工作条件分为减磨铸铁和抗磨铸铁两大类。

（1）减摩铸铁。

减摩铸铁用于在润滑条件下工作的零件，如机床导轨、汽缸套、活塞环、轴承等，其组织为在软基体上分布硬质点。常用的减摩铸铁有珠光体灰铸铁和高磷铸铁等。

珠光体灰铸铁中，珠光体中的铁素体为软基体，渗碳体为硬质点，铁素体和石墨被磨损后形成沟槽，起储油和润滑作用，渗碳体起支撑作用。

为进一步提高珠光体灰铸铁的耐磨性，可将其磷的质量分数提高到 0.4%～0.6%，即成为高磷铸铁。其中，磷形成磷共晶，呈断续网状分布，形成坚硬的骨架，使铸铁更加耐磨。

在高磷铸铁的基础上，还可再加入 Cr、Ti、Nb、Mo、W 等合金元素，改善组织，提高基体的强度、韧性和耐磨性，使铸铁的力学性能得到更大的提高。

（2）抗磨铸铁。

抗磨铸铁用于在干摩擦、磨粒磨损条件下工作的零件，如轧辊、犁铧、抛丸机叶片、球磨机磨球等，它应具有高硬度和均匀的组织。常用的抗磨铸铁有冷硬铸铁、抗磨白口铸铁和中锰球墨铸铁等 3 种。

普通白口铸铁脆性很大，不能承受冲击载荷，因此，生产中可用激冷的方法获得冷硬铸铁，它具有外硬里韧的特点，可承受一定的冲击；也可向白口铸铁中加入适量的 Cr、Mo、W、Cu、V 等合金元素，形成抗磨白口铸铁，它具有一定的韧性、更高的硬度和耐磨性。

中锰球墨铸铁具有较高的耐磨性、较好的强度和韧性，不需贵重合金元素，可用冲天炉熔炼，成本低，广泛用于制造在冲击载荷和磨损条件下工作的零件。

2）耐热铸铁

耐热铸铁主要用于在高温下工作的零件，如炉底板、换热器、坩埚、炉内运输链条和钢锭模等，它应具有良好的耐热性。铸铁的耐热性是指铸铁在高温下抗氧化和抗生长的能力。生长是指铸铁在高温下反复加热冷却时，氧化性气体沿石墨边缘和裂纹渗入铸铁内部发生内氧化，以及渗碳体分解为石墨所引起的体积膨胀。

为提高耐热性，可向铸铁中加入 Al、Si、Cr 等合金元素来提高铸铁的抗氧化和抗生长能力。其作用是：① 在铸铁表面形成致密的氧化膜，保护内层不被氧化；② 提高铸铁的固态相变温度，使基体变为单相铁素体，不发生石墨化过程。因球墨铸铁中的石墨孤立分布，互不相连，不会形成气体渗入通道，故耐热铸铁常采用铁素体球墨铸铁。

耐热铸铁的种类很多，如硅系、铝系、铬系和硅铝系等。我国目前广泛采用的是硅系和硅铝系耐热铸铁。

3）耐蚀铸铁

耐蚀铸铁应具有较高的耐腐蚀能力，同时还应具有一定的力学性能，主要用于化工部门，如管道、容器、阀门、泵等。

铸铁是一种多相合金，在电解质中各相具有不同的电极电位，其中以石墨的电极电位最高，渗碳体次之，铁素体最低。

为提高铸铁的耐蚀性，常加入的合金元素有 Cr、Al、Si、Mo、Cu、Ni 等。这些元素可提高铁素体的电极电位，并在铸铁表面形成一层致密的氧化性保护膜，提高铸铁的耐蚀性。

耐蚀铸铁可分为高硅耐蚀铸铁、高铝耐蚀铸铁、高铬耐蚀铸铁等 4 种。其中高硅耐蚀铸铁应用最广泛。

学习模块	铸铁				
学习任务	常用铸铁				
客户委托	常用铸铁				
学习时间					
姓名		班级		日期	
成绩		教师签名			

任务测试

问答题

1. 灰铸铁的组织和性能如何？有何用途？灰铸铁的热处理有哪些？

2. 灰铸铁的牌号是由哪些符号组成的，分别有什么含义？

3. 什么是可锻铸铁，可锻铸铁有哪些性能？如何应用？

4. 请说明 KTH300-06 属于什么铸铁，符号和数字表示什么？

5. 什么是球墨铸铁，球墨铸铁可进行哪些热处理？主要应用于哪些地方？

6. 球墨铸铁的牌号是由哪些符号组成的？请说明它们的含义。

7. 什么是蠕墨铸铁，其牌号是由哪些符号组成的？

8. 什么是合金铸铁，有何应用？

主题	铸铁概述	任务书编号：7-1-1
说明	在技术信息系统中使用现有的专业文献和信息完成相关工作； 在工作组内准备学习作业； 在工作页中完成相关信息。	时间：

工作页　铸铁概述

1. 什么是铸铁的石墨化过程？影响铸铁石墨化的因素有哪些？

2. 铸铁是怎么进行分类的？铸铁有哪些组织和性能特点？

3. 什么是可锻铸铁？可锻铸铁具有什么性能？有何应用？

4. 可锻铸铁的生产过程有哪几步？

5. 可锻铸铁的牌号是怎么表示的？有哪些用途？

6. 什么是球墨铸铁？具有什么组织和性能特点？球墨铸铁的牌号是怎么表示的？

7. 球墨铸铁的热处理有哪些？球墨铸铁有哪些用途？

8. 什么是蠕墨铸铁？具有什么组织和性能特点？蠕墨铸铁有哪些用途？

9. 蠕墨铸铁的热处理有哪些？

10. 蠕墨铸铁的牌号是怎么表示的？

11. 什么是合金铸铁？合金铸铁分为哪几类？具有什么组织和性能特点？

12. 合金铸铁有哪些用途？

五、工作过程

(一) 计 划

请各小组讨论,根据表 7-1-6 学习计划表的格式,制定合理的学习计划,并填入表中。

表 7-1-6　学习计划表

序号	工作步骤	工具/材料	组织形式	计划工时

完成本次任务的重点、难点、风险点识别	本次任务重点:常用铸铁的应用; 难点:常用铸铁的牌号和力学性能; 风险点:无。		
思政要点	在铸铁生产过程中,需要严格遵守职业规范和操作规程,确保生产的安全和稳定。同时,也需要注重职业素养的提升,保持认真负责的工作态度和高度的责任感。这有助于树立良好的职业形象,赢得同事和客户的信任与尊重。		
时间:	培训师:		学生:

(二) 决 策

在工作计划中,明确了学习目标,收集必要的信息,筛选出对决策具有重要影响的关键信息。在评估和分析完信息后,下一步是生成一系列的可选方案。这些方案应该能够满足决策的目标,并且基于对信息的评估和分析所得出的结论。在生成可选方案时,可以采用多种方法,如头脑风暴、SWOT 分析、六项思考帽法、思维导图和创新游戏等,以确保获得多样化和创新的方案。

(三) 实 施

按照学习计划表制定的要求进行学习并完成学习目标。

(四) 检 查

完成铸铁学习后,请根据铸铁应用的准确性对本次课程的学习进行相应的检查,将检查结果填入表 7-1-7 中。

7-1-7 铸铁检查表

编号	任务	分数	比重	评分
1				
2				
3				
4				
5				
6				
总分：				

注：工作页根据学生完成情况打分：全面完成得91~100分，基本完成得81~90分，部分完成得60~80分，未完成得60分以下。

（五）评 估

1. 信息评估

表 7-1-8 信息评估记录表

编号	任务	分数	比重	评分
1				
2				
3				
4				
5				
6				
总分：				

注：工作页根据学生完成情况打分：全面完成得91~100分，基本完成得81~90分，部分完成得60~80分，未完成得60分以下。

2. 学习过程评估

表 7-1-9　学习过程评估记录表

姓　名		学　号		班　级		日　期	
练习（试题）名称							

一、学习过程检查　　　　　　　　　　　　　　　　　评分等级为 10—9—7—5—3—0

序号	检查内容	评 分 项 目	学生自检评分	教师检查评分	对学生自评的评分
1	课前				
2	课中				
3	课后				
结　果					

注：对学生自评的评分标准为：同教师的评分相差一级得 9 分、二级得 5 分、三级得 0 分。

二、笔试检查　　　　　　　　　　　　　　　　　　　评分等级为 10—0

序号	笔试的检查	学生自评	教师检查评分	对学生自评的评分
1	完整性			
2	书写规范性			
3	答案准确性			
4	错误改止			
结　果				

总评分						
序号	评分组	结果	因子	得分（中间值）	系数	得分
1	计划、实施（对学生自评的评分）					
2	计划、实施（教师检查评分）					
3	笔试检查（对学生自评的评分）					
4	笔试检查（教师检查评分）					
					总分	

实训师签名：_____　　　　　　　　　学生签名：_____

六、行动结果

(一) 学习成果

熟悉铸铁的分类及应用,掌握铸铁在实际中的应用,学会规划学习步骤。完成笔试测试题。

(二) 成绩评测

总成绩的评估基于以下权重:

序号	评估项目	分数	比重	评分
1	信息			
2	工作过程			
总分				

模块八　常用工程材料

任务十　常用工程材料

一、教学大纲

（一）所属学习模块

学习模块	常用工程材料
学习情境	常用工程材料的应用
客户委托	常用工程材料的应用
学习时间	

（二）思维导图

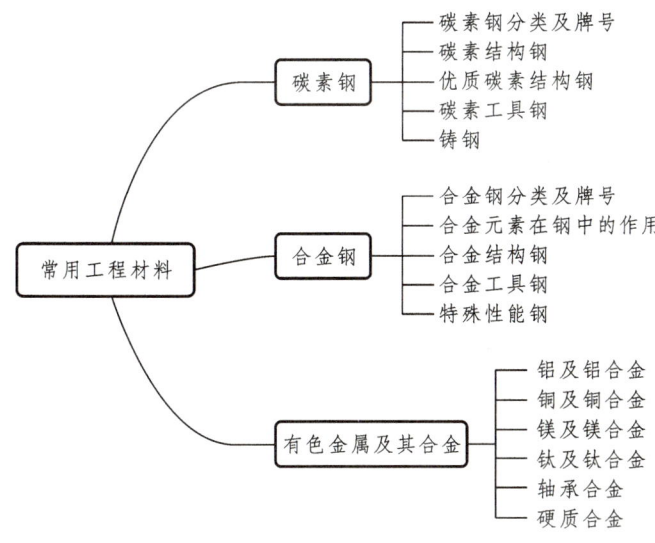

（三）资格培训矩阵

信息	描述		
行动目标	常用工程材料的应用		
学习内容	常用工程材料		
能力	专业能力： 能够通过材料的牌号辨别其类型，说明其成分特点、热处理特点、性能特点及其应用范围； 能分析出不同材料中合金元素的主要作用； 能利用所学知识科学解决生产、生活中遇到的实际问题	方法能力： 能够查阅资料； 能够分析； 解决问题； 自我学习； 能自我评估	社会能力： 沟通能力； 表达力； 倾听力

二、问题或情景说明

1957年10月15日，"万里长江第一桥"——武汉长江大桥建成通车，中华儿女终于用自己的勤劳和智慧，实现了千百年来在长江上"一桥飞架南北，天堑变通途"的梦想。

武汉长江大桥西起楚琴立交，上跨长江水道，东至中山路；线路全长1 670.4 m，主桥全长1 155.5 m；上层桥面为双向四车道城市主干道，设计速度为100 km/h，下层为双线铁轨，设计速度为160 km/h；是长江上的第一座大桥，是新中国第一座公铁两用大桥，更是新中国桥梁建设的第一座里程碑。它拉开了中国现代化桥梁建设的序幕。

截至2017年10月，全桥无变位下沉，桥墩可承受6×10^4 t压力，可抵御1×10^5 m^3流量，5 m流速的洪水，可抗8级以下地震和强力冲撞。24 805 t钢梁、8个桥墩无一有裂纹，无弯曲变形，百万颗铆钉无松动现象，全桥无重大病害。

武汉长江大桥主要用到了何种钢材，有何特点？

三、应具备条件

（一）已具备的知识与技能

序号	说明学习所需基本知识点、技能点等
1	金属材料的性能
2	金属结晶
3	金属的结构
4	金属的塑性变形
5	金属的再结晶
6	二元合金相图
7	钢的热处理

（二）专业参考资料

序号	资料来源	说明
1	金属材料及热处理	查询和学习常用工程材料的相关知识
2	百度	查询一些新的概念
3	材料学网（微信公众号）	获取材料领域最佳的专业知识
4	材料PLUS（微信公众号）	材料学新发展

四、知识信息

钢的分类方法有很多种，最常见的是将钢分为碳素钢（简称碳钢）和合金钢。

（一）碳素钢

1. 碳素钢的分类及牌号

碳素钢一般是指碳含量为 0.02%～2% 的铁碳合金，含有限量的 Si、Mn、P、S 及其他微量残余元素。碳素钢一般统称作非合金钢，但其内涵没有非合金钢广泛（非合金钢还包括规定电磁等特殊性能的其他非合金钢）。

按钢中含碳量的不同，碳素钢可分为低碳钢（$\omega_C \leqslant 0.25\%$）、中碳钢（$0.25\% < \omega_C \leqslant 0.6\%$）和高碳钢（$\omega_C > 0.6\%$）3种。按用途不同，碳素钢可分为碳素结构钢和碳素工具钢两种。

常用的碳素钢为碳素结构钢、优质碳素结构钢、碳素工具钢和铸钢，它们的牌号编号方法见表8-1-1。

表 8-1-1　常用碳素钢的牌号编号方法

分类	牌号标号方法	举例
碳素结构钢	牌号由"Q+数字+质量等级符号+脱氧方法"组成；Q为"屈"字的汉语拼音首字母大写；数字为屈服强度值（MPa）；A、B、C、D表示质量等级，从左至右，质量依次提高；F、b、Z、TZ依次表示沸腾钢、半镇静钢、镇静钢、特殊镇静钢等不同脱氧方法。例如，Q235AF表示屈服强度为235 MPa、质量为A级的沸腾钢	Q235AF 195F
优质碳素结构钢	牌号由"数字+元素符号+质量等级符号+脱氧方法"组成。数字表示平均含碳量（以万分之几表示）。较高含锰含量的优质碳素结构钢，加锰元素符号Mn。A、E分别表示高级优质钢、特级优质钢。F、b、Z依次表示沸腾钢、半镇静钢、镇静钢。例如，45表示平均含碳量为0.45%的优质碳素结构钢	45 50Mn
碳素工具钢	牌号由"T+数字+元素符号+质量等级符号"组成。T为"碳"字的汉语拼音首字母大写；数字表示钢的平均含碳量（以千分之几表示）；较高含锰含量的碳素工具钢，加锰元素符号Mn；A表示高级优质碳素工具钢。例如，T8表示平均含碳量为0.8%的碳素工具钢	T8 T8A

续表

分类	牌号标号方法	举例
铸钢	牌号由"ZG+数字-数字"组成。ZG为"铸钢"汉语拼音的首字母大写,后面为屈服强度最低值(MPa)和抗拉强度最低值(MPa)。例如,ZG200-400表示最低屈服强度为200 MPa、最低抗拉强度为400 MPa的铸钢	ZG230-450 ZG270-500

2. 碳素结构钢

碳素结构钢的平均含碳量在 0.06%~0.38%之间,其中含有的有害元素和非金属夹杂物较多,但性能上能满足一般工程结构及普通零件的要求,因而在工程中有着广泛应用。

碳素结构钢具有较高的强度,良好的塑性和韧性,以及优良的工艺性能(焊接性、冷变形成形性),通常制成型材(圆钢、方钢、工字钢、钢筋等)、板材和管材等形式,主要用于桥梁、建筑等工程构件,以及生产螺钉和螺母等。表 8-1-2 为常用普通碳素结构钢的牌号、性能及应用。

表 8-1-2 常用普通碳素结构钢的牌号、性能及应用

牌号	性能	应用
Q195、Q215	塑性、韧性和焊接性能较好,有一定的强度和硬度	通常用于制作受力较小的零件,如铁钉、铁丝、白铁皮、黑铁皮、轻负荷的冲压件和焊接件
Q235	中等强度,并具有良好的塑性和韧性,并且易于成形和焊接,是应用最为广泛的普通碳素结构钢	多用于制作钢筋和钢结构件,另外还用于制作铆钉、铁路道钉和各种机械零件,如螺钉、螺母、拉杆、连杆等

3. 优质碳素结构钢

若在生产过程中将 S、P 的含量控制在 0.035%以下,同时还控制非金属夹杂物的含量,再经过热处理后的碳素结构钢称作优质碳素结构钢。

优质碳素结构钢力学性能比较均匀,塑性和韧性都比较好,多用于制造机械零件。表 8-1-3 为常用优质碳素结构钢的牌号、性能及应用。

表 8-1-3 常用优质碳素结构钢的牌号、性能及应用

分类	牌号	性能	应用
低碳钢	08、10	塑性好、强度低,一般由钢厂轧成薄板或钢带供应	主要用于制造深冷冲压件和焊接件,如汽车壳体、油箱、压力容器等
	15、20、25	塑性好,有一定的强度,经渗碳处理后,可实现"皮硬心软"的性能	常用于制造尺寸不大、载荷较小的渗碳件,如摩托车链条、小齿轮、活塞销、小轴、垫圈;也用于制造不需要热处理的冲压件和焊接件,如风扇叶片、法兰盘等

续表

分类	牌号	性能	应用
中碳钢	45	具有较高的强度、硬度，塑性、韧性良好，在机械制造中应用非常广泛	主要用于制造尺寸较大的零件，如机床主轴、连杆、曲轴、齿轮、联轴器等
高碳钢	65Mn	具有较高的强度、硬度和弹性，但塑性较差，焊接性不好，可加工性差	主要用于制造弹性零件和耐磨件，如钢丝绳、弹簧、板簧、弹簧垫圈、弹簧片、钢轨等

4. 碳素工具钢

碳素工具钢的含碳量为 0.65%~1.35%，其成本低，耐磨性和加工性较好，但热硬性差、淬透性低，只适于制作尺寸不大、形状简单的低速刃具，以及对热处理变形要求低的一般模具和低精度量具等。

碳素工具钢使用前要进行热处理。预备热处理一般为球化退火，其目的是降低硬度，便于切削加工，并为淬火做组织准备。最终热处理为淬火加低温回火。使用状态下的组织为回火马氏体、颗粒状碳化物及少量残余奥氏体。表 8-1-4 所示为常用碳素工具钢的牌号、性能及应用。

表 8-1-4 常用碳素工具钢的牌号、性能及应用

牌号	性能	应用
T7、T7A	能承受冲击、韧性较好、硬度适当	用于扁铲、手钳、大锤、旋具、木工工具等
T8、T8A	能承受冲击、硬度较高	用于冲头、压缩空气工具、木工工具等
T11、T11A	不能承受剧烈冲击、硬度高、耐磨性好	用于车刀、刨刀、冲头、丝锥、钻头、手锯条等
T12、T12A	不能承受冲击、硬度高、耐磨性好	用于锉刀、刮刀、精车刀、丝锥、量具等

5. 铸钢

许多形状复杂的零件，很难通过锻压等方法加工成形，使用铸铁制造性能又难以满足要求，此时可选用铸钢件。

铸钢一般应用于结构复杂且要求有较高强度、塑性、韧性以及特殊性能的结构件，如承受冲击载荷的汽车机架、缸体、齿轮和连杆等。常用铸钢的牌号、性能及应用见表 8-1-5。

表 8-1-5 常用铸钢的牌号、性能及应用

牌号	性能	应用
ZG200-400	良好的韧性、塑性和焊接性能	用于受力不大、韧性好的机械零件，如机座、变速器壳、减速器壳体等
ZG230-450	较高的强度和较好的塑性、韧性和焊接性能	用于受力不大、韧性好的机械零件，如砧座、外壳、轴承座、底板、阀体等
ZG270-500	较高的强度和较好的塑性、铸造性、焊接性和切削性	用途广泛，可制作轴承座、连杆、箱体、曲轴、缸体、飞轮等

学习模块	常用工程材料
学习任务	碳素钢
客户委托	碳素钢
学习时间	

姓名		班级		日期	
成绩		教师签名			

任务测试

一、填空题

1. 按钢中含碳量的不同，碳素钢可分为_____、_____和_____。

2. 按用途不同，碳素钢可分为_____和_____。

二、问答题

1. 什么是碳素结构钢？有何特点？

2. 碳素结构钢的牌号是怎么表示的？其数字和符号各表示什么含义？

3. 什么是优质碳素结构钢，具有哪些性能特点？其牌号是怎么表示的？其数字和符号各表示什么含义？

4. 什么是碳素工具钢，具有哪些性能特点？其牌号是怎么表示的？其数字和符号各表示什么含义？

5. 什么是铸钢，具有哪些性能特点？其牌号是怎么表示的？其数字和符号各表示什么含义？

（二）合金钢

碳素钢具有一定的力学性能和良好的工艺性能，且价格低廉，在工业中应用广泛。但碳素钢淬透性低，强度较低，且不能满足某些特殊性能要求（如耐蚀、耐磨、耐热、抗氧化等）。为了改善碳素钢的组织和性能，在碳素钢基础上有目的地加入一种或几种合金元素所形成的铁基合金称作合金钢。

1. 合金钢的分类及牌号

合金钢的种类繁多，为了便于生产、使用、管理，必须对其进行分类。

按合金元素总质量分数的多少，合金钢可分为低合金钢（合金元素总质量分数低于 5%）、中合金钢（合金元素总质量分数为 5%~10%）和高合金钢（合金元素总质量分数大于 10%）。

按所含主要合金元素不同，合金钢可分为铬钢、铬镍钢、锰钢、硅钢和硅锰钢等。

按正火态或铸造态组织不同，合金钢可分为珠光体钢、马氏体钢、铁素体钢、奥氏体钢和莱氏体钢等。

按用途不同，合金钢可分为合金结构钢、合金工具钢和特殊性能钢。这种分类方法最方便，也最常用。常见合金钢的分类和编号方法见表 8-1-6。

表 8-1-6 合金钢的分类和编号方法（摘自 GB/T 221—2008）

分类	牌号编号方法	举例
合金结构钢	牌号为"数字＋合金元素符号＋数字＋质量等级符号"。前面的数字表示钢的平均含碳量，以万分之几表示；合金元素后面的数字表示合金元素的含量，以平均含量的百分之几表示，含量不大于 1.5% 时，一般不标明含量。若为高级优质钢，则在钢号最后加 A 表示。滚动轴承在钢号前面加 G 表示，含铬量用千分之几表示	例如，60Si2Mn 表示平均含碳量为 0.6%，平均含硅量为 2%，平均含锰量不大于 1.5% 的合金弹簧钢
合金工具钢	合金元素含量的表示方法与合金结构钢相同。平均含碳量不小于 1.0% 时不标出，小于 1.0% 时以千分之几表示。高速钢除外，其平均含量小于 1.0% 时也不标出	例如，5CrMnMo 表示平均含碳量为 0.5%，铬、锰、钼的平均含量小于 1.5% 的合金工具钢
特殊性能钢	合金元素含量的表示方法与合金结构钢相同。平均含碳量以千分之几表示，但当平均含碳量不大于 0.03% 及 0.08% 时，钢号前分别加 00 及 0 表示	例如，2Cr13 表示平均含碳量为 0.2%，平均含铬量为 13% 的不锈耐酸钢

2. 合金元素在钢中的作用

在钢中加入合金元素，能够改变钢的使用性能和工艺性能，得到更优良或具有特殊性能的钢。合金元素在钢中的主要作用如下。

1) 合金元素对钢中基本相的影响

（1）强化铁素体。

几乎所有合金元素都可以或多或少地熔入铁素体中，形成合金铁素体。由于其与铁的晶格类型和原子半径有差异，必然引起铁素体晶格畸变，产生固溶强化，从而使铁素体的强度、硬度提高，但塑性、韧性却有下降趋势。合金元素对铁素体韧性的影响与它们的含量有关。例如，$\omega_{Si}<1.00\%$，$\omega_{Mn}<1.50\%$时铁素体韧性没有下降，当含量超过此值时韧性则有下降的趋势；而铬和镍在适当范围内（$\omega_{Cr}\leqslant 2.00\%$，$\omega_{Ni}\leqslant 5.00\%$）可使铁素体的韧性提高。

对于大多数结构钢来说，在退火、正火、调质状态下，铁素体是钢的主要基本相，所以当合金元素在铁素体中含量适当时，一般可以使钢得到强化，而并不降低韧性。

（2）形成合金碳化物。

按与钢中碳的亲和力大小不同，合金元素可分为碳化物形成元素和非碳化物形成元素两大类。

不同碳化物形成元素形成的碳化物性质不同。

强碳化物形成元素 Zr、Ti、V 等，可与碳形成极稳定的特殊碳化物，如 ZrC、TiC、VC 等。这类碳化物有高的熔点、硬度和耐磨性，当在钢中弥散分布时，将显著提高钢的强度、硬度和耐磨性，且不降低韧性。

中强碳化物形成元素 Cr、Mo、W 等，当含量较低时，只能置换渗碳体中的铁原子，形成稳定性较差的合金渗碳体，如 $(Fe,W)_3C$、$(Fe,Cr)_3C$ 等，其硬度比渗碳体高；当含量较高时，与碳形成稳定性较高的合金碳化物，如 Cr_7C、Fe_3Mo_3C 等。

弱碳化物形成元素 Mn、Fe 等，只能形成稳定性较差的渗碳体或合金渗碳体，如 $(Fe,Mn)_3C$ 等。

2) 合金元素对钢热处理的影响

（1）合金元素对钢加热转变的影响。

合金钢奥氏体化的基本过程与非合金钢一样，也包括晶核的形成、长大及碳化物的溶解和均匀化等过程，而这些过程基本上是由碳的扩散来控制的。除 Co、Ni 外，大多数合金元素均能使碳的扩散能力降低，特别是强碳化物形成元素，因其形成的碳化物稳定性高、难溶，可显著阻碍碳的扩散，减缓奥氏体的形成。因此，大多数合金钢要获得成分均匀的奥氏体，需提高加热温度和延长保温时间。

（2）合金元素对钢冷却转变的影响。

合金元素（除 Co 外）固溶于奥氏体中，能不同程度地阻碍碳的扩散，使奥氏体稳定性增加，C 曲线右移，增大钢的淬透性，如图 8-1-1（a）所示。Cr、Mo、W 等碳化物形成元素，不仅可使 C 曲线右移，还可使 C 曲线分离成两个鼻尖，如图 8-1-1（b）所示，上部为珠光体转变区，下部为贝氏体转变区，两区之间的过冷奥氏体有较大的稳定性。

多种合金元素同时加入钢中，对提高淬透性的作用比单纯加入某一种合金元素（此元素含量与多种合金元素含量之和相等）更显著。因此，淬透性好的钢大多采用"多元少量"的合金化原则。

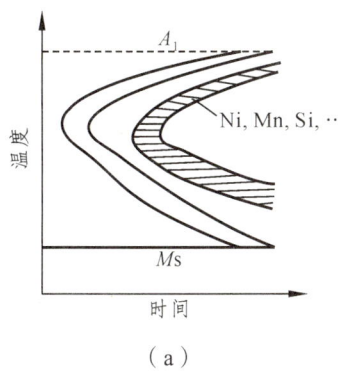 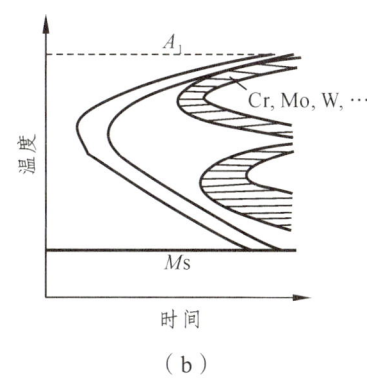

图 8-1-1 合金元素对 C 曲线的影响

除 Co, Al 外,大多数合金元素均会使 M_s、M_f 点降低。M_s、M_f 点越低,淬火后残留奥氏体量就越多,从而会降低钢淬火的硬度。其中 Mn 的影响尤为显著。

(3) 合金元素对钢回火转变的影响。

① 提高回火稳定性。

钢在回火时抵抗软化的能力称作钢的回火稳定性或耐回火性。大多数合金元素(尤其是强碳化物形成元素)对原子扩散起阻碍作用,可延缓回火时的组织转变。因此,在同一温度下回火时,合金钢的硬度和强度比非合金钢高;或在保证相同强度的条件下,合金钢可在更高的温度下回火,从而使韧性更好一些。

② 产生二次硬化。

含有较多 W、Mo、V 等碳化物形成元素的合金钢,在回火温度升高到 500~600 ℃ 时,其硬度并不降低,反而升高,这种回火时硬度升高的现象称作二次硬化,如图 8-1-2 所示。这是因为在该温度下回火时,上述合金含量较多的合金钢,会从马氏体中析出特殊碳化物,如 W_2C、Mo_2C、VC 等。这些碳化物硬度高,颗粒细小,数量多,分散均匀,起弥散强化作用,使钢的硬度升高。

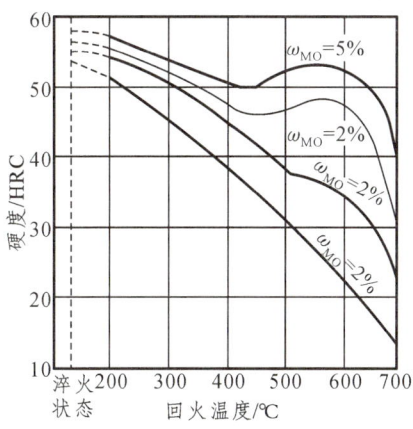

图 8-1-2 合金钢的二次硬化示意图

3. 合金结构钢

合金结构钢用于制造各种工程结构和机械零件，是合金钢中用途最广、用量最大的一类钢，主要包括低合金高强度结构钢、合金渗碳钢、合金调质钢、合金弹簧钢和滚动轴承钢。

1）低合金高强度结构钢

低合金高强度结构钢是在低碳钢的基础上加入少量合金元素而形成的钢，其碳含量为 0.12%～0.20%，P、S 含量不大于 0.45%，合金元素总量不大于 3%，其主要添加元素为 Si、Mn 及少量的 Ti、V、Nb、Cu 及稀土元素等。低合金高强度结构钢比相同含碳量的碳素钢强度要高 10%～30%，并具有较好的塑性、韧性和焊接性能；同时，由于冶炼较简单，生产成本与碳素钢相近，因此低合金结构钢广泛用于制作各种机器零件和工程构件。

用低合金高强度结构钢取代碳素结构钢，可节约钢材，减轻重量，且使用可靠，应用此类钢的典型实例有：九江长江大桥使用 Q420（15MnVN）钢制造；奥运会主会场鸟巢所用钢材为 Q460EZ235，由我国自主创新研发生产，是我国目前的顶级建筑用钢。

2）合金渗碳钢

合金渗碳钢是经过渗碳处理后使用的低碳合金结构钢，具有"面硬、心韧、耐磨"的特点。合金渗碳钢的含碳量一般为 0.10%～0.25%，加入的合金元素主要有 Mn、Cr、Ni、Mo、V、Ti、B 等。

合金渗碳钢可用来制造既有优良的耐磨性及耐疲劳性，又能承受冲击载荷作用的零件。但由于淬透性较差，仅能在表层获得高的硬度，而心部得不到强化，故只适用于制造受力较小的渗碳件。

3）合金调质钢

合金调质钢是指经过调质处理的合金钢，其具有较高的强度和韧性，碳的质量分数一般为 0.25%～0.50%。若调质后再进行淬火，则可进一步改善钢件表面的耐磨性。合金调质钢常用于制造承受重载荷、冲击载荷的零件，如汽车半轴、连杆、转向节等。

4）合金弹簧钢

弹簧主要用于实现消除振动、储备能量、驱动机械、开闭阀门等功能，弹簧工作时受到交变载荷作用，因此，要求弹簧钢具有高的强度、弹性极限、韧性及疲劳极限。合金弹簧钢的含碳量一般为 0.45%～0.75%，加入的合金元素有 V、Cr、Mn、Si 等。

生产中常对弹簧采用喷丸或表面强化处理，使其表面处于压应力状态以提高弹簧的疲劳强度及表面质量。

5）滚动轴承钢

滚动轴承钢是制造各种滚动轴承的滚子、内外圈的专用钢。常用的轴承钢是高碳低铬钢，其碳含量为 0.95%～1.15%，以保证轴承有足够高的强度、硬度和耐磨性。铬的含量为 0.40%～1.65%，主要作用是提高淬透性，使组织均匀并增加回火稳定性。铬与碳作用形成的 $(Fe,Cr)_3C$ 合金渗碳体能有效提高钢的硬度及耐磨性。

4. 合金工具钢

根据用途不同，合金工具钢可分为合金量具钢、合金刃具钢、合金模具钢 3 种。

1）合金量具钢

用来制造各种量具如游标卡尺、块规、卡规、千分尺、样板等的合金钢称作合金量具钢。量具在使用过程中常与被测量的零件直接接触，在摩擦和碰撞条件下工作，因此量具应具有较高的硬度和耐磨性。

2）合金刃具钢

用于制造各种车刀、铣刀等切削加工工具的合金钢称作合金刃具钢。合金刃具钢要求高硬度、高耐磨性、高热硬性、一定的韧性及塑性。常用的合金刃具钢有低合金刃具钢和高速钢两种。

3）合金模具钢

按工作条件的不同，合金模具钢分为冷作模具钢和热作模具钢。冷作模具的作用是使金属在室温条件下产生塑性变形从而获得具有一定几何尺寸及形状的毛坯或零件，如冲模、弯曲模、冷锻模等。常用的冷作模具钢有 Cr12MoV、CrWMn。热作模具是用来使热状态下的金属产生变形的模具，如热锻模、压铸模等，常用的热作模具钢有 5CrNiMo、4Cr5MoSiV。

5. 特殊性能钢

特殊性能钢是具有特殊物理、化学或力学性能的钢种，包括不锈钢、耐热钢和耐磨钢等。

不锈钢是指能够抵抗大气或其他介质腐蚀的钢。有时仅把能抵抗大气腐蚀的钢称作不锈钢，而把能够抵抗强腐蚀介质的钢称作耐酸钢。一般不锈钢不一定耐酸，而耐酸钢则一般都具有良好的耐蚀性能。

耐热钢是指高温下具有高的热稳定性和热强性的特殊性能钢。热稳定性是指抗氧化性，即钢在高温氧化作用下的稳定性。热强性是指钢在高温下对外力的抵抗能力。

耐磨钢是指具有高耐磨性的钢种，主要用于工作过程中承受高压力、严重磨损和强烈冲击的零件，如坦克和车辆履带板、挖掘机铲斗、破碎机颚板、铁轨分道岔、防弹板等。

学习模块	常用工程材料				
学习任务	合金钢				
客户委托	合金钢				
学习时间					
姓名		班级		日期	
成绩		教师签名			

任务测试

一、填空题

1. 按合金元素总质量分数的多少，合金可分为_____、_____和_____。

2. 按用途不同，碳素钢可分为_____和_____。

二、问答题

1. 什么是合金钢，合金钢有哪些特点？

2. 合金元素在钢中主要有哪些作用？

3. 合金结构钢主要应用于哪些地方？

4. 什么是合金工具钢，具有哪些性能特点？

5. 什么是特殊性能钢，具有哪些性能特点？

(三)有色金属及其合金

通常把钢铁材料以外的其他金属统称作有色金属。有色金属具有特殊的电性能、磁性能、热性能,以及较高的耐蚀性和比强度,广泛应用于机电、仪表,特别是航空、航天等工业上。有色金属的种类繁多,应用较广的是铝、铜、镁、钛及其合金以及轴承合金、硬质合金等。

1. 铝及铝合金

在非铁金属中,铝及铝合金是应用最广的金属材料,其在地球的储存量比铁多,且目前铝的产量仅次于钢铁材料。铝及其合金广泛应用于电气、车辆、化工等部门,也是航空和航天工业的主要结构材料。

1)工业纯铝

工业上使用的纯铝呈银白色,铝的密度为 2.7 g/cm³(约为钢的 1/3),熔点为 660 ℃,导电、导热性较好(仅次于金、银和铜),塑性好,能通过冷、热变形制成各种型材,抗大气腐蚀性好。铝的强度低,经加工硬化后其强度可提高到 150~250 MPa,但塑性会下降 50%~60%。

工业纯铝编号采用"铝"的汉字拼音首字母加序号表示,如 L1、L2、L3、L4 等。L1 为 1 号纯铝,序号越大铝的纯度越低,含杂质元素越多,塑性及导电导热性越差。

2)铝合金

纯铝的强度较低,不宜用来制造承受载荷的结构零件。若向铝中加入适量的 Si、Cu、Mg、Mn 等元素,配成铝合金,则可以得到较高强度的铝合金。若再经冷变形强化或热处理,还可进一步提高强度。因此,铝合金可用于制造承受较大载荷的机器零件和构件。

根据合金元素的含量和加工工艺的特点,铝合金可分为变形铝合金和铸造铝合金两大类。其分类方法是根据二元铝合金相图来确定的,如图 8-1-3 所示。

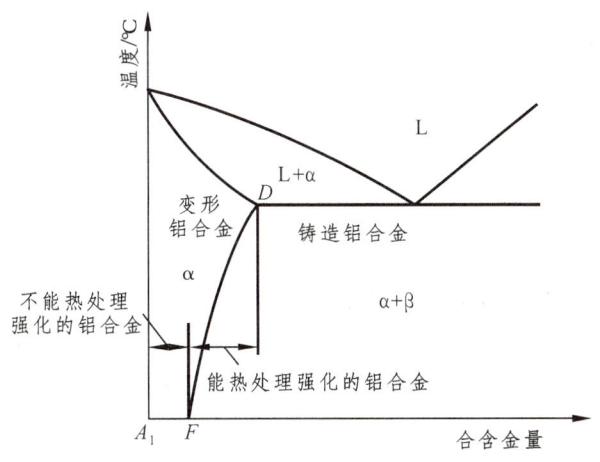

图 8-1-3 二元铝合金相图

成分在 D 点以左的合金,加热时能形成单相 α 固溶体组织,具有良好的塑性,适于变形加工，称作变形铝合金。变形铝合金又可分为以下两类。

① 不可热处理强化的变形铝合金：这类合金成分在 F 点以左，在加热冷却过程中，α 固溶体的成分不改变，不能用热处理强化。

② 可热处理强化的变形铝合金：这类合金成分位于 F 点与 D 点之间，在加热冷却过程中，α 固溶体的成分随温度变化，会析出第二相提高强度。

成分在 D 点以右的铝合金具有共晶组织，液态金属流动性好，适于铸造成形，称作铸造铝合金。

铸造铝合金在汽车上的使用量最多，占 80% 以上，包括重力铸造件、低压铸造件和其他特种铸造零件。变形铝合金包括板材、箔材、挤压材、锻件等。工业用铝合金材料中，铸件占 80% 左右，锻件占 1%~3%，其余为加工材料。

（1）变形铝合金。

根据 GB/T 16474—2011 规定，变形铝合金的牌号用四位字符体系表示，如 3A21，2A12 等。牌号的第一、三、四位为阿拉伯数字，第二位为英文大写字母。牌号的第一位数字按主要合金元素 Cu、Mn、Si、Mg、Mg_2Si、Zn 和其他元素的顺序来确定合金的组别见表 8-1-7。

表 8-1-7　变形铝合金的组别（摘自 GB/T 16474—2011）

组别	牌号系列
以铜为主要合金元素的铝合金	2×××
以锰为主要合金元素的铝合金	3×××
以硅为主要合金元素的铝合金	4×××
以镁为主要合金元素的铝合金	5×××
以镁和硅为主要合金元素并以 Mg_2Si 相为强化相的铝合金	6×××
以锌为主要合金元素的铝合金	7×××
以其他元素为主要合金元素的铝合金	8×××
备用合金组	9×××

第二位字母表示原始合金的改型情况，如果第二位字母为 A，则表示原始合金；如果为 B~Y（C、I、L、N、O、P、Q、Z 除外），则表示为原始合金的改型合金。牌号的最后两位数字没有特殊意义，仅用来区分同一组中不同的铝合金。

根据主要性能特点和用途，变形铝合金可分为防锈铝合金、硬铝合金、超硬铝合金和锻造铝合金 4 种。

① 防锈铝合金主要是 Al-Mn 系和 Al-Mg 系合金。Mn 可提高耐蚀性，同时还有固溶强化的作用。Mg 除了起固溶强化作用外，还可以降低合金的密度。这类合金的时效硬化效果不明显，不宜通过热处理强化，可通过加工硬化来提高强度和硬度。因这类合金具有良好的耐蚀性，故称作防锈铝合金。此外，这类合金还具有良好的塑性和焊接性能，但其强度较低，切削加工性能较差，主要用于制作需要弯曲或冷拉伸的高耐蚀性容器，以及受力小、耐蚀的制品与结构件。

② 硬铝合金是 Al-Cu-Mg 系合金。Cu 和 Mg 可形成强化相。因这类合金通过固溶处理和时效可获得较高的强度和硬度，故称作硬铝合金。

根据合金元素含量和性能特点，硬铝合金可分为低强度硬铝、标准硬铝和高强度硬铝 3 类。

低强度硬铝：Cu 和 Mg 含量较低，强度低，塑性高，采用固溶处理和自然时效可以强化，但时效速度较慢，主要用于制造铆钉，故又称作铆钉硬铝。常用的低强度硬铝有 2A02 和 2A10 等。

标准硬铝：Cu 和 Mg 含量中等，强度和塑性在硬铝合金中属于中等水平，故又称作中强度硬铝。这类合金淬火和退火后有较高的塑性，可进行冷弯、卷边、冲压等，主要用于制造轧材、锻材、冲压件和铆钉等。常用的标准硬铝有 2A11 等。

高强度硬铝：Cu 和 Mg 含量高，强度和硬度较高，有较好的耐热性，但塑性和变形加工能力差，适用于制造航空模锻件和重要的销轴等。常用的高强度硬铝有 2A12 等。

③ 超硬铝合金是 Al-Zn-Mg-Cu 系合金。Zn、Mg、Cu 可形成多种复杂的强化相，时效强化效果最好，强度和硬度高于硬铝，故称作超硬铝合金，它是目前强度最高的一类铝合金。超硬铝合金的耐蚀性较差，故也需要包铝保护。此外，其耐热性也较差，温度超过 120 °C 时就会软化。超硬铝合金主要用于制造要求重量轻、受力较大的结构件，如飞机大梁、蒙皮、起落架等。常用的超硬铝合金有 7A04 和 7A09 等。

④ 锻造铝合金有 Al-Cu-Mg-Si 系普通锻造铝合金和 Al-Cu-Mg-Fe-Ni 系耐热锻造铝合金两类。其共同的特点是热塑性和耐蚀性较好，适于锻造。

普通锻造铝合金常见牌号有 6A02、2A50、2A14 等，主要用于制造要求中等强度、较高塑性及耐蚀的锻件和模锻件，如压缩机叶轮、飞机上的框架、支架等。

耐热锻造铝合金常见牌号有 2A70、2A80、2A90 等，主要用于制造服役温度为 150～225 °C 的铝合金零件，如压缩机叶片、叶轮、飞机蒙皮、桁条等。

（2）铸造铝合金。

铸造铝合金的牌号用"ZL+三位数字"表示。第一位数字是合金系列：1 是 Al-Si 系合金；2 是 Al-Cu 系合金；3 是 Al-Mg 系合金；4 是 Al-Zn 系合金。第二、三位数字是合金的顺序号。例如，ZL102 表示 2 号 Al-Si 系铸造合金。优质合金在数字后附加"A"。

铸造铝合金的种类很多，根据主加合金元素的不同，铸造铝合金主要有 Al-Si 系、Al-Cu 系、Al-Mg 系、Al-Zn 系四类，其中 Al-Si 系应用最为广泛。

① Al-Si 系铸造铝合金通常称作硅铝明。根据合金元素的种类和组元数目的不同，Al-Si 合金可分为简单硅铝明（Al-Si 二元合金）和特殊硅铝明（如 Al-Si-Mg 系、Al-Si-Cu-Mg 系等）。

ω_{Si}=10%～13%的简单硅铝明（ZL102）属于共晶成分，铸造后几乎可全部得到共晶组织，具有优良的流动性、较小的热裂倾向。其组织由 α 固溶体和粗大的针状硅晶体组成，如图 8-1-4（a）所示。

由于针状硅晶体的存在，铸件的强度和塑性都很差。为提高其力学性能，生产上常采用变质处理，即浇铸前向合金液中加入质量分数为 2%～3%的变质剂（一般为钠盐混合物：2/3NaF+1/3NaCl），停留十多分钟后浇铸，可使组织明显细化。

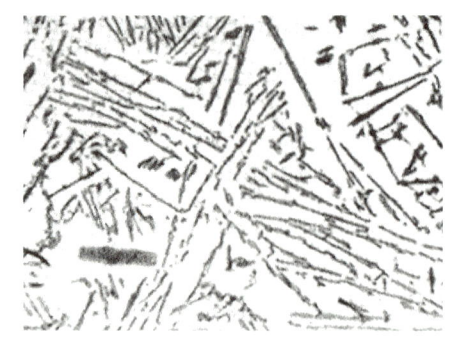
（a）变质前

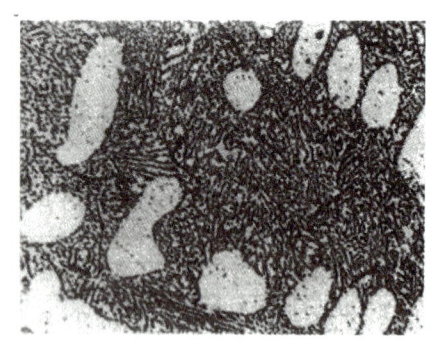
（b）变质后

图 8-1-4　ZL102 的铸态组织

因变质剂会使共晶点向右下方移动，故变质后的 ZL102 为亚共晶合金，组织为树枝状的初生 α 固溶体+细小均匀的共晶体（小粒状硅晶体均匀分布在铝基体上），如图 8-1-4（b）所示，提高了其强度和塑性。

为提高硅铝明的强度，常在合金中加入一些能形成强化相的 Cu、Mg 等合金元素，以获得能进行时效强化的特殊硅铝明。这种合金在变质处理后还可通过固溶处理和时效进一步强化，R_m 可达 200～270 MPa。因此，这种合金可用于制造低、中强度形状复杂的铸件，如电动机壳体、风机叶片、内燃机活塞气缸体等。常用代号有 ZL101、ZL104、ZL105、ZL108 等。

② Al-Cu 系铸造铝合金的 Cu 含量不低于 4%，强度较高，耐热性较好，可通过热处理提高强度，但铸造性能不好，有热裂和疏松倾向，耐蚀性差，主要用于制造要求较高强度或高温下不受冲击的零件。常用代号有 ZL201、ZL202、ZL203 等。

③ Al-Mg 系铸造铝合金的密度小（仅为 2.55 g/cm³），强度高，耐蚀性好，可进行时效强化，但铸造性能差，耐热性差，主要用于制造外形简单、承受冲击载荷、在腐蚀性介质中工作的零件，如舰船配件、氨用泵体等。常用代号有 ZL301、ZL303 等。

④ Al-Zn 系铸造铝合金的铸造性能优良，价格便宜，经变质和时效处理后，有较高的强度，但耐蚀性差，热裂倾向大，主要用于制造形状复杂、受力小的汽车发动机零件及仪表零件等。常用代号有 ZL401、ZL402 等。

铸造铝合金的铸件形状较复杂，组织较粗大，并有严重偏析，因此与变形铝合金相比，固溶处理温度应升高，保温时间应加长，以使粗大析出物尽量溶解，并使固溶体成分均匀化。固溶处理一般用水冷却，且多采用人工时效。

铸造铝合金具有优良的铸造性能，可根据使用目的、零件形状、尺寸精度、数量、质量标准、力学性能等各方面的要求和经济效益选择合适的合金和合适的铸造方法。

2. 铜及铜合金

1）工业纯铜

纯铜为紫色，故又称紫铜，密度为 8.96 g/cm³，熔点为 1 083 ℃。工业纯铜分为 4 种：T1、T2、T3、T4。其中，编号越大，纯度越低，杂质含量越多。

纯铜的导电性和导热性良好，并具有抗磁性，在大气和淡水中有良好的耐腐蚀性能。纯铜的强度、硬度不高，塑性、韧性、低温力学性能及焊接性良好，适合进行各种冷热加工，常用来做电线、电缆、铜管及配制铜合金等。

由于纯铜强度低，因此机械中的结构零件使用的是铜合金。

2）铜合金

铜合金是以铜为主要元素，加入少量其他元素形成的合金。铜合金具有较高的强度和硬度，同时还保持着纯铜的某些优良性能，常作为工程结构材料。

按生产方法不同，铜合金可分为加工铜合金和铸造铜合金。按化学成分不同，铜合金可分为黄铜、青铜和白铜。应用最广泛的是黄铜和青铜。

（1）黄铜。

黄铜是以 Zn 为主要添加元素的铜合金。按化学成分不同，黄铜可分为普通黄铜和特殊黄铜；按生产方法不同，黄铜可分为加工黄铜和铸造黄铜。

① 普通黄铜是由铜与锌组成的合金。加工普通黄铜的代号用"H+数字"表示，H 表示黄铜的汉语拼音首字母，数字表示铜的质量分数。例如，H68 表示铜的质量分数为 68%的普通黄铜。

普通黄铜的组织和性能主要受含锌量的影响，如图 8-1-5 所示，当锌含量小于 32%时，合金的强度和塑性都随锌含量的增加而提高；当锌含量为 30%～32%时，塑性最高；当锌含量大于 32%时，塑性下降；当锌含量为 40%～45%时，强度最高；当锌含量大于 45%时，铜合金的塑性和强度均急剧下降。

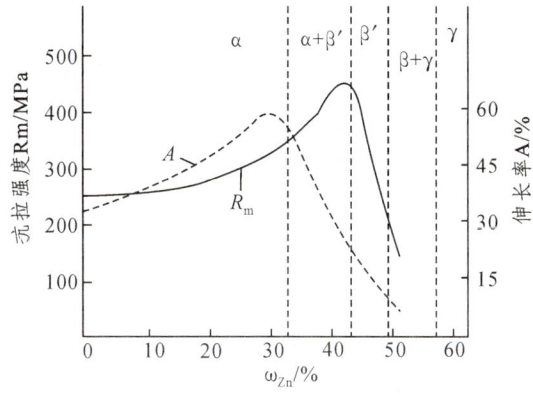

图 8-1-5　黄铜含锌量与力学性能的关系

② 特殊黄铜在普通黄铜的基础上加入合金元素即可得到特殊黄铜。常加的合金元素有 Pb、Sn 等，通常根据加入的元素名称相应地称作铅黄铜、锡黄铜等。

压力加工特殊黄铜的牌号为"H（黄）+主加元素符号（Zn 除外）+铜平均百分含量-主加元素平均百分含量"，如 HPb59-1 表示含铜量约为 59%、含铅量约为 1%、其余为锌的压力加工铅黄铜。

铸造特殊黄铜的牌号由"Z（铸造）+Cu 元素符号+主加元素符号+表明合金化元素名义百分含量的数字"组成，如 ZCuZn33Pb2 表示含锌量约为 33%、含铅量约为 2%的铸造铅黄铜。

特殊黄铜强度、耐蚀性比普通黄铜好，铸造性能得到改善，主要用于船舶及化工零件，如冷凝管、齿轮、螺旋桨、轴承、衬套及阀体等。

（2）青铜。

青铜是以除锌和镍之外的合金元素为主加元素的铜合金。加工青铜的牌号表示方法为"Q（青）+第一主合金元素的符号及平均含量（质量分数）-其他合金元素的含量（质量分数）"。

① 锡青铜是以锡为主加元素的铜基合金。锡在铜中可形成固溶体，也可形成金属化合物。因此，根据锡含量的不同，锡青铜的组织和性能也不同，如图8-1-6所示。

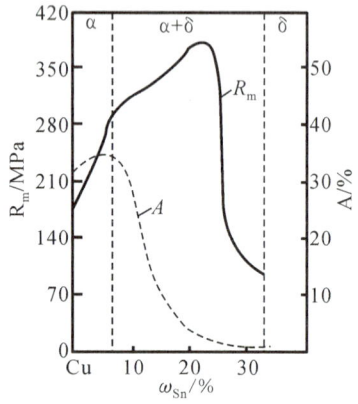

图8-1-6　锡青铜的组织和力学性能与锡含量的关系

当 ω_{Sn}<7%时，锡溶于铜中形成α固溶体，塑性好。此范围内，随锡含量的增加，合金的强度、塑性增加。ω_{Sn}>7%时，合金组织中出现硬而脆的δ相（以 $Cu_{31}Sn_8$ 为基体的固溶体），其强度继续升高，但塑性急剧下降。当 ω_{Sn}>20%时，由于δ相过多，合金变脆，强度急剧下降，无实用价值。

因此，工业用锡青铜的锡含量一般在 3%～14%。ω_{Sn}<5%的锡青铜适于冷加工；5%<ω_{Sn}<7%的锡青铜适于热加工；ω_{Sn}>10%的锡青铜适于铸造。

锡青铜具有良好的耐蚀性，在大气、海水及无机盐溶液中的耐蚀性比纯铜和黄铜好，但在硫酸、盐酸和氨水溶液中的耐蚀性较差。锡青铜的常用牌号有 QSn4-3，QSn6.5-0.4，ZCuSn10Pb1 等。

加工锡青铜适用于仪表上要求耐磨和耐蚀的零件、弹性零件、滑动轴承、轴套及抗磁零件等；铸造锡青铜适用于形状复杂、外形尺寸要求严格、致密性要求不高的耐磨、耐蚀件，如轴瓦、轴套、齿轮、涡轮、蒸汽管等。

铝青铜是以铝为主要合金元素的铜合金，铝含量为 5%～11%。铝青铜的强度、硬度、耐磨性、耐热性及耐蚀性均高于黄铜和锡青铜，有良好的铸造性，但焊接性能差。铝青铜常用的牌号有 QAl5、QAl7、ZCuAl8Mn13Fe3Ni2 等。

铝青铜主要用于制造船舶、飞机及仪器中的高强、耐磨、耐蚀件，如齿轮、轴承、涡轮、轴套、螺旋桨等。

② 铍青铜是以铍为主加元素的铜合金，铍含量为 1.7%～2.5%。其具有高强度、弹

性极限、耐磨性、耐蚀性，以及良好的导电性、导热性、冷热加工及铸造性能，但价格较贵。铍青铜常用牌号有 QBe2、QBe1.7、QBe1.9 等。

铍青铜常用于重要的弹性件、耐磨件，如精密弹簧、膜片、高速高压轴承、防爆工具和航海罗盘等重要机件。

3. 镁及镁合金

1）工业纯镁

纯镁呈银白色，密度为 1.74 g/cm³，熔点为 (650±1)℃，沸点为 (1 100±10)℃。纯镁的强度不高，与铝相近。纯镁的电极电位很低，因此耐蚀性较差。镁具有密排六方晶格，其塑性变形能力比铝小，且室温和低温时的塑性较低，容易脆断，但高温塑性较好，可进行各种形式的热变形加工。

纯镁因强度较低，一般不能单独用作结构材料，常用于制造照明弹、烟火、脱氧剂和镁合金原料等。

纯镁的牌号以"Mg+数字"的形式表示，数字表示 Mg 的质量分数。

2）镁合金

在纯镁中加入 Al、Zn、Mn、Zr 及稀土等合金元素可形成镁合金。通过合金元素产生的固溶强化、时效强化、细晶强化及过剩相强化作用，可提高镁合金的力学性能、抗腐蚀性能和耐热性能。镁合金主要用于制造各种飞行器中的零件。

按工艺不同，镁合金可分为铸造镁合金和变形镁合金。

（1）铸造镁合金。

铸造镁合金的牌号由"Z+Mg+主要合金元素符号及表示该元素名义百分含量的数字"组成。常用的牌号有 ZMgZn5Zr、ZMgZn4RE1Zr、ZMgAl8Zn 等。它们具有较高的常温强度和良好的铸造工艺性，但耐热性较差，长期使用温度不高于 150 ℃。

（2）变形镁合金。

由于镁为密排六方结构，塑性变形能力差，所以变形镁合金主要通过热变形成形，如热挤压、热轧和锻造等。变形加工不仅消除了铸造组织缺陷，还细化了晶粒，因此，变形镁合金具有较高的强度和良好的塑性，且生产成本较低。

变形镁合金的牌号由"字母+字母+两位数字+字母"组成。其中，前面两个字母分别表示合金中含量最高和次高的两种合金元素，如 A、Z、M、K、E 分别表示 Al、Zn、Mn、Zr 及稀土等；后面的两位数字分别表示这两种合金元素的大致含量；最后的字母为标识字母，用来标识各具体组成元素相异或元素含量有微小差别的不同合金。应用较多的变形镁合金是 ZK61M。

4. 钛及钛合金

1）工业纯钛

纯钛是灰白色的轻金属，密度为 4.54 g/cm³，熔点约为 1 668 ℃。纯钛的热膨胀系数小，导热性差，塑性好，强度、硬度低，容易加工成形，可制成细丝和薄片。钛可与氧、氮形成致密的保护膜，因此，在大气、高温气体、海水及许多酸碱腐蚀性介质中都有良好的耐蚀性。

钛具有同素异构转变，882.5 ℃以下为密排六方晶格的 α-Ti，882.5 ℃以上为体心立方晶格的 β-Ti。此同素异构转变对强化有很重要的意义。

工业纯钛中常含有 O、N、Fe、H、C 等杂质元素，少量杂质可使钛的强度和硬度显著提高，而塑性和韧性明显下降。

按杂质含量不同，工业纯钛可分为 TA1、TA2、TA3、TA4 等。工业纯钛常用于工作温度在 350 ℃以下、强度要求不高的零件和冲压件，如石油化工用的反应器、海水净化装置、船舶用管道等。

2）钛合金

在纯钛的基础上加入合金元素可形成钛合金。按室温组织不同，钛合金可分为 α 钛合金、β 钛合金、α+β 钛合金 3 类，其牌号分别以 TA、TB、TC+数字表示。

（1）α 钛合金。

在钛中加入 Al、B 等 α 稳定化元素可获得 α 钛合金。α 钛合金的高温（500～600 ℃）强度高，组织稳定，抗氧化性、抗蠕变性及焊接性能好，但室温强度比 β 钛合金和 α+β 钛合金都低，塑性变形能力也较差。α 钛合金不能淬火强化，主要依靠固溶强化，热处理只进行退火，包括变形后的消除应力退火或消除加工硬化的再结晶退火。

α 钛合金的典型牌号是 TA7，其成分为 Ti-5Al-2.5Sn，使用温度不超过 500 ℃，主要用于制造导弹的燃料罐、超音速飞机的涡轮机匣等。

（2）β 钛合金。

在钛中加入 Mo、Cr、V 等 β 稳定化元素可得到 β 钛合金。β 钛合金有较高的强度、优良的冲击性能，并可通过淬火和时效进行强化。在时效状态下，合金的组织为 β 相和细小弥散分布的 α 相粒子。

β 钛合金的典型牌号是 TB2，其成分为 Ti-5Mo-5V-8Cr-3Al，一般在 350 ℃以下使用，适于制作重载荷回转件，如飞机压气机叶片、轴、轮盘等。

（3）α+β 钛合金。

在钛中加入 β 稳定化元素和 α 稳定化元素可得到 α+β 钛合金，它具有 α 和 β 两类钛合金的优点，即良好的热强性、耐蚀性、低温韧性和塑性，易于锻压，经淬火时效强化后，强度可提高 50%～100%。

α+β 钛合金的典型牌号是 TC4，其成分为 Ti-6Al-4V。该合金在 400 ℃时组织稳定，蠕变强度较高，低温时韧性好，并有良好的抗海水及抗热盐应力腐蚀的能力，适于制造在 400 ℃以下长期工作、要求有一定高温强度的发动机零件、核潜艇零件，以及在低温下使用的火箭、导弹的液氢燃料箱部件等。

5. 轴承合金

用来制造滑动轴承中的轴瓦及其内衬的合金称作轴承合金。轴瓦可直接用耐磨合金制成，也可在钢表面浇注（或轧制）一层耐磨合金形成复合的轴瓦。

为了保证机器正常、平稳、无声地运行，轴承合金应满足一系列性能要求：在工作温度下具有足够的强度、硬度和疲劳强度，以承受交变载荷；具有足够的塑性和韧性，保证与轴的良好配合，以抵抗冲击和振动；有较高的耐磨性、良好的磨合性和较小的摩擦系数；具有良好的耐蚀性和导热性、较小的膨胀系数；有良好的工艺性和铸造性能。

铸造轴承合金牌号由其基体金属元素及主要合金元素的化学符号组成。主要合金元素后面跟有表示其名义百分含量的数字（名义百分含量为该元素的平均百分含量的修约化整值）。

如果合金元素的名义百分含量不小于1，该数字用整数表示；如果合金元素的名义百分含量小于1，一般不标数字，必要时可用一位小数表示。在合金牌号前面冠以字母"Z"表示铸造合金。

1）锡基轴承合金

锡基轴承合金（Sn-Sb-Cu系合金）是以锡（Sn）为主并加入少量锑（Sb）、铜（Cu）等元素组成的合金，熔点较低，是软基体硬质点组织类型的轴承合金，也称作锡基巴氏合金。

锡基轴承合金具有较高的耐磨性、导热性、耐蚀性和嵌藏性，摩擦系数和热膨胀系数小，但抗疲劳强度较差。由于锡属于稀缺元素，价格昂贵，故常用于工作温度不超过150℃、较重要的轴承，如汽车发动机、汽轮机等的高速轴承。

为了提高轴承的强度和使用寿命，生产中常采用离心铸造的方法将锡基轴承合金镶铸在钢制轴瓦表面上，形成薄且均匀的一层内衬（称作挂衬）。这种双金属层结构的轴承称作"双金属轴承"。

2）铅基轴承合金

铅基轴承合金（Pb-Sb-Sn-Cu系合金）是以Pb为主，加入少量Sb、Sn、Cu等元素的合金，又称作铅基巴氏合金。铅基巴氏合金的编号方法与锡基合金相同。

铅基轴承合金的强度、硬度、耐蚀性和导热性都不如锡基轴承合金，但其成本低，高温强度好，有自润滑性，故铅基轴承合金常用于低速、低载条件下工作的场合，如汽车、拖拉机曲轴的轴承等，图8-1-7所示为铅基轴承合金轴瓦。

图8-1-7　铅基轴承合金轴瓦

3）铝基轴承合金

铝基轴承合金是以铝为基体加入Sb、Sn等合金元素所组成的合金，具有密度小，导热性和耐蚀性好、疲劳强度高等优点，且原料丰富，价格便宜，广泛应用于高速和重载下工作的汽车、拖拉机及柴油机轴承等。但它的线膨胀系数大,运转时容易与轴咬合使轴磨损,可通过提高轴颈硬度,加大轴承间隙,降低轴承和轴颈表面粗糙度值等办法来解决。常用的铝基轴承合金有以下两类。

（1）铝锑镁轴承合金。

该合金与08钢板一起热轧成双金属轴承,生产工艺简单,成本低廉,并具有良好的疲劳强度和耐磨性,但承载能力不大,故适用于制造负荷小于 2 000 N/mm^2,滑动速度低于 10 m/s 的轴承。

（2）铝锡轴承合金。

这种合金以08钢为衬背,轧制成双合金带,具有较高的疲劳强度和良好的耐热性、耐磨性及耐蚀性,且生产工艺简单,成本低,可制造负荷高达 3 200 N/mm^2,滑动速度低于 13 m/s 的轴承。目前,铝锡轴承合金已代替其他轴承合金,广泛应用于汽车、拖拉机和内燃机车中。

6. 硬质合金

粉末冶金材料是用几种金属粉末或金属与非金属粉末作原料,通过配料、压制成形、烧结和后处理等工艺过程而制成的材料。生产粉末冶金材料的方法称作粉末冶金法。

粉末冶金法不但可以生产多种具有特殊性能的金属材料,而且还可以制造很多机械零件,如齿轮、凸轮、轴承、摩擦片、含油轴承等。与一般零件的生产方法相比,粉末冶金具有少切削或无切削、生产率高、材料利用率高、节省生产设备和占地面积等优点。下面主要介绍硬质合金。

硬质合金是以 WC、TiC、TaC 等高熔点、高硬度的碳化物为主要成分,并加入 Co（或 Ni）作为黏结剂,通过粉末冶金法制得的一种粉末冶金材料。硬质合金具有硬度高,热硬性高,耐磨性好,抗压强度高,在大气、酸、碱等介质中具有良好的耐蚀性及抗氧化性,线膨胀系数小等优点。目前常用的硬质合金材料有钨钴类硬质合金、钨钛钴类硬质合金、万能硬质合金等。

钨钴类硬质合金的主要成分是 WC 和 Co。其牌号由"YG"（"硬、钴"两字汉语拼音首字母）和平均钴含量组成。例如,YG8 表示平均含 Co 含量为 8% 的钨钴类硬质合金。钴含量越高,合金的抗弯强度、韧性越好。钨钴类合金主要用于硬质合金刀具、模具。

钨钛钴类硬质合金的主要成分是 WC、TiC 及 Co。其牌号由"YT"（"硬、钛"两字汉语拼音首字母）和 TiC 的平均含量组成。例如,YT15 表示平均 TiC 含量为 15% 的钨钛钴类硬质合金。碳化钛含量越高,合金硬度越高,耐热性越好。该合金具有较高的耐热性和耐磨性,主要用于加工切削黑色金属的刀具。

钨钛钽（铌）类硬质合金又称通用硬质合金或万能硬质合金,是由 WC、TiC、TaC 或 NbC 和 Co 组成的硬质合金。其牌号由"YW"（"硬、万"两字汉语拼音首字母）和数字（无特殊意义,仅表示合金序号）组成,如 YW2 表示 2 号通用硬质合金。通用合金主要用来加工刀具。

（1）硬质合金的性能。

硬质合金具有以下性能。

① 抗压强度高，但抗弯强度低（约为高速钢的 1/3～1/2），韧性差（约为淬火钢的 30%～50%）。

② 硬度高，常温下可达 86～93 HRA（相当于 69～81 HRC）；热硬性高，耐磨性好；可切削 50 HRC 左右的硬质材料。

③ 耐蚀性（抗大气、酸、碱等）和抗氧化性好。

④ 线膨胀系数小，但导热性差。

硬质合金不能用一般的切削加工方法加工，只能采用电加工（如线切割、电火花等）或用砂轮磨削。因此，硬质合金制品一般是钎焊、黏结或机械夹固在刀体或模具体上使用。

（2）硬质合金的应用。

① 刀具材料。

硬质合金主要用于制造高速切削或加工高硬度、高韧性材料的切削刀具。

硬质合金中，碳化物含量越多，钛含量越少，合金的硬度、热硬性、耐磨性越高，但强度、韧性越低。含钴量相同时，YT 类合金的硬度、热硬性、耐磨性高于 YG 类合金，但其强度和韧性低于 YG 类合金。因此，YG 类合金适宜加工脆性材料，YT 类合金适宜加工塑性材料。在同类合金中，含钴量高的适于粗加工，含钴量低的适于精加工。

在万能硬质合金中，TaC（或 NbC）的含量越高，在硬度不变的条件下，合金的抗弯强度越高，适于切削各种钢材，尤其是切削不锈钢、高锰钢等难加工的钢材，效果更好。

② 模具材料。

硬质合金可用于制造冷作模具，如冷拉模、冷冲模、冷挤模和冷镦模等。

③ 量具和耐磨件。

各种专用量具的易磨损面镶以硬质合金，可提高寿命，并使测量更加精确，如千分尺的测量头、车床顶尖等。硬质合金还可制作受冲击和振动小的耐磨件，如精轧轮、无心磨床的导板等。

学习模块	常用工程材料			
学习任务	有色金属及其合金			
客户委托	有色金属及其合金			
学习时间				
姓名		班级		日期
成绩		教师签名		

任务测试

问答题

1. 什么是有色金属，有色金属具有哪些特点？

2. 常用的铝合金有哪些？各具有哪些特点？

3. 铜合金具有哪些特点？有何应用？

4. 什么是镁合金，常见的镁合金有哪些？

5. 钛合金在哪些领域应用较广？

6. 什么是轴承合金，并有何特点？

7. 什么是硬质合金，具有什么性能并有何应用？

主题	常用工程材料	任务书编号：8-1-1
说明	在技术信息系统中使用现有的专业文献和信息完成相关工作； 在工作组内准备学习作业； 在工作页中完成相关信息。	时间：

工作页　常用工程材料

1. 什么是碳素钢，碳素结构钢的牌号是怎么表示的？

2. 请举例说明碳素工具钢的牌号是怎么表示的？

3. 请说明 T8A、Q235、45、65Mn、ZG230-450 牌号表示什么钢，字母和数字分别表示什么含义。

4. 什么是合金钢，合金结构钢的牌号是怎么表示的？

5. 请举例说明合金工具钢的牌号是怎么表示的？

6. 请说明 60Si2Mn、5CrMnMo 和 2Cr13 牌号表示什么钢，字母和数字分别表示什么含义。

7. 什么是有色金属并具有哪些特点？

8. 常用的铝合金有哪些？各具有哪些特点？

9. 铜合金具有哪些特点并有何应用？

10. 什么是镁合金，常见的镁合金有哪些？

11. 钛合金在哪些领域应用较多？

12. 什么是轴承合金并有何特点？

13. 什么是硬质合金，具有什么样的性能？有何应用？

五、工作过程

(一) 计　划

请各小组讨论，根据表 8-1-8 学习计划表的格式，制定合理的学习计划，并填入表中。

表 8-1-8　学习计划表

序号	工作步骤	工具/材料	组织形式	计划工时
完成本次任务的重点、难点、风险点识别	本次任务重点：常用工程材料的牌号及应用； 难点：根据材料的牌号会查其化学成分、力学性能及用途； 风险点：无。			
思政要点	辩证唯物主义为常用工程材料的学习提供了科学的认识论和方法论。在学习过程中，要运用联系的观点，理解各种工程材料的牌号、成分与性能之间的内在联系。同时，要运用发展的观点，关注常用工程材料的新发展、新应用，不断更新知识体系。			
时间：	培训师：		学生：	

(二) 决　策

在工作计划中，明确了学习目标，收集必要的信息，筛选出对决策具有重要影响的关键信息。在评估和分析完信息后，下一步是生成一系列的可选方案。这些方案应该能够满足决策的目标，并且基于对信息的评估和分析所得出的结论。在生成可选方案时，可以采用多种方法，如头脑风暴、SWOT 分析、六项思考帽法、思维导图和创新游戏等，以确保获得多样化和创新的方案。

(三) 实　施

按照学习计划表制定的要求进行学习并完成学习目标。

(四) 检　查

完成常用工程材料的学习后，请根据常用工程材料应用的准确性对本次课程的学习进行相应的检查，将检查结果填入表 8-1-9 中。

表 8-1-9　常用工程材料检查表

编号	任务	分数	比重	评分
1				
2				
3				
4				
5				
6				
总分：				

注：工作页根据学生完成情况打分：全面完成得 91~100 分，基本完成得 81~90 分，部分完成得 60~80 分，未完成得 60 分以下。

（五）评　估

1. 信息评估

表 8-1-10　信息评估记录表

编号	任务	分数	比重	评分
1				
2				
3				
4				
5				
6				
总分：				

注：工作页根据学生完成情况打分：全面完成得 91~100 分，基本完成得 81~90 分，部分完成得 60~80 分，未完成得 60 分以下。

2. 学习过程评估

表 8-1-11　学习过程评估记录表

姓　名		学　号		班　级		日　期	
练习（试题）名称							

一、学习过程检查　　　　　　　　　　　评分等级为 10—9—7—5—3—0

序号	检查内容	评分项目	学生自检评分	教师检查评分	对学生自评的评分
1	课前				
2	课中				
3	课后				
结　果					

注：对学生自评的评分标准为：同教师的评分相差一级得 9 分、二级得 5 分、三级得 0 分

二、笔试检查　　　　　　　　　　　　　评分等级为 10—0

序号	笔试的检查	学生自评	教师检查评分	对学生自评的评分
1	完整性			
2	书写规范性			
3	答案准确性			
4	错误改正			
结　果				

总评分

序号	评分组	结果	因子	得分（中间值）	系数	得分
1	计划、实施（对学生自评的评分）					
2	计划、实施（教师检查评分）					
3	笔试检查（对学生自评的评分）					
4	笔试检查（教师检查评分）					
					总分	

实训师签名：_____　　　　　　　　学生签名：_____

六、行动结果

（一）学习成果

熟悉常用工程材料的牌号及应用，掌握常用工程材料在实际中的应用，学会规划学习步骤。

完成笔试测试题。

（二）成绩评测

总成绩的评估基于以下权重：

序号	评估项目	分数	比重	评分
1	信息			
2	工作过程			
总分				

模块九 机械零件选材

任务十一 机械零件选材

一、教学大纲

（一）所属学习模块

学习模块	机械零件的选材
学习情境	零件的失效
客户委托	零件失效的原因
学习时间	

（二）思维导图

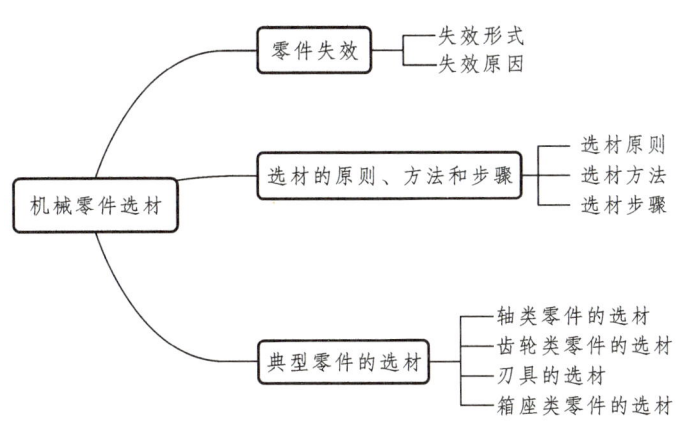

（三）资格培训矩阵

信息	描述		
行动目标	零件的失效		
学习内容	零件失效的原因		
能力	专业能力： 掌握零件失效的形式及原因； 能对典型零件进行定性分析选材及确定加工工艺； 能利用所学知识科学解决生产、生活中遇到的实际问题	方法能力： 能够查阅资料； 能够分析、解决问题； 自我学习； 能自我评估	社会能力： 责任感； 沟通能力； 科学文化素质

二、问题或情景说明

某家制造企业生产线上的一个关键零件突然失效，导致整条生产线停产。经过调查，发现这个零件的失效是由于疲劳损伤累积导致的。这个零件在连续高强度的工作条件下，经过长时间的使用，产生了微小的裂纹。这些裂纹逐渐扩展，最终导致了零件的断裂。

零件有哪些失效形式，失效的原因是什么？

三、应具备条件

（一）已具备的知识与技能

序号	说明学习所需基本知识点、技能点等
1	金属材料的性能
2	金属结晶
3	金属的结构
4	金属的塑性变形
5	金属的再结晶
6	二元合金相图
7	钢的热处理
8	常用工程材料

（二）专业参考资料

序号	资料来源	说明
1	金属材料及热处理	查询和学习机械零件选材的相关知识
2	百度	查询一些新的概念
3	材料学网（微信公众号）	获取材料领域最佳的专业知识
4	材料PLUS（微信公众号）	材料学新发展

四、知识信息

(一) 零件失效

机械零件在使用过程中失去设计规定的功能的现象称作失效。一般来说，当零件在使用过程中出现以下任一情况时，即认定为失效：

(1) 零件完全不能工作，如汽轮机在运转过程中叶片突然断裂等；

(2) 零件损伤后虽能使用，但已不能完成规定功能，如机床主轴因磨损而使加工精度降低，无法加工出合格产品等；

(3) 零件因损伤而不能继续安全使用，如压力容器在使用中，内部出现达到危险尺寸的裂纹等。

达到预定寿命的失效称作正常失效；远低于预定寿命的不正常失效称作早期失效。零件的失效，特别是没有明显预兆的失效，往往会带来严重的经济损失，甚至会造成设备和人身安全事故。因此，对零件失效进行分析，查出失效原因，提出预防措施是十分重要的。

1. 失效的形式

一般机械零件在工作中常见的失效形式主要有以下 3 种。

(1) 断裂失效：是指零件完全断裂而无法工作的失效形式，它是机械零件的主要失效形式。断裂方式主要有塑性断裂、脆性断裂、疲劳断裂、蠕变断裂等。

(2) 过量变形失效：是指零件变形量超过允许范围而造成的失效形式，主要包括过量弹性变形失效和过量塑性变形失效。

(3) 表面损伤失效：是指零件在工作中，因机械和化学作用，使其表面损伤而造成的失效形式，主要包括磨损失效、接触疲劳失效和腐蚀失效等。

同一零件可以有几种失效形式，在使用过程中也可能有不止一种失效形式发生作用，但零件在失效时一般总以一种失效形式起主导作用。在上述失效形式中，究竟哪一种是主导因素，应具体分析。

2. 失效的原因

零件的失效原因有很多，主要应从方案设计、材料选择、加工工艺、安装使用等四方面考虑。

(1) 设计不合理。

零件的结构、形状、尺寸设计不合理最容易引起失效。例如，键槽、孔的尖角处容易产生应力集中，出现裂纹。另外，对零件工作条件（如受力性质和大小、温度、环境）估计不足或判断有误、设计的安全系数过小等，均会使零件的性能满足不了工作性能要求，造成失效。

(2) 选材不合理。

选用的材料性能不能满足工作条件要求，或所选材料的组织不合理、质量差，如含有过量的夹杂物、杂质元素或成分不合格等，都会造成零件的失效。

(3)加工工艺不当。

零件在加工和成型过程中,因采用的工艺方法、工艺参数不合理,操作不正确等,常会引起某些缺陷,从而造成失效。

(4)安装使用不正确。

机器在安装过程中不符合技术要求,如配合过紧、过松、对中不准等;使用中不按工艺规程操作和维修,保养不及时或不善,过载使用等,均会造成失效。

分析零件的失效原因是一项复杂而细致的工作,其合理的工作程序是:

(1)对零件使用现场进行调查,收集失效零件的残体;

(2)收集整理零件的设计、材料、加工、安装、使用、维修等方面的资料;

(3)对失效零件进行外观分析、断口分析、金相分析、力学性能测试等检测分析;

(4)综合上述分析资料,确定失效原因,提出改进措施,写出分析报告。

学习模块	机械零件选材			
学习任务	零件的失效			
客户委托	零件的失效			
学习时间				
姓名		班级		日期
成绩		教师签名		

任务测试

问答题

1. 什么是零件的失效,零件的失效形式有哪些?

2. 请分析零件失效的原因。

(二)选材的原则、方法和步骤

1. 选材原则

1)使用性能原则

大多数情况下,使用性能是选材首先要考虑的问题。使用性能主要指零件在使用状态下材料应具有的力学性能、物理性能和化学性能。不同零件的功能不同,所要求的使用性能也不同。对大量机械零件和工程构件,最重要的是力学性能;而对一些在特殊条件下工作的零件,则必须根据要求考虑材料的物理性能和化学性能。

表 9-1-1 中列举了几种常用零件的工作条件、失效形式和要求的主要力学性能。

确定了具体的力学性能指标和数值后,可利用手册进行选材。

表 9-1-1 几种常用零件的工作条件、失效形式和要求的主要力学性能

零件	工作条件			常见的失效形式	要求的主要力学性能
	应力种类	载荷性质	受载状态		
紧固螺栓	拉、切应力	静载	—	过量变形、断裂	强度、塑性
传动轴	弯、扭应力	循环、冲击	轴颈处摩擦、振动	疲劳断裂、过量变形、轴颈处磨损	综合力学性能
传动齿轮	压、弯应力	循环、冲击	强烈摩擦、振动	磨损、齿折断、接触疲劳(麻点)	表面硬度及弯曲疲劳强度、接触疲劳强度、心部屈服强度、韧性
弹簧	弯、扭应力	交变、冲击	振动	弹性丧失、疲劳断裂	弹性极限、倔强比、疲劳强度
冷作模具	复杂应力	交变、冲击	强烈摩擦	磨损、脆断	硬度、足够的强度、韧性

按使用性能进行选材时,必须注意以下问题。

(1)材料的尺寸效应。尺寸效应是指材料随截面尺寸的增大,力学性能下降的现象。金属材料,特别是钢材的尺寸效应尤其显著,随着尺寸的增大,钢材的强度、塑性、韧性均下降,其中韧性下降最为明显。淬透性越低的钢材,其尺寸效应越明显。因此,选材时应注意零件尺寸与手册中试样尺寸的差别,注意淬透性与有效淬透层深度的要求,并作适当的修正。

(2)材料性能与加工、处理条件的关系。同种材料,若采用不同工艺,其性能指标数值不同。例如,同种材料采用锻压成型比采用铸造成型强度高;采用调质的力学性能比用正火时沿截面分布更均匀。

(3)材料的缺口敏感性。试验所用试样形状简单,且多为光滑试样。但实际使用的零件中,存在台阶、键槽、螺纹、焊缝、刀痕、裂纹、夹杂等,这些均可看作"缺口"。在复杂应力下,这些缺口处将产生严重的应力集中。因此,当材料以光滑试样做拉伸试验时,可表现出高强度和足够的塑性,而实际零件使用时可能会表现为低强度、

高脆性。材料越硬，应力越复杂，表现越敏感。因此，在应用性能指标时，必须结合零件的实际条件加以修正，必要时可通过模拟试验取得数据作为设计零件和选材的依据。

（4）硬度值在设计中的作用。由于硬度值的测定方法既简便又不破坏零件，且硬度指标在确定的条件下与某些力学性能指标有近似的换算关系。因此，在设计和实际生产过程中，常用硬度值作为检验材料性能的依据。但硬度指标也有很大的局限性。例如，硬度对材料的组织不够敏感，经不同处理的材料虽可得到相同的硬度值，但其他力学性能却相差很大，因而不能确保零件的使用安全。所以，设计中在给出硬度值的同时，必须对工艺作出明确的规定。

2）工艺性能原则

工艺性能原则是指所用的材料能否保证顺利地制成零件。例如，某些材料从零件的使用要求考虑是合适的，但无法加工制造，或加工困难，制造成本高，这些均属于工艺性能不好。工艺性能的好坏对零件加工的难易程度、生产率、生产成本等影响很大。

金属材料的工艺性能按加工方法不同，主要有以下几种。

（1）铸造性能包括流动性、收缩、疏松、成分偏析、铸造应力、冷热裂倾向等。不同材料的铸造性能不同，铸造铝合金、铜合金的铸造性能优于铸铁，铸铁优于铸钢。同种材料中，成分靠近共晶点的合金铸造性能最好。

（2）压力加工性能常用塑性和变形抗力来综合评定。一般来说，铸铁不可进行压力加工，而钢材可以进行压力加工，但工艺性能有较大差异，随着钢中碳及合金元素含量的增加，其压力加工性能变差；变形铝合金和大多数铜合金具有较好的压力加工性能。

（3）焊接性能常用碳当量 CE 来评定。CE<0.4%的材料，焊接时不易产生裂纹、气孔等缺陷，且焊接工艺简单，焊缝质量好。在合金中，碳与合金元素的含量越高，焊接性能越差。因此，低碳钢和低合金高强度结构钢的焊接性能良好。

（4）切削加工性能常用切削抗力、加工面表面粗糙度、排屑难易程度和刀具磨损量来综合评定。在钢铁材料中，易切削钢、灰铸铁和硬度在 170~230 HBS 范围内的钢具有较好的切削加工性能，而奥氏体不锈钢、高碳高合金钢的切削加工性能较差；铝合金、镁合金和部分铜合金具有优良的切削加工性能。

（5）热处理工艺性能主要指材料热处理的难易程度和产生热处理缺陷的倾向，常用淬透性、变形开裂倾向、耐回火性和氧化脱碳倾向等评定。一般地，合金钢的热处理工艺性能优于碳钢，故形状复杂、尺寸较大、强度要求高的重要零件都选用合金钢。

3）经济性原则

在满足使用性能和工艺性能的前提下，选材应使零件在其制造及使用寿命内的总费用最低，这是选材的经济性原则。一个零件的总成本与零件寿命、零件质量、加工费用、研究费用、维护费用和材料价格有关。

（1）从产品制造成本构成比例来看，在机械产品成本中，材料成本占很大比例，降低材料成本对制造者和使用者都有利，所以在材料选择时，应从满足使用性能要求的所有材料中选择价格较低的材料。在钢铁材料中，碳钢和铸铁的价格较低，因此在满足使用性能的前提下，应尽量选用。

（2）从产品的寿命周期及成本构成看，降低使用成本比降低制造成本更为重要。有些产品的制造成本虽然较低，但使用成本较高，总成本同样不符合经济性。若运行维护费用占使用成本的比例较大，则减轻产品零备件的自重，降低运行能耗，也是选择材料应考虑的重要因素。

所以，有时虽然选择的某些材料成本较高，但它的性能好，使用寿命长，运行维护费用低，反而会使总成本下降。对此，可通过技术经济分析，进行综合评价。

4）资源、能源和环保原则

选材的资源、能源和环保原则要求在材料的生产—使用—废弃的全过程中，对资源和能源的消耗尽可能少，对生态环境的影响尽可能小，且材料在废弃后可以再生利用或不造成环境恶化或可以降解。为此，应尽量做到以下几点：

（1）尽量选择绿色材料、可回收材料或再生材料；

（2）所选材料应尽量少而集中，这样不仅便于采购和生产管理，在相同的产品数量下还可得到较多的某种回收材料，对材料回收非常有益；

（3）选用不加任何涂镀的原材料，因为大量采用涂镀工艺方法，不但给废弃后的产品回收利用带来困难，而且大部分涂料本身有毒，涂镀工艺本身也会给环境带来极大的污染；

（4）尽可能选用无毒材料，如果产品中一定要使用有毒材料，则必须对有毒材料进行显著标注，有毒材料应尽可能布局在便于拆卸的地方，以便于回收或集中处理。

2. 选材的方法

机械零件一般都是在各种应力作用下工作的，但每个零件的受力情况又因其工作条件的不同而不同。因此，可将零件的主要力学性能要求作为选材的主要依据。

1）以综合力学性能为主时的选材

当零件在工作中承受冲击载荷或循环载荷时，其失效形式主要是过量变形与疲劳断裂。这类零件要求材料具有较好的综合力学性能，一般可选用调质或正火状态的中碳钢或中碳合金钢。

2）以疲劳强度为主时的选材

疲劳破坏是零件在交变应力作用下最常见的破坏形式，这类零件的选材，应主要考虑疲劳强度。

一般来说，材料强度越高，疲劳强度也越高；在强度相同时，调质后的组织比退火、正火后的组织具有更好的塑性和韧性，且对应力集中敏感性小，具有较高的疲劳强度。因此，受力较大的零件应选用淬透性较好的材料，以便进行调质处理。此外，对材料表面进行强化处理也可有效地提高疲劳强度。

3）以耐磨性为主时的选材

根据零件的工作条件不同，此时的选材可分为以下两种情况。

（1）摩擦较大、受力较小的零件，如各种量具、钻套、刀具等，其主要失效形式为磨损，要求材料具有较高的耐磨性，可选用高碳钢或高碳合金钢，并进行淬火和低温回火，获得高硬度回火马氏体和碳化物。

（2）同时受磨损和交变应力作用的零件，其失效形式主要是磨损、过量变形与疲劳断裂。为使其耐磨并具有较高的疲劳强度，应选用能进行表面淬火、渗碳或渗氮等处理的钢材，经处理后零件外硬内韧，既耐磨又能承受冲击。例如，对于承受较小冲击力且要求耐磨性高的机床齿轮等零件，应选用中碳钢或中碳合金钢，经正火或调质后再进行表面淬火；对于承受大冲击力且要求耐磨性高的汽车、拖拉机变速齿轮等零件，应选用低碳钢或低碳合金钢，经渗碳后淬火、低温回火，使其表面获得高硬度的高碳马氏体和碳化物组织，耐磨性高，心部获得低碳马氏体组织，强度高，塑性和韧性好，抗冲击。

3. 选材的步骤

（1）正确分析零件的工作条件和失效形式，提出零件最关键的性能指标要求，以此作为选材的依据。一般情况下主要考虑力学性能，特殊条件下还要考虑物理、化学性能。

（2）对同类或相近零件的用材情况进行调查研究，可从其使用性能、材料供应、材料价格、加工工艺性能等方面进行综合分析，以此作为选材的参考。

（3）在以上工作的基础上，通过力学计算或试验等方法分析应力的分布及大小，再由工作应力、使用寿命、安全性与材料性能的关系，确定零件应具有的关键力学性能指标或理化性能指标。

（4）根据确定的关键性能指标数值，查阅材料手册找出几种合适的材料，对这些材料进行工艺性和经济性分析，并综合评价，最终确定零件所选用的材料，并同时确定热处理方法或其他强化方法。

（5）对关键零件，在投产前，应对所选材料进行试验，以检验所选材料和热处理方法是否满足各项性能指标要求，以及零件加工过程有无困难。试验结果基本满意后，再进行正式投产。

上述选材步骤只是就一般过程而言，并不是严格程序。实际工作中还常采用经验法、类比法、替代法等多种方法进行选材。

学习模块	机械零件选材				
学习任务	选材的原则、方法和步骤				
客户委托	选材的原则、方法和步骤				
学习时间					
姓名		班级		日期	
成绩		教师签名			

任务测试

问答题

1. 零件选材的原则有哪些?

2. 选材的方法有哪些?

3. 选材的步骤有哪些?

(三）典型零件的选材

1. 轴类零件的选材

轴是机器中的重要零件之一，主要用于支承传动零件（如齿轮、凸轮等），传递运动和动力。

1）轴类零件的工作条件

（1）轴类零件工作时主要受交变弯曲和扭转应力的复合作用，有时还承受拉压应力；

（2）轴与轴上零件有相对运动时，相互间还会存在摩擦和磨损；

（3）轴在高速运转过程中会产生振动，使其承受冲击载荷；

（4）多数轴在工作过程中还会承受一定的过载载荷。

2）轴类零件的失效形式

由于轴类零件的受力情况较复杂，因此其失效形式也多种多样。轴类零件的失效形式一般包括：

（1）长期交变载荷作用导致的疲劳断裂（包括扭转疲劳断裂和弯曲疲劳断裂）；

（2）大载荷或冲击载荷作用引起的过量变形、断裂；

（3）长期承受较大摩擦引起的过度磨损。

3）轴类零件材料的性能要求

（1）良好的综合力学性能，即足够的强度、塑性和一定的韧性，以防变形和冲击断裂；

（2）高的疲劳强度，对应力集中敏感性小，以防疲劳断裂；

（3）足够的淬透性，热处理后表面要有高硬度和高耐磨性，以防磨损失效；

（4）良好的切削加工性能，价格低廉；

（5）特殊条件下的特殊要求，例如，在高温下工作的轴，要求具有高的抗蠕变性能；在腐蚀介质中工作的轴，要求具有良好的耐蚀性。

4）轴类零件材料的选用依据

轴类零件选材的主要依据是载荷的性质和大小、转速高低、精度和粗糙度要求、有无冲击、轴承种类等。

（1）主要承受弯曲、扭转的轴，如机床主轴、曲轴、变速箱传动轴、汽轮机主轴等。因这类轴的截面受力不均，表面应力大，心部应力小，故不需要选用淬透性很高的材料，常选用 45 钢、40Cr 钢、40MnB 钢等，先经调质处理，后在轴颈处进行高、中频感应加热淬火及低温回火。

（2）同时承受弯曲、扭转及拉压应力的轴，如船用推进器轴、锻锤锤杆等。因这类轴的截面受力均匀，同时心部受力较大，故应选用淬透性较高的材料，如 40CrNiMo 钢等，一般也是先经调质处理，然后进行高频感应加热淬火及低温回火。

（3）主要要求刚性好的轴，可选用碳钢或球墨铸铁材料。

（4）要求轴颈处耐磨的轴，常选用中碳钢，并进行表面淬火，将硬度提高到 52HRC 以上。

5）典型轴的选材

（1）机床主轴选材。

现以 C6132 车床主轴为例进行选材，图 9-3-1 所示为其简图。

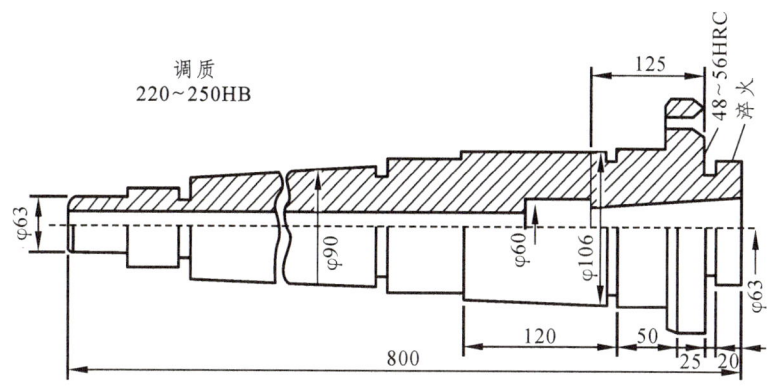

图 9-1-1　C6132 车床主轴简图

该轴在工作时承受弯曲和扭转应力，但承受的应力和冲击力不大，运转较平稳，工作条件较好。锥孔和外圆锥面工作时与顶尖、卡盘有相对摩擦，花键部位与齿轮有相对滑动，故这些部位要求有较高的硬度和耐磨性。该主轴在滚动轴承中运转，轴颈处硬度要求为 220～250 HBS。

根据以上分析，该主轴可选用 45 钢制造，热处理工艺为调质处理，硬度为 220～250 HBS；锥孔和外圆锥面局部淬火，硬度为 45～50 HRC；花键部位高频感应淬火，硬度为 48～53 HRC。其加工工艺路线如下：

下料→锻造→正火→粗加工→调质→半精加工（花键除外）→局部淬火、回火（锥孔、外圆锥面）→粗磨（外圆、外圆锥面、锥孔）→铣花键花键高频感应淬火、回火→精磨（外圆、外圆锥面、锥孔）。

该主轴的结构形状较简单，调质、淬火时一般不会出现开裂。但因轴较长，且锥孔与外圆锥面对两轴颈的同轴度要求较高，因此，为减少淬火变形，锥部淬火和花键淬火一般分开进行。

常用机床主轴的工作条件、选材及热处理工艺见表 9-1-2。

表 9-1-2　常用机床主轴的工作条件、选材及热处理工艺

序号	工作条件	材料	热处理工艺	硬度要求	应用举例
1	① 在滚动轴承中运转；② 低速，轻或中等载荷；③ 精度要求不高；④ 稍有冲击载荷	45	正火或调质	220～250 HBS	一般简易机床主轴

续表

序号	工作条件	材料	热处理工艺	硬度要求	应用举例
2	(1)在滚动轴承中运转; (2)低速,轻或中等载荷; (3)精度要求不高; (4)稍有冲击载荷	45	整体淬硬	40~250 HRC	龙门铣床、立式铣床、小型立式车床的主轴
			正火或调质+局部淬火	≤229 HBS(正火) 220~250 HBS(调质) 46~51 HRC(局部)	
3	(1)在滚动或滑动轴承中运转; (2)低速,轻或中等载荷; (3)精度要求不高; (4)有一定的冲击载荷、交变载荷	45	正火或调质后轴颈局部表面淬火	≤229 HBS(正火) 220~250 HBS(调质) 46~57 HRC(局部)	CB3463、CA6140、CA61200等重型车床主轴
4	(1)在滚动轴承中运转; (2)低速,轻或中等载荷; (3)精度要求不高; (4)稍有冲击载荷	40Cr 40MnB 40MnVB	整体淬硬	40~45 HRC	滚齿机、组合机床的主轴
			调质后局部淬火	220~250 HBS(调质) 46~51 HRC(局部)	
5	(1)在滚动轴承中运转; (2)低速,轻或中等载荷; (3)精度要求不高; (4)稍有冲击载荷	40Cr 40MnB 40MnVB	调质后轴颈局部表面淬火	220~280 HBS(调质) 46~55 HRC(表面)	铣床主轴、M7475磨床砂轮主轴
6	(1)在滚动轴承中运转; (2)低速,轻或中等载荷; (3)精度要求不高; (4)稍有冲击载荷	50Mn2	正火	≤241 HBS	重型机床主轴
7	(1)在滚动轴承中运转; (2)低速,轻或中等载荷; (3)精度要求不高; (4)稍有冲击载荷	65Mn	调质后轴颈和头部局部淬火	250~280 HBS(调质) 56~61 HRC(轴颈) 50~55 HRC(头部)	M1450磨床主轴
8	(1)在滚动轴承中运转; (2)低速,轻或中等载荷; (3)精度要求不高; (4)稍有冲击载荷	GCr15 9Mn2V	调质后轴颈和头部局部淬火	250~280 HBS(调质) ≥59 HRC(局部)	MQ1420、MB1432A磨床砂轮主轴
9	(1)在滚动轴承中运转; (2)低速,轻或中等载荷; (3)精度要求不高; (4)稍有冲击载荷	38CrMoAl	调质后渗氮	≤260 HBS(调质) ≥850 HV(渗氮表面)	高精度磨床及精密镗床等主轴

续表

序号	工作条件	材料	热处理工艺	硬度要求	应用举例
10	（1）在滚动轴承中运转； （2）低速，轻或中等载荷； （3）精度要求不高； （4）稍有冲击载荷	20CrMnTi	渗氮、淬火	≥59 HRC（表面）	Y7163 齿轮磨床、CG1107 精密车床、SG8630 螺纹加工机床主轴

（2）内燃机曲轴选材。

曲轴是内燃机中形状复杂且非常重要的零件之一。它在工作时承受冲击、扭转、剪切、拉压、弯曲等复杂交变应力。因曲轴形状很不规则，故其应力分布不均匀。另外，曲轴颈与轴承发生滑动摩擦。因此，曲轴的失效形式主要是疲劳断裂和轴颈严重磨损。

根据曲轴的失效形式，制造曲轴的材料必须具有高的强度，一定的冲击韧性，足够的弯曲、扭转疲劳强度和刚度，轴颈表面还应有高的硬度和耐磨性。

在实际生产中，曲轴可分为锻钢曲轴和铸造曲轴两种。锻钢曲轴主要由优质中碳钢和中碳合金钢制造，如 35 钢、40 钢、45 钢、35Mn2 钢、40Cr 钢、35CrMo 钢等。铸造曲轴主要由铸钢、球墨铸铁、珠光体可锻铸铁及合金铸铁等制造，如 ZG230-450、QT600-3、QT700-2、KTZ450-5、KTZ500-4 等。

图 9-1-2 所示为 175A 型农用柴油机曲轴。该柴油机为单缸四冲程，气缸直径为 75 mm，转速为 2 200～2 600 r/min，功率为 4.4 kW。因功率不大，故曲轴承受的弯曲、扭转应力和冲击力等都不大。但由于其在滑动轴承中工作，故要求轴颈处有较高的硬度和耐磨性。其性能要求是 R_m≥750 MPa，整体硬度为 240～250 HBS，轴颈表面硬度 ≥625 HV、A≥2%、K≥12 J。

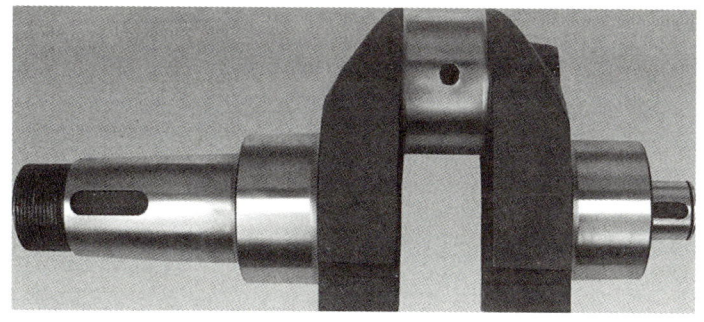

图 9-1-2　175A 型农用柴油机曲轴简图

根据以上要求，可选用 QT600-3 球墨铸铁作为曲轴材料，其加工工艺路线如下：铸造→高温正火→高温回火→切削加工→轴颈气体渗氮。

高温正火（950 ℃）是为了获得细珠光体基体的组织，以满足强度要求。

高温回火（560 ℃）是为了消除正火时产生的内应力。

轴颈体渗氮（570 ℃）是在保证不改变基体组织和加工精度的前提下，提高轴颈的表面硬度和耐磨性。

汽车发动机曲轴也可用45钢、40Cr钢制造，经模锻调质。切削加工后，在轴颈部位进行表面淬火。

2. 齿轮类零件的选材

齿轮是各类机械、仪表中应用最多的零件之一，其作用是传递动力、调节速度和运动方向，只有少数齿轮的受力不大，仅起分度作用。

1）齿轮类零件的工作条件

（1）齿轮工作时，齿根承受很大的交变弯曲应力；

（2）换挡、启动或啮合不均时，齿部承受一定的冲击载荷；

（3）齿面接触处既有滚动，又有滑动，需承受较大的接触压应力及摩擦力作用。

2）齿轮类零件的失效形式

根据工作条件的不同，齿轮类零件的失效形式主要有轮齿折断（疲劳断裂、冲击过载断裂）、齿面接触疲劳损坏（点蚀）、齿面磨损和齿面塑性变形等。

3）齿轮类零件材料的性能要求

（1）良好的切削加工性能；

（2）热处理后具有高的接触疲劳强度；

（3）高的弯曲疲劳强度，特别是齿根处要有高的强度；

（4）高的齿面硬度和耐磨性；

（5）适当的心部强度和足够的韧性；

（6）最小的淬火变形，组织内部缺陷应控制在允许的范围内。

4）常用齿轮材料

确定齿轮用材的主要依据是齿轮的传动方式（开式或闭式传动）、载荷性质及大小、传动速度、精度要求、淬透性及齿面硬化要求等。齿轮选用材料主要是钢（锻钢和铸钢），某些开式传动的低速齿轮可用铸铁，特殊情况下还可用有色金属、粉末冶金材料等。表9-1-3为常用钢制齿轮的材料、热处理及性能，供选用时参考。

表9-1-3 常用钢制齿轮的材料、热处理及性能

传动方式	工作条件		材料	热处理	硬度
	速度	载荷			
开式传动	低速	轻载、无冲击、不重要的齿轮	Q255 Q275	正火	150～180HBS
		轻载、冲击小	45	正火	170～200HBS
闭式传动	低速	中载	45	正火	170～200HBS
			ZG310-570	调质	200～250HBS
		重载	45	整体淬火	38～48HRC

续表

传动方式	工作条件		材料	热处理	硬度
	速度	载荷			
闭式传动	中速	中载	45	调质	200~250HBS
				整体淬火	38~48HRC
			40Cr 40MnB 40MnVB	调质	230~280HBS
		重载	45	整体淬火	38~48HRC
				表面淬火	42~52HRC
			40Cr 40MnB 40MnVB	整体淬火	35~42HRC
				表面淬火	52~56HRC
	高速	中载、无猛烈冲击	40Cr 40MnB 40MnVB	整体淬火	35~42HRC
				表面淬火	52~56HRC
		中载、有冲击	20Cr 20MnB 20CrMnTi	渗碳淬火	56~62HRC
		重载、高精度、小冲击	38CrMoA1A 38CrA1	渗氮	>850HV

5）典型齿轮的选材

（1）机床齿轮选材。

机床齿轮主要用来传递动力和改变速度，其受力不大，运动平稳，无强烈冲击，对轮齿的耐磨性和抗冲击性要求不高，常选用中碳钢（如 45 钢等）制造；部分要求高的齿轮，可用调质合金钢（如 40Cr 钢等）制造。

图 9-1-3 所示为 C6132 车床的传动齿轮，其加工工艺路线如下：

下料→锻造→正火→粗加工→调质→精加工→高频感应加热淬火及低温回火→精磨。

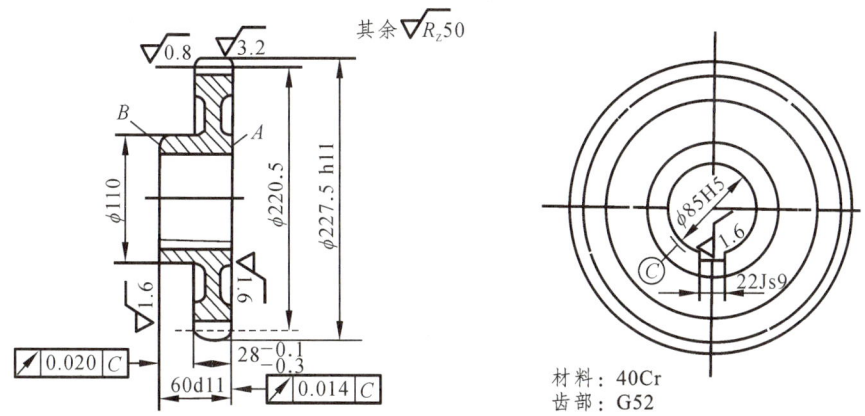

图 9-1-3　C6132 车床的传动齿轮简图

正火是锻造齿轮毛坯必要的热处理，它可消除锻造应力，均匀组织，使同批坯料硬度相同，有利于切削加工。一般正火也可作为高频感应淬火前的预备热处理。

调质可使齿轮具有较高的综合力学性能，使齿轮能承受较大的弯曲应力和冲击力。高频感应淬火及低温回火是改善齿轮表面性能的关键工序。高频感应淬火可提高轮齿复面的硬度和耐磨性，提高其抗疲劳能力；低温回火是为了消除淬火应力，防止产生磨削复纹和提高抗冲击能力。

机床齿轮除选用金属齿轮外，有的还可改用塑料齿轮。例如，某车床进给机构的传动齿轮原采用 45 钢制造，现改为聚甲醛（或单体浇铸尼龙），工作时传动平稳，噪声减小，长期使用无损坏，且磨损很小；某万能磨床油泵中的圆柱齿轮，受力较大，转速较高（1 440 r/min），原采用 40Cr 钢制造，现改为单体浇铸尼龙或氯化聚醚，注射成全塑料结构的圆柱齿轮，长期使用无损坏，且噪声小，油泵压力稳定。

（2）汽车齿轮选材。

汽车齿轮主要分装在变速箱和差速器中。在变速箱中，齿轮用于改变发动机、曲轴和主轴齿轮的转速；在差速器中，齿轮用于增加扭转力矩，调节左右两轮的转速，并将动力传给主动轮，推动汽车运行。这类齿轮受力较大，受冲击频繁，工作条件比机床齿轮复杂，因此，其对耐磨性、疲劳强度、心部强度和韧性等的要求比机床齿轮高。通常选用低碳钢或低碳合金钢经渗碳、淬火和低温回火后使用。喷丸处理后，齿面硬度和耐用性都会有所提高。

图 9-1-4 所示为某载重汽车的变速齿轮。该齿轮在工作中承受重载和大的冲击力，要求齿面硬度和耐磨性高，为防止在冲击作用力下轮齿折断，要求齿的心部强度和韧性高。为满足上述性能要求，选用合金渗碳钢 20CrMnTi 钢，经渗碳、淬火和低温回火后使用。

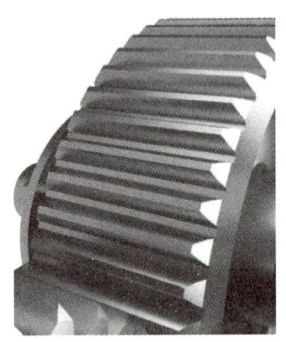

图 9-1-4　载重汽车变速齿轮简图

该齿轮的加工工艺路线如下：

下料→锻造→正火→粗、半精加工→渗碳→淬火和低温回火→喷丸→校正花键孔→精磨齿。

正火的目的与机床齿轮相同。

渗碳后淬火及低温回火可使齿面具有较高的硬度及耐磨性，同时使心部具有足够的强度和韧性。喷丸可增大渗碳表层的压应力，提高疲劳强度，并可清除氧化皮。

3. 刃具的选材

切削加工使用的车刀、铣刀、钻头、锯条、丝锥、板牙等工具统称作刃具。刃具的选材主要指其工作部分的选材。

1）刃具的工作条件

（1）刃具切削材料时，受到被切削材料的强烈挤压，刃部受到很大的弯曲应力和扭转应力；

（2）在切削过程中，刃具刃部与被切削材料强烈摩擦，刃部温度可升到 500～600°C；

（3）机用刃具还会承受较大的冲击和振动。

2）刃具的失效形式

（1）磨损。刃具刃部与工件被切削部位之间的强烈摩擦，使刃具的前刀面、后刀面等发生磨损。

（2）断裂。刃具在冲击力或振动的作用下折断或崩刃。

（3）刃部软化。随着切削过程的进行，刃部温度会不断升高，若刃具材料的热硬性低或高温性能不足，会使刃部硬度显著下降，从而丧失切削加工能力。

3）刃具材料的性能要求

（1）高硬度（一般大于 60 HRC）、高耐磨性；

（2）高的热硬性；

（3）足够的强度和韧性；

（4）较好的工艺性能，如淬透性、焊接性、刃磨性等。

4）刃具的选材

目前，制造刃具的材料主要有碳素工具钢、低合金刃具钢、高速钢、硬质合金和陶瓷等，可根据刃具的使用条件和性能要求的不同进行选用，见表 9-1-4。

表 9-1-4　刃具的选材

刃具名称	主要使用性能	选用材料	主要优点
低速的手用刃具，如手锯条、锉刀、木工用刨刀、凿子等	硬度高、耐磨性好，对热硬性和强韧性要求高	碳素工具钢，如 T8、T10、T12 等	价格便宜，但淬透性差
低速切削，形状复杂的刃具，如丝锥、板牙、拉刀等	硬度高、耐磨性好，对热硬性和强韧性要求高，但其淬透性、耐磨性提高，使用温度小于 300 °C	低合金刃具钢，如 9SiCr、CrWMn 等	淬透性较好，变形开裂小，但热硬性较差
高速切削刃具，如车刀、铣刀、钻头和精密工具等	硬度高、耐磨性好、热硬性高、强韧性好、淬透性高	高速钢，如 W18Cr4V、W5Mo5Cr4V2 等	硬度为 62～68 HRC，使用温度小于 600 °C，但价格较贵

续表

刃具名称	主要使用性能	选用材料	主要优点
硬质合金刃具	硬度高、耐磨性好、热硬性高、冲击韧度较差、抗弯强度较低	硬质合金，如P10、P20、P30、P40等	用于高速强力切削和难加工材料的切削，使用温度可达1 000 ℃,但价格较贵
陶瓷刀具	硬度极高(5 000~9 000 HV)、耐磨性好、热硬性极高(1 400~1 500 ℃)	氧化铝、热压氮化硼、立方氮化硼等	用于各种淬火钢、冷硬铸铁等高硬度难加工材料的精加工和半精加工，使用温度可达1 400~1 500 ℃,但抗冲击能力差，易崩刃

5）典型刃具的选材

（1）丝锥和板牙选材。

丝锥加工内螺纹，板牙加工外螺纹。丝锥和板牙的刃部都要求有高的硬度（59~64 HRC）和耐磨性；为防止使用中扭断或崩齿，其心部和柄部都应有足够的强度、韧性及较高的硬度（40~45 HRC）。丝锥和板牙的失效形式主要是磨损和扭断。

丝锥和板牙分手用和机用两种。对手用丝锥和板牙，因切削速度很低，故对热硬性的要求不高，可选用 T10A、T12A 钢，经淬火、低温回火后使用。对机用丝锥和板牙，当切削速度为 8~10 m/min 时，对热硬性要求较高，常选用 9SiCr、9Mn2V、CrWMn 钢，经淬火、低温回火后使用；当切削速度为 25~55 m/min 时，对热硬性要求很高，常选用 W18Cr4V、W6Mo5Cr4V2 钢，经适当热处理后使用。

（2）车刀选材。

车刀是最基本、最常用的刃具，根据其工作条件的不同，选材也不同，表 9-1-5 为车刀的选材。

表 9-1-5 车刀的选材

工作条件	推荐材料	硬度
低速切削（8~10 m/min），切削易切削材料，如灰铸铁、一般硬度的结构钢	碳素工具钢和低合金工具钢、如T10（A）钢等	62 HRC
较高速切削（25~55 m/min），切削一般材料，形状较复杂，受一定冲击力	通用高速钢，如 W6Mo5Cr4V2 钢	64~66 HRC
高速切削（30~100 m/min），切削难切削材料，如钛合金、高温合金等，形状较复杂，受一定冲击力	超硬高速钢，如 W6Mo5Cr4V2Al 钢等	66~69 HRC
极高速切削（100~300 m/min），切削一般材料，如铸铁、有色金属、非金属材料等	硬质合金，如 M20、K20、K30 等	88~91 HRA
极高速切削（100~300 m/min），切削难切削材料，如淬火钢	硬质合金，如 M10、P01、P40 等	90~93 HRA

4. 箱座类零件的选材

箱座类零件是机械中的重要零件之一，其结构一般较复杂，工作条件相差较大。例如，主轴箱、变速箱、进给箱等，通常受力不大，要求有较高的刚度和密封性；工作台和导轨等要求有较高的耐磨性；以承压为主的机身、底座等要求有较好的刚性和减振性等。

受力较大，要求强度、韧性高，甚至在高压、高温下工作的箱座件，如汽轮机机壳等，应采用铸钢。铸钢件应进行完全退火或正火，以消除粗晶组织和铸造应力。

受力较大，但形状简单，生产数量少的箱座件，可采用钢板焊接而成。

受力不大，且主要承受静载荷，不受冲击的箱座件，可选用灰铸铁。铸铁件一般应进行去应力退火。

受力不大，要求自重轻或要求导热好的箱座件，可选用铸造铝合金。铝合金件应根据成分不同进行退火或固溶热处理、时效处理。

受力小，要求自重轻，工作条件好的箱座件，可选用工程塑料。

学习模块	机械零件选材				
学习任务	典型零件的选材				
客户委托	典型零件的选材				
学习时间					
姓名		班级		日期	
成绩		教师签名			

任务测试

问答题

1. 轴类零件的工作条件和失效形式有哪些？其性能要求和选材依据是什么，并举例说明。

2. 齿轮类零件的工作条件和失效形式有哪些？其性能要求和选材依据是什么，并举例说明。

3. 刀具类零件的工作条件和失效形式有哪些？其性能要求和选材依据是什么，并举例说明。

主题	零件的失效	任务书编号:9-1-1
说明	在技术信息系统中使用现有的专业文献和信息完成相关工作; 在工作组内准备学习作业; 在工作页中完成相关信息。	时间:

工作页 零件的失效

1. 什么是零件的正常失效和早期失效?怎么认定零件的失效?

2. 零件的失效形式有哪些?

3. 零件的失效原因有哪些?

五、工作过程

（一）计 划

请各小组讨论，根据表 9-1-5 学习计划表的格式，制定合理的学习计划，并填入表中。

表 9-1-5　学习计划表

序号	工作步骤	工具/材料	组织形式	计划工时

完成本次任务的重点、难点、风险点识别	本次任务重点：对零件进行定性分析选材及确定加工工艺； 难点：零件的失效分析、选材方法； 风险点：无。		
思政要点	在零件选材过程中，需要秉持科学精神，根据材料的性能参数、可靠性、寿命等因素，进行科学地评估和选择。这有助于保证产品的质量和性能，提高生产效率，降低生产成本。在全球化的背景下，典型零件的选材也需要具备全球化视野。关注国际上新材料的发展动态，了解国际市场上的材料供求状况。同时，要加强与国际同行的交流与合作，吸收先进的选材经验和技术。在此过程中，还要注重维护国家利益，合理利用国际资源，推动我国工业的健康发展。		
时间：	培训师：		学生：

（二）决 策

在工作计划中，明确了学习目标，收集必要的信息，筛选出对决策具有重要影响的关键信息。在评估和分析完信息后，下一步是生成一系列的可选方案。这些方案应该能够满足决策的目标，并且基于对信息的评估和分析所得出的结论。在生成可选方案时，可以采用多种方法，如头脑风暴、SWOT 分析、六项思考帽法、思维导图和创新游戏等，以确保获得多样化和创新的方案。

（三）实 施

按照学习计划表制定的要求进行学习并完成学习目标。

(四) 检 查

完成机械零件选材学习后,请根据机械零件选材应用的准确性对本次课程的学习进行相应的检查,将检查结果填入表 9-1-6 中。

表 9-1-6 机械零件选材检查表

编号	任务	分数	比重	评分
1				
2				
3				
4				
5				
6				
总分:				

注:工作页根据学生完成情况打分:全面完成得 91~100 分,基本完成得 81~90 分,部分完成得 60~80 分,未完成得 60 分以下。

(五) 评 估

1. 信息评估

表 9-1-7 信息评估记录表

编号	任务	分数	比重	评分
1				
2				
3				
4				
5				
6				
总分:				

注:工作页根据学生完成情况打分:全面完成得 91~100 分,基本完成得 81~90 分,部分完成得 60~80 分,未完成得 60 分以下。

2. 学习过程评估

表 9-1-8　学习过程评估记录表

姓　名	学　号	班　级	日　期

练习（试题）名称	

一、学习过程检查　　　　　　　　　　　　　　　评分等级为 10—9—7—5—3—0

序号	检查内容	评分项目	学生自检评分	教师检查评分	对学生自评的评分
1	课前				
2	课中				
3	课后				
	结　果				

注：对学生自评的评分标准为：同教师的评分相差一级得 9 分、二级得 5 分、三级得 0 分

二、笔试检查　　　　　　　　　　　　　　　　　评分等级为 10—0

序号	笔试的检查	学生自评	教师检查评分	对学生自评的评分
1	完整性			
2	书写规范性			
3	答案准确性			
4	错误改正			
	结　果			

总评分						
序号	评分组	结果	因子	得分（中间值）	系数	得分
1	计划、实施（对学生自评的评分）					
2	计划、实施（教师检查评分）					
3	笔试检查（对学生自评的评分）					
4	笔试检查（教师检查评分）					
					总分	

实训师签名：_____　　　　　　　　　　　学生签名：_____

六、行动结果

(一) 学习成果

熟悉机械零件的失效选材及典型零件的选材,掌握机械零件选材在实际中的应用,学会规划学习步骤。

完成笔试测试题。

(二) 成绩评测

总成绩的评估基于以下权重:

序号	评估项目	分数	比重	评分
1	信息			
2	工作过程			
	总分			

参考文献

[1] 丁仁亮. 金属材料及热处理[M]. 北京：机械工业出版社，2010.
[2] 陈友伟，高莉莉. 金属材料与热处理[M]. 镇江：江苏大学出版社，2018.
[3] 武斌儒，邓远华，张红霞. 金属材料与热处理[M]. 北京：航空工业出版社，2017.
[4] 廖景娱. 金属构件失效分析[M]. 北京：化学工业出版社，2018.
[5] 曾虎，单之元，刘省波. 汽车材料[M]. 北京：航空工业出版社，2017.
[6] 梁耀能，梁思祖. 机械工程材料[M]. 广州：华南理工大学出版社，2002.